Phonemtheorie

Herbert Pilch

Phonemtheorie

1. Teil

Dritte, vollständig neu
bearbeitete Auflage

12 Abbildungen, 1974

S. Karger
Basel · München · Paris · London · New York · Sydney

1. Auflage 1964
2., verbesserte Auflage 1968
3., vollständig neu bearbeitete Auflage 1974

S. Karger · Basel · München · Paris · London · New York · Sydney
Arnold-Böcklin-Straße 25, CH–4011 Basel (Schweiz)

Alle Rechte, insbesondere das der Übersetzung in andere Sprachen, vorbehalten. Ohne ausdrückliche Genehmigung des Verlages ist es auch nicht gestattet, dieses Buch oder Teile daraus auf photomechanischem Wege (Photokopie, Mikrokopie) zu vervielfältigen.

© Copyright 1974 by S. Karger AG, Verlag für Medizin und Naturwissenschaften, Basel
Printed in Switzerland by Buchdruckerei National-Zeitung AG, Basel
ISBN 3–8055–1665–7

Inhaltsverzeichnis

Zusammenfassung IX
Summary XI
Résumé XII
.... XIII

Vorwort zur 3. Auflage XV
Vorwort zur 1. Auflage XXIII

Einleitung 1

I. Anordnung 10
   1. Distributionsrelationen 10
   2. Phonologische Gruppen 16
   3. Wortphonologie 24

II. Ähnlichkeit und Verwandtschaft 33
    1. Auditive, akustische, artikulatorische Phonetik 33
    2. Phonetische Parameter 41
       a) Klingen oder Rauschen 41
       b) Scharfer oder weicher Einsatz 47
       c) Scharfer oder weicher Abglitt 49
       d) Klangfarbe 51
       e) Modulation 53
       f) Tonhöhe 55
       g) Länge 57
    3. Phonetische Verwandtschaft 58

III. Phonematische Gleichheit 64
     1. Relevante und distinktive Merkmale 64
     2. Opposition als Kriterium 71
     3. Ähnliche Umgebung 77
     4. Expressive und rhetorische Merkmale 84

IV. Segmentierung 88
    1. Theorien über natürliche Segmente 88
    2. Segmentierungsverfahren 100
    3. Das Phonem 106
    4. Suprasegmentale Elemente 112
    5. Phonetik und Phonologie 118

V. Lautsysteme 124
   1. Transkription 124
   2. Phonembestand 136
   3. Korrelationen 140
   4. Häufigkeit 153
   5. Erkenntniswert von Lautsystemen 156

Literatur in Auswahl 167
Autorenverzeichnis 172
Verzeichnis der Fachausdrücke 173
   Deutsch 174
   Englisch 177
   Französisch 179
   Schwedisch 180
   Russisch 181
Schlagwortverzeichnis 184

Meiner Annegret

Zusammenfassung

Phonemtheorie ist die Theorie der phonematischen Relationen, insbesondere der Relationen Verteilung, Verwandtschaft, Gleichwertigkeit, Gegensatz, Häufigkeit. Definiert werden diese Relationen durch elementare Begriffe aus der Mengenlehre bzw. der Topologie. Gegensatz und Gleichwertigkeit schließen einander logisch aus, der Gegensatz setzt eine gewisse Häufigkeit voraus, und die Verwandtschaft ist intransitiv. Motiviert ist diese Begriffsbildung durch die phonematische Analyse besonders der deutschen, englischen, französischen, russischen, schwedischen, kymrischen und finnischen Umgangssprache. Die Masse des Materials stammt aus eigener Beobachtung.

Die phonematische Analyse interpretiert Sprachen als empirische Modelle phonematischer Relationen. Sie ordnet diese Relationen zu Hierarchien phonematischer Elemente (Segmente). Das Phonem ist eine Äquivalenzklasse auf den unteren Stufen der Hierarchie. Den phonematischen Elementen sind bestimmte phonetische Parameter zugeordnet, nicht umgekehrt. Artikulatorische, akustische und auditive Parameter sind grundsätzlich gleichwertig. Aus der Anordnung der Phoneme im topologischen Raum ergeben sich die Abstraktionen Lautsystem und distinktives Merkmal. Sie ermöglichen den typologischen und den genetischen Sprachvergleich sowie auch die Diagnose von Aphasien.

Wir halten an der klassischen Auffassung fest, daß jede Sprache bzw. jeder Dialekt (nicht etwa jeder Sprecher!) ihr besonderes Lautsystem hat und wir dieses Lautsystem ex hypothesi feststellen können. Gehör und Spracherlernung setzen wir dabei als allgemein menschliche Fähigkeiten voraus. Angeblich allgemeingültige Umschriftsysteme sind nur begrenzt brauchbar, weil sie notwendigerweise den phonetischen Raum topologisch in bestimmter Weise strukturieren. Das Phonem ist weder abhängig vom «Laut» noch vom lateinischen Alphabet noch von ökonomischen Gesichtspunkten noch vom Sprachgefühl, sondern letztere hängen umgekehrt von phonematischen Voraussetzungen ab. Sprechen und Verstehen sind komplexe neurophysiologische Prozesse, nicht einfache Abbilder des phonematischen Analyseverfahrens.

Summary

Phonemic theory is the theory of phonematic relations, notably distribution, similarity, equivalence, opposition, frequency. They are defined through the elementary notions of set theory and topology, respectively. Logically, opposition rules out equivalence and inversely, opposition presupposes non-zero frequency, and similarity is intransitive. These notions are motivated by the requirements of phonemic analysis, chiefly of colloquial German, English, French, Russian, Swedish, Welsh, Finnish, as observed by this writer.

Phonemic analysis interprets languages as empirical models of phonemic relations, setting up hierarchies of phonemic elements (segments) in terms of phonemic relations. The phoneme is an equivalence class at the lower end of the hierarchy. Phonetic parameters are assigned to phonemic elements (not inversely) in articulatory, acoustic and auditory terms. The ordering of phonemes in topological space yields the abstractions known as distinctive features, providing the framework for comparative language study both genetic and typological and for the diagnosis of aphasic speech.

This book adheres to the classical view that a particular phonemic system is specifiable, by hypothesis, for every language or dialect (not for every speaker!), taking for granted hearing and language learning as general faculties of the human species. It rejects transcriptions which allege some particular topological structuring of phonetic space as universal, reversing the alleged dependencies of the phoneme on 'the speech sound', on alphabetic writing, on economy of structure, and on speaker intuition. The so-called objectivity of the latter data rests squarely on phonemic premises. Oral communication presupposes phonemic structure, but it is not a simple mirror image of phonemic analysis.

Résumé

La théorie phonologique traite des relations phonologiques telles que distribution, ressemblance, équivalence, opposition, fréquence. Les relations se définissent par les notions élémentaires de la théorie des ensembles et de la topologie. Logiquement, l'opposition et l'équivalence s'excluent mutuellement. L'opposition présuppose la fréquence non-zero, et la ressemblance est intransitive. Ces relations sont motivées par les exigences de l'analyse phonologique surtout des langues allemande, anglaise, française, russe, suédoise, galloise, finnoise parlées spontanément et observées comme telles par l'auteur.

L'analyse phonologique regarde les langues comme modèles empiriques des relations phonologiques. Elle établit des hiérarchies d'éléments phonologiques (tels que les segments) liés les uns aux autres par des relations phonologiques. Le phonème est une classe d'équivalence à un niveau bas de la hiérarchie. Les éléments phonologiques ayant des paramètres phonétiques complexes – physiologiques, acoustiques et auditifs – ne se réduisent ni aux sons simples de la phonétique classique ni aux traits distinctifs de l'école de Prague. L'ordre des phonèmes dans l'espace topologique rend possible les études comparatives – soit de langues apparentées, soit de langues typologiquement semblables. Il s'applique de même à la pathologie du language.

Nous préconisons la notion classique qui attribue à chaque langue ou dialecte (non pas à chaque locuteur!) son propre système phonologique. L'analyse de ce dernier porte généralement le caractère d'hypothèse, présupposant certaines facultés humaines, surtout la perception auditive et l'apprentissage des langues mais s'abstenant de tout ordre topologique préconçu de l'espace phonétique tel que l'imposent les transcriptions dites «universelles». Les transcriptions, les sons de l'ancienne phonétique, l'écriture alphabétique, l'économie des structures linguistiques, les «intuitions» des locuteurs et la communication orale dépendent des systèmes phonologiques, et non l'inverse. La théorie de la communication orale présuppose les systèmes phonologiques sans s'identifier avec ces derniers.

Резюмэ

Фонемная теория – это теория фонематических соотношений, таких как распределение, звуковое сходство, эквивалентность, противопоставление, частота, формально определяющихся элементарными понятиями из теории множеств и топологии, а эмпирически основывающихся (в настоящей книге) на опыте анализа разговорной речи прежде всего на русском, шведском, финском, валийском, французском, английском и немецком языках.

Фонематический анализ представляет языки в виде эмпирических моделей фонематических соотношений, определяя свои элементы именно тем местом, которое они занимают в иерархии фонематических соотношений. Звуковые (т.е. артикуляционные, акустические и аудитивные) параметры приписываются данным элементам фонематической иерархии, а не наоборот. Нельзя приписывать уже известным звуковым элементам место в фонематической иерархии, потому что звуковые элементы языка (т.е. фонематические элементы) могут стать известными не через акустический анализ, а только через фонематический анализ. Фонема' является классом эквивалентности на низкой ступени фонематической иерархии. Из порядка фонем в топологическом пространстве следуют понятия фонемной системы и различительного признака, основные как для типологии языков, сравнительно-исторической грамматики так и для языковой патологии.

Мы считаемся правильной точку зрения классической фонологии о том, что каждый язык и каждый говор (а не каждый говорящий) имеет свою собственную фонематическую систему. Практический анализ такой системы и представление ее в виде гипотезы зависят единственно от наших общечеловеческих способностей слышать и учиться языкам. Не нужна (а даже вредна) для анализа предопределенная топологическая структура фонетического пространства, предлагаемая такими мифами как универсальная фонетическая транскрипция, психологическая действительность латинской азбуки, языковое чувство на родном языке говорящего или экономность фонематических структур. Речь и понимание речи являются сложными неврофизиологическими процессами, предполагающими фонематическую систему, а не просто отображающими ее.

Vorwort zur 3. Auflage

Die «klassische Phonologie» sowohl europäischer als auch amerikanischer Observanz bemühte sich um eine linguistische (d.h. für die jeweilige Einzelsprache spezifische) Klassifikation von Lauten und Merkmalen. Letztere seien, so meinte man, durch eine «allgemeine Phonetik» vorgegeben, eine «Physiologie und Systematik *der* Sprachlaute»[1] (Kap. IV. 1). Die ersten Röntgenfilme und fortlaufenden Oszillogramme zeigten schon Anfang der dreißiger Jahre, daß sich der «Sprachlaut» nicht experimentalphonetisch begründen läßt: «Lautstellungen gibt es überhaupt nicht. Man begreift sofort, daß die bisherige Lautphysiologie nur eine Irrlehre sein kann,» schreibt E. W. Scripture 1931[2]. E. und K. Zwirner erkannten 1936 auf Grund methodologischer Überlegungen, daß die «allgemeine Phonetik» den diskreten sprachlichen «Laut» nicht begründet, sondern voraussetzt:

«Die Lautklasse ist ... nicht ein Faktum, das im Akt des Sprechens entsteht und vergeht, sondern eine Norm, die durch die Struktur der betreffenden Sprache bestimmt ist ... Auditive, physiologische und akustische Tatbestände sind drei ... Seiten der Realisierung solcher normativer Lautklassen – nicht sie selbst ... Die Sprachwissenschaft setzt voraus, daß die Gebilde, die sie untersucht, Normen der Verständigung sind ... Gäbe es unendlich viele solcher Normen ... so würde sich damit die Verständigung aufheben ... Nur im Hinblick auf eine ... endliche Zahl unterscheidbarer Lautklassen kann also überhaupt von den unendlichen Variationen ihrer Realisierung in auditiver, akustischer und physiologischer Hinsicht gesprochen werden»[3].

Der Neuansatz vorliegenden Buches bestand schon in der ersten Auflage darin, daß es den vermeintlich «naturwissenschaftlich vorgegebenen Laut» fallen ließ. Das diskrete phonetische Segment ist durch keine allgemeine Phonetik vorgegeben, sondern durch linguistische Analyse aus dem Gehörseindruck abstrahiert: «Dem Glauben an solche Laute ist durch die phonetische Forschung seit Menzerath und

---

1 Buchtitel von E. Brücke (1856); zitiert von Zwirner: Grundfragen, p. 25.
2 Scripture, E. W.: Z. exp. Phonetik *1:* 172 f. (1930/31); zitiert von Zwirner: Grundfragen, p. 143.
3 Zwirner: Grundfragen, pp. 126, 128.

Lacerda der Boden entzogen» (1. Aufl., p. 102). «Le son, pour la phonétique moderne, est l'allophone d'un phonème»[4]. Dementsprechend verwarfen wir die traditionelle Dichotomie von Phonetik («Wissenschaft von den Sprachlauten») und Phonologie («Wissenschaft von der Funktion der Sprachlaute») und wiesen der Phonetik (im engeren Sinne) die Aufgabe zu, den (durch linguistische Analyse vorgegebenen) phonematischen Einheiten ihre «phonetischen» (artikulatorischen, akustischen, auditiven) Korrelate zuzuordnen, der Phonemtheorie dagegen die Begründung der phonematischen Einheiten: «Die eingebürgerte Scheidung von Phonetik und Phonologie halten wir daher... nicht mehr für zweckmäßig» (1. Aufl., p. 104). Als Bezeichnung für das Gesamtgebiet halten wir an dem dafür eingebürgerten Wort Phonetik (im weiteren Sinne) fest.

Die phonematische Analyse, d.h. die Feststellung phonematischer Einheiten in einer gegebenen Sprache, schieden wir damals noch nicht streng von der Theorie der Phonologie, d.h. der theoretischen Begründung der bei der Analyse verwandten Kategorien, sondern faßten beide als Phonemtheorie zusammen: «Unter Phonemtheorie verstehen wir eine Theorie der phonematischen Relationen ... einschließlich einer Methode zur phonematischen Analyse» (1. Aufl., p. 138). Im Sinne der strengen Lehre von der Struktur von Theorien «verdiente» vorliegendes Buch den Namen *Theorie* überhaupt nicht, weil unser theoretischer Apparat nicht in der vollen Reinheit von Axiomen, undefinierten Elementen, Deduktionen und Lehrsätzen ausformuliert ist. Wir verweisen dazu auf Abschnitt 5 des Literaturverzeichnisses. Auch die vorliegende Auflage verbindet Analyse und Theorie. Denken wir doch nach wie vor zunächst an den Leser, der empirisch mit Sprachen arbeitet, erst danach an den «reinen Theoretiker», der Modelle auf ihre Widerspruchsfreiheit und die logischen Schlüsse hin betrachtet, die sie hergeben. Wir nehmen letztere Aufgabe zwar durchaus ernst, bewerten sie aber auch nicht höher als die hier gestellte. Wir begründen unseren theoretischen Apparat deshalb nicht axiomatisch, sondern von seiner empirischen Motivierung her, d.h. von den phonematischen Strukturen bestimmter Sprachen, die er analysieren soll.

Mit dem «naturwissenschaftlich vorgegebenen Laut» fällt auch die «naturwissenschaftlich richtige Umschrift». Aus dieser Überle-

---

4 Pilch, H.: Montreal Proceedings, p. 161.

gung heraus unterschieden wir schon in der ersten Auflage sorgfältig zwischen phonematischer Analyse und Transkription: «Noch viel weniger verwandelt die ... Notierung den phonematischen Status der betreffenden Einheit. Sie macht nicht aus dem distinktiven Merkmal etwas anderes, etwa ein ‹selbständiges Phonem› oder ‹Prosodem›, sondern sie benennt die gleiche Einheit nur neu» (1. Aufl., p. 109). Die Transkription braucht die Analyseergebnisse nicht eindeutig und vollständig wiederzugeben, sondern in sie gehen noch vielfältige, anderweitige Gesichtspunkte ein: «Les transcriptions reflètent certains aspects des structures phonologiques, structures linéaires surtout, mais elles n'en reflètent pas la totalité. En plus, le reflet n'est souvent pas univoque»[5]. In der Verwechslung zwischen Analyse und Transkription besteht bis heute eine – außerhalb phonetischer Fachkreise weit verbreitete – phonetische Irrlehre.

Diese Neuansätze bauen wir in vorliegender Auflage auf Grund unserer Erfahrung mit verschiedenen Sprachen und mit Aphasiepatienten weiter aus. Hatten wir in der ersten Auflage noch daran festgehalten, daß wenigstens die Silbe (pp. 14–22), das distinktive Merkmal (pp. 57–60) und die Scheidung zwischen segmentalen (inhärenten) und suprasegmentalen (prosodischen) Kategorien (pp. 44–50, 96–102) «phonetisch vorgegeben» seien, so erkennen wir jetzt auch darin phonematische, d.h. durch linguistische Analyse gewonnene Abstraktionen, die grundsätzlich nicht auf bestimmte phonetische Parameter reduzierbar sind: «Phonematische Merkmale sind etwas grundsätzlich anderes als experimentalphonetische Parameter»[6]. Genau wie den Phonemen können wir auch den distinktiven Merkmalen ihre (variablen) phonetischen Parameter zuordnen[7], aber sie sind nicht selbst phonetische Parameter (vgl. pp. 147–149).

Die Beliebtheit, derer sich das distinktive Merkmal derzeit in weiten Kreisen erfreut, gründet sich auf das offensichtliche Mißverständnis, die distinktiven Merkmale seien «meßbar» und ihre «naturwissenschaftliche Realität» daher erwiesen. Wenn schon nicht den Laut und das Phonem, so gäbe es doch das distinktive Merkmal «wirklich»[8]. Solche Vor-

5 Pilch, H.: Montreal Proceedings, p. 163.
6 Pilch, H.: Word *24:* 351 (1968).
7 Vgl. die beispielhafte Analyse von Painter, C.: Cineradiographic data on the feature *covered* in Twi vowel harmony, Phonetica *28:* 97–120 (1973).
8 Hierauf macht G. Hammarström aufmerksam [Generative phonology. A critical appraisal, Phonetica *27:* 157–184 (1973)]. In dieser Hinsicht irrt z.B. H. Lüdtke. Er verwirft das Phonem, weil ihm «überhaupt kein physikalisches Korrelat ... direkt entspricht» [Phonetica *20:* 147], behält aber das distinktive Merkmal als Grundeinheit der phonetischen Analyse bei [Theorie und Empirie, p. 39].

stellungen erledigen sich nicht nur durch die experimentalphonetischen Gegebenheiten. Sie sind auch logisch paradox: «Le trait sans le concept de phonème est inimaginable. Rien ne peut être une qualité de quelque chose qui n'existe pas»[9].

Dementsprechend völlig neu geschrieben sind die Abschnitte über phonologische Gruppen (Kap. I. 2), expressive Merkmale (Kap. III. 4), Suprasegmentalia (Kap. IV. 4) und über Äquivalenzklassen (Kap. IV. 3; früher betitelt *Segmentklassen*, jetzt *das Phonem*). Überall ist gleichzeitig der Erkenntnis S. K. Šaumjans Rechnung getragen[10], daß phonologische Unterschiede sich nicht an semantische, sondern an morphologisch-syntaktische Unterschiede knüpfen. Auch Synonyma können phonologisch verschieden sein, und Homonyme und Polyseme sind es nicht. Die Ausführungen über Transkription sind jetzt in Kapitel V. 1 zusammengefaßt, und der praktische Wert der Transkription ist deutlicher herausgestrichen. Die experimentalphonetischen (besonders die auditiven) Parameter sind im Anschluß an die laufende Forschung präzisiert (Kap. II, V. 3), ebenso die Bemerkungen über Häufigkeit (jetzt Kap. V. 4). Ausführlicher als früher arbeiten wir mit sprachhistorischen Problemen; denn der dazu erforderliche phonemtheoretische Apparat ist grundsätzlich derselbe wie bei synchronischer Analyse. Um dem seit Noam Chomskys Referat vor dem Cambridger Linguistenkongreß (1962) neu erwachten Interesse an Morphonologie Rechnung zu tragen, haben wir den Abschnitt über Wortphonologie um Ausführungen zur Morphonologie ergänzt, halten uns jedoch dabei von überflüssiger Polemik fern. Wir sehen in phonematischer und morphonologischer Analyse nicht zwei Alternativen, von denen die eine die andere ausschließt: «Derartig wertsetzende *Alternativen* haben nichts mit Forschung zu tun»[11]. Die Auseinandersetzung mit dem Binarismus (1. Aufl., pp. 129–138) streichen wir jetzt, weil sie an Aktualität verloren hat.

Die bahnbrechenden wissenschaftstheoretischen Arbeiten von Eberhard Zwirner, der schon früh die alte Scheidung von Phonetik und Phonologie als unhaltbar erkannte[12], liefern uns die Apologie für empirische Forschung, die an wirklichen Sprachen arbeitet und nicht

---

9 Malmberg, B.: Montreal Proceedings, p. 176.
10 Problemy, pp. 13–18; vgl. dazu Pilch, H.: Montreal Proceedings, pp. 159, 178, und vorliegendes Buch, p. 84.
11 Zwirner, E.: Theorie und Empirie, p. XII.
12 Vgl. Phonologie und Phonetik; Acta linguist. hafn. *1*: 29–47 (1939); Neudruck in Bibl. phonet., No. 5, pp. 240–259 (Karger, Basel 1968).

über «die Sprache» spekuliert: «Den Gegenstand der Sprachforschung bilden (mündliche und schriftliche) Texte. Nur diese sind uns ohne spezifisch linguistische Voraussetzungen als Untersuchungsgegenstände gegeben ... Ein Gegenstand ‹die Sprache überhaupt› oder ‹die Sprache im allgemeinen› ist uns als Untersuchungsobjekt nicht gegeben»[13]. Das bedeutet nicht ein «theoriefreies» Sammeln von «Fakten» im vulgär-positivistischen Sinne – setzt doch die Kenntnis auch des simpelsten Faktums gewisse Kenntniskategorien voraus. Aber es bedeutet ebensowenig im Sinne eines primitiven Idealismus, daß das Studium von Sprachen fertige (angeborene?) Vorkenntnisse über «die Sprache» voraussetze. Beide Extrempositionen erledigen sich selbst. Die erste führt auf den Datenfriedhof, die zweite verzehrt sich in (vom Modell generierten, empirisch bedeutungslosen) Schreibtischproblemen: «Wie viele Engel können auf einer Nadelspitze tanzen?»

«As a linguist I have little sympathy for the more abstruse meta-theoretical constructs and tend to regard them as a variety of intellectual pastime»[14].

In fruchtbarer wissenschaftlicher Arbeit wirken empirische Fakten und vorgegebene Kategorien wechselseitig aufeinander und entfalten sich gegenseitig in einem heuristischen Prozeß («trial and error»). Wenn wir es mit Phänomenen zu tun haben, die wir nicht gut kategorisieren können (z.B. mit den Intonationen, die wir in einem Freiburger Bäckerladen oder von einem bestimmten Aphasiepatienten hören), so suchen wir nach geeigneten analytischen Kategorien. Ohne die phonematische Korrelation erscheinen gewisse aphasische Syndrome z.B. als rein zufallsgesteuerte Lautverwechslungen (vgl. p. 153). Umgekehrt führen neue Kategorien an schon bekanntem Material oft zu überraschenden Aufschlüssen (oder auch nicht). Das seit Generationen umstrittene Problem der metrischen Überlängen im altenglischen Vers löste sich z.B. unerwartet bei der Klassifikation der morphonologischen Typen des Altenglischen[15].

Phonematische Kategorien wie *Silbe* oder *Akzent* werden einmal innerhalb der Theorie der Phonologie als formale Größen aufgestellt und definiert. Gleichzeitig werden durch phonematische Analyse Silben und Akzente innerhalb bestimmter Sprachen festgestellt. Eine ontologische Definition «des Akzentes an sich» gibt es nicht und kann

---

13 Pilch, H.: Theorie und Empirie, pp. 9 f.
14 Achmanova, O.: Montreal Proceedings, p. 171.
15 Vgl. Pilch, H.: Altenglische Grammatik, p. 98 (Hueber, München 1970).

es nicht geben. Einerseits ist z. B. «Akzent im Kymrischen» empirisch nicht dasselbe wie «Akzent im Deutschen». Sie unterscheiden sich nicht nur in ihrer hörbaren Manifestation. Der deutsche Akzent liegt auf genau *einer* Silbe pro Wort, der kymrische kann sich auf zwei Silben verteilen (vgl. p. 114). Beide Akzente erfüllen jedoch gewisse formale Bedingungen (Bindung an das Wort, kulminativer Charakter), durch die sie sich als Modell der gleichen theoretischen Einheit ausweisen. Von hierher wird eine empirische Typologie der Suprasegmentalia (pp. 56, 114) und allgemein eine phonologische Typologie (pp. 150–152) möglich.

Den Grundgedanken der klassischen Phonologie, Redegeräusch nicht nur als «naturwissenschaftliches» Lautereignis (z. B. nach Frequenz und Intensität) zu analysieren, sondern dem Lautsystem einer bestimmten Sprache zuzuordnen, halten wir nach wie vor für richtig. Ohne ihn wird das Sammeln von Kurven und Testergebnissen öde. Seine Fruchtbarkeit hat er in vielfältigen Bereichen seit Jahrzehnten erwiesen. Zur laufenden Diskussion um Sinn und Grenzen der Phonologie nehmen wir in unserem neuen Schlußabschnitt Stellung. Die Kritik, die von der alten Lehre vom Einzellaut ausgeht bzw. von der vermeintlich allgemein gültigen, maximal ökonomischen Umschrift, setzt sich souverän über den Stand der Forschung hinweg und verweilt bei den linguistischen Anschauungen der Alchimie:

«... Where, then, a learned Linguist
Shall see the antient vs'd communion
Of vowells, and consonants —
... To comprise
All sounds of voyces, in few markes of letters»[16].

Der – aus der Wissenschaftsgeschichte wohlbekannte und neuerdings wieder aktuelle – Psychologismus, der linguistische Daten auf psychologische Daten reduzieren will, mißversteht die spezifisch linguistische Fragestellung, aufgrund derer linguistische «Fakten» zustande kommen. Da Geräusch sich auch wahrnehmungspsychologisch angehen läßt, tut er so, als lasse es sich *nur* wahrnehmungspsychologisch angehen:

---

16 Ben Jonson: The alchemist, Akt 4, Szene 5, ZZ. 18–23 (ed. C. H. Herford und Percy Simpson; Oxford University Press, Oxford 1937). Die Stelle ist fast wörtlich dem Vorwort des theologischen Werkes von Hugh Broughton, A concent of Scripture (1590), entnommen.

«Als umfassendste und höchste seelische Leistung des Menschen läßt sich die Sprache aber nur durch *psychologische Betrachtung* verstehen»[17].

Analog irren alle Versuche, die phonemtheoretische Begriffsbildung mit dem Apparat der Physik oder Physiologie zu beweisen bzw. zu widerlegen. Die Diskussion darum wurde bereits in den dreißiger Jahren unseres Jahrhunderts geführt. Neue Gesichtspunkte sind seitdem nicht mehr aufgetaucht. Der Leser findet das Für und Wider in Zwirners Auseinandersetzung mit Scripture:

«Solche Fragen stehen ... wenn sie richtig, d.h. so gestellt werden, daß sie den Bedingungen ihres Gegenstandes gerecht werden, von vornherein unter dem Begriff des *Systems der Wissenschaften*. Die Argumente Scriptures aber stehen unter dem Begriff einer Einheitswissenschaft, für die die Methode der Naturwissenschaft in Anspruch genommen wird»[18].

Wir halten uns daher im Rahmen der Phonologie, auch wenn wir sie dem heutigen Stand der Experimentalphonetik und der Wissenschaftstheorie anzupassen und auf Grund breiterer linguistischer Erfahrung weiter auszubauen suchen. Es hängt mit dieser laufenden Weiterentwicklung zusammen, daß wir den angekündigten zweiten Teil vorliegenden Werkes immer noch nicht abschließend bearbeitet haben. Wir prüfen seine theoretischen Überlegungen zunächst noch an einer – dem Abschluß entgegengehenden – Phonetik des Englischen [Verlag Fink, München] und einer Neufassung zur Phonetik des Kymrischen [Z. celt. Phil., vol. 34], um die vorliegenden Entwürfe abschließend auszuformulieren. Im Entwurf liegen folgende Kapitel vor:

I. Automatische Segmente
II. Phonematische Hierarchien

Vgl. als Vorarbeiten: Phonemic constituent analysis, Phonetica *14*: 237–252 (1966);
Die silbenanlautenden und silbenauslautenden Konsonantengruppen des Russischen; in 2. Festschrift Roman Jakobson, pp. 1555–1584.

III. Phonetische Korrelate
IV. Intonation

Vgl. als Vorarbeiten: Intonation: experimentelle und strukturelle Daten, Cah. linguist. théor. appl. *3*: 131–136 (1966);
Pike-Scott's analysis of Fore suprasegmentals, Kivung *3*: 133–142 (1970); Nachdruck in Bibl. phonet., vol. 11 (Karger, Basel 1974);
Nebenakzent und Wortableitung im Englischen, Wien. Slav. Jb., suppl. *6*: 46–58 (1967);

17 Arnold, G. E.: Die Sprache und ihre Störungen, vol. 2, p. 3 (Springer, Wien 1970).
18 Zwirner: Grundfragen, pp. 145 f.

Intonation als distinktive Kategorie, Phonetica pragensia *3:* 191–196 (1972);
The elementary intonation contour of English, Phonetica *22:* 82–111 (1970);
La mélodie dans les structures linguistiques, Bull. Audiophon. *3:* 43–64 (Besançon 1973).

V. Sprache und Dialekt

Dazu liegen im Druck vor: Zentrale und periphere Lautsysteme, Münster Proceedings, pp. 467–473;
Structural dialectology; in Festschrift H. Papajewski, pp. 46–68 (Wachholtz, Neumünster 1973); Nachdruck in American Speech.

Für vielseitige technische Hilfe bin ich den Mitarbeitern des Hauses Karger (Basel) und meinen Mitarbeitern Heidi Poschbeck und Siegfried Bertz zu Dank verpflichtet. Frau Poschbeck hat das Manuskript getippt, Herr Bertz mit Korrektur gelesen und die Fachwortindizes und den Autorenindex neu bearbeitet. Wichtige wissenschaftliche Anregungen habe ich erhalten von Claus Holm (Freiburg i. Br.) zur physiologischen Phonetik, Nina Pilščikiva-Chodak (Toronto) zur russischsprachigen Zusammenfassung, Pieter van Reenen (Amsterdam) zum Niederländischen.

Freiburg i. Br., Januar 1973   Herbert Pilch

Vorwort zur 1. Auflage

Vorliegende Abhandlung ist aus fünf doppelstündigen Gastvorlesungen hervorgegangen, die der Verfasser im Frühjahr 1960 unter dem Titel «Moderna fonologiska teorier» an der Universität Uppsala hielt. Von hier aus verstehen sich die Gliederung des Stoffes in fünf in sich geschlossene Kapitel und die Bevorzugung schwedischer und deutscher Beispiele. Die Kennzeichnung von Belegen als einer bestimmten Sprache zugehörig, z. B. als *deutsch*, bedeutet, daß nach den Beobachtungen des Verfassers *einige* (nicht sämtliche) deutsche Sprecher die angegebenen Formen gebrauchen. Diese Begrenzung ist unumgänglich. Wenn das Beiwort «deutsch» bedeuten müßte «in allen deutschen Dialekten» oder «in der Aussprache aller deutschen Sprecher», so könnten wir aus überhaupt keiner Sprache Belege beibringen. Der Verfasser kennt «alle Dialekte», «die Aussprache aller Sprecher» oder selbst nur «die Aussprache aller *guten* Sprecher» weder des Deutschen noch irgendeiner anderen Sprache. Ebenso unpraktisch wäre die Gleichsetzung von «deutsch» mit «deutscher Bühnenaussprache». In diesem Falle hätten wir unser Belegmaterial nicht der lebenden deutschen Umgangssprache entnehmen dürfen – außer vielleicht auf der Bühne und in Sprecherziehungsübungen spricht bekanntlich niemand Bühnendeutsch –, sondern hätten es nach den Vorschriften einiger Handbücher neu bilden müssen. Die vielen wirklichkeitsfremden Angaben über deutsche Aussprache besonders in der ausländischen Fachliteratur haben uns abgeschreckt.

Obwohl wir uns um sachliche Richtigkeit des Belegmaterials bemühen, bleibt die Gültigkeit der theoretischen Erörterung hiervon unabhängig. Wir handeln über abstrakte Strukturen. Dazu würden an sich Beispiele aus erfundenen Sprachen genügen, wie wir sie gelegentlich auch bringen. Wir betrachten jedoch die Phonemtheorie nicht als Selbstzweck, sondern vor allem als ein wichtiges Werkzeug in der *Praxis*. Unter «Praxis» verstehen wir hier und überall im Text nicht etwa den Schulunterricht, sondern die wissenschaftliche Unter-

Vorwort zur 1. Auflage

suchung konkreter, gesprochener Sprachen unter den üblichen Bedingungen des *field work*.

Unser Text setzt – wenigstens theoretisch – keine Vorkenntnisse auf phonetisch-phonologischem Gebiet voraus. Praktisch verfügten die Hörer in Uppsala, fortgeschrittene Studenten der Phonetik und Dozenten sprachlicher Fächer, über beträchtliche fachliche Vorkenntnisse. Auch für den Leser dürften wenigstens einfache phonetische Kenntnisse nützlich sein. Dem Anfänger empfehlen wir zum gleichzeitigen Durcharbeiten eines der gängigen phonetischen Lehrbücher, z. B. diejenigen von K. L. Pike, R.-M. S. Heffner, B. Malmberg, und der «Acoustic Phonetics» von Martin Joos. Vorausgesetzt ist, daß der Leser die Notierung von Variablen durch Buchstaben wie a, b, C, D (mit oder ohne Indices) versteht. Das Arbeiten mit solchen Variablen vereinfacht die Erörterung in so hohem Maße, daß wir schwer darauf verzichten können. Es dürfte außerdem auch jungen Semestern aus der elementaren Logik und Mathematik (auch schon der Schulmathematik) vertraut sein. Im Zweifelsfalle empfehlen wir Lektüre der ersten Seiten eines Elementarbuches der Logik[1].

Ebensowenig wie fachliche Vor*kenntnisse* setzen wir fachliche Vor*urteile* voraus. Dem Verständnis abträglicher als gänzlich fehlende Vorbildung wird nämlich jenes verbreitete, phonetisch-phonologische Halbwissen sein, das seine eigenen, festen Vorstellungen und Denkgewohnheiten so ernst nimmt, daß es alles Dargelegte an ihnen mißt und bei diesem Vergleich unauflösliche Widersprüche entdeckt. Ebenso zu warnen ist vor der Versuchung, die Bedeutung der Fachausdrücke statt aus den angegebenen Definitionen aus griechischen und lateinischen Etyma entnehmen zu wollen[2]. Um diesen Gefahren vorzubeugen, möchten wir den Leser ernstlich bitten, unsere Ausführungen so, und zwar genau so aufzufassen, wie sie im Text stehen, und nichts weiter hineinzulesen, was nicht darin steht. Kein Verfasser könnte zu jeder Stelle alle möglichen Vorurteile voraussahnen und sofort bekämpfen.

Denjenigen Lesern, die ihre philologischen Studien bisher vorzugsweise auf literaturwissenschaftlichem Gebiet betrieben haben, dürften einige Grundkonzepte der Phonemtheorie bereits von der

---

1 Zum Beispiel Lorenzen, Paul: Formale Logik, Sammlung Göschen 1176/1176a (Berlin 1958).
2 Im Text verzichten wir absichtlich auf etymologische Angaben, da diese nichts zur Sache beisteuern würden.

literarischen Rhetorik her geläufig sein – auch wenn man sie dort mit etwas anderen Worten formuliert. Auf die Gemeinsamkeit dieser Grundkonzepte gehen wir besonders in der Einleitung ein – einmal, um dem literaturwissenschaftlich vorgebildeten Leser den Zugang zu unserem Gegenstand zu erleichtern, und zum anderen, um gegenüber der heute in der Praxis schon weit fortgeschrittenen, gegenseitigen Isolierung von Sprach- und Literaturwissenschaft die enge Zusammengehörigkeit beider Gebiete zu betonen.

Kenntnis eines Sachgebietes bedeutet immer auch *Beherrschung* eines bestimmten Fachwortschatzes. Das heißt Kenntnis nicht nur von Vokabeln, sondern der dazugehörigen Dinge. Wer den Fachwortschatz einer Wissenschaft in diesem Sinne *beherrscht*, kann über den Gegenstand dieser Wissenschaft sinnvoll sprechen und ihre Fragestellungen formulieren und verstehen. Er weiß, welche Wörter zu welchen Dingen gehören. Aus diesem Grunde bemühen wir uns, in dieser Darstellung gleichzeitig mit dem Gegenstand der Phonemtheorie auch die zugehörige, oft recht uneinheitliche Fachterminologie anzuzeigen. Um die Lektüre fremdsprachlicher Fachliteratur zu erleichtern, geben wir die Fachausdrücke in den Fußnoten möglichst auch in englischer, französischer, schwedischer und russischer Sprache wieder.

Die Phonemtheorie fassen wir nicht in erster Linie als Theorie des Phonems auf, sondern als eine umfassendere, allgemeine Theorie der phonematischen Relationen. Die besondere Rolle des Phonems im System dieser Relationen ist weniger theoretisch als durch die Erfordernisse der Praxis bedingt[3]. Wir gehen deshalb auch in unserer Darstellung nicht von einer Definition des Phonems aus, sondern von einigen abstrakten Relationen und zeigen in den einzelnen Kapiteln, inwiefern solche Relationen innerhalb der hörbaren Rede bestehen. Die Ausdrücke «Laut» und «Phonem» tauchen erst im vierten Kapitel auf, nachdem die Wechselbeziehungen, die diese Größen bestimmen, im einzelnen erörtert worden sind.

Wir setzen also nicht wie manche älteren Darstellungen der Phonemtheorie zunächst einen Begriff «Laut» als bekannt voraus und schreiten von hier aus fort zum Begriff «Phonem». Dies tun wir auch schon deswegen nicht, weil der früher als gesichert geltende Begriff «Sprachlaut» und die eng damit zusammenhängende Frage der Segmentierung im Licht der modernen Experimentalphonetik höchst

[3] Vgl. pp. 126–128.

problematisch geworden sind. Wir können daher bei der Definition phonematischer Relationen nicht mehr von einem Grundkonzept «Laut» ausgehen, sondern müssen den «Sprachlaut» umgekehrt auf Grund phonematischer Relationen bestimmen.

Die Zweiheit *Laut: Phonem* wird in der Literatur meist gekoppelt an den Gegensatz *Phonetik: Phonologie*. Die Prager Schule führte dieses Gegensatzpaar weiter zurück auf die saussurianische Unterscheidung *parole: langue* und schließlich auf die Trennung zwischen Natur- und Geisteswissenschaften. Eine naturwissenschaftlich arbeitende Sprechaktlautlehre (Phonetik) soll danach säuberlich gegen eine geisteswissenschaftlich orientierte Sprachgebildelautlehre (Phonologie) abgegrenzt sein. Aus den im vierten Kapitel dargelegten Gründen halten wir diese (nie restlos geklärten) Dichotomien heute nicht mehr für besonders sinnvoll. Um auch beim Leser nicht unnötig den Gedanken an eine von unserem «geisteswissenschaftlichen» Gegenstand säuberlich geschiedene, «naturwissenschaftliche» Phonetik zu wecken, vermeiden wir schon im Titel das Wort «Phonologie» und ersetzen es durch «Phonemtheorie». Dementsprechend verwenden wir als Eigenschaftswort «phonematisch» statt «phonologisch». Die dem Englischen entlehnten Bildungen «Phonemik» und «phonemisch» lassen wir beiseite, da sie meines Erachtens wider die Gepflogenheiten deutscher Wortbildung im Falle von Elementen griechischer und lateinischer Herkunft verstoßen.

Da wir «Phonetik» und «Phonologie» als einheitliches Sachgebiet betrachten, scheuen wir uns nicht, auch im hergebrachten Sinne des Wortes «phonetische» (außerphonologische) Fragen zu besprechen, wenn wir sie für unseren Gegenstand, die Analyse der hörbaren Rede bestimmter *Sprachen* und die zugehörige Theorie, brauchen. Die praktischen Erfordernisse unseres Forschungsgegenstandes liegen uns in jedem Falle näher als die Erfindung und Erörterung wissenschaftstheoretischer Dichotomien.

Bei unseren Darlegungen stellen wir uns auf den Standpunkt, daß aus hörbarer Gleichheit immer auch phonematische Gleichheit folge[4]. Diese Regel reicht für die im vorliegenden Rahmen behandelten Fragestellungen aus. Nur einmal, und zwar bei der Behandlung von Akzent und Intonation, streifen wir ihre Grenzen, übergehen aber zunächst die damit verbundenen Schwierigkeiten. Auf einer

---

4 Vgl. p. 69.

höheren theoretischen Ebene muß die Definition der phonematischen Gleichheit jedoch relativiert werden [5]. Diese abgewandelte, relativierte Auffassung und die daraus entstehenden Folgerungen hoffen wir, in einem späteren, zweiten Teil dieses Buches darzulegen. Dieser zweite Teil soll in diesem Zusammenhang die Theorie der distinktiven Schallmerkmale neu aufrollen und außerdem eine Reihe von Sonderfragen der Segmentierung behandeln, für die hier der Raum fehlt, und zwar besonders die «automatischen» und die «fiktiven Segmente». Zu ersteren gehören unter anderem B. Blochs «*determined segments*»[6]. Beispiele automatischer Segmente wären das Vokalelement nach einem auslautenden, aspirierten Verschluß, etwa am Ende von deutsch *matt* oder *dick*, ferner – nach der Deutung V. V. Ivanovs[7] – der einzige Vokal des mit Laryngalen rekonstruierten Urindogermanischen und der interkonsonantische Murmelvokal des Französischen und des Bella Coola[8]. Unter der Überschrift «fiktive Segmente» wollen wir vor allem die von amerikanischen Forschern entwickelte Junkturtheorie[9] und auch ihr Prager Gegenstück, die Theorie der Grenzsignale, erörtern. Weiterhin soll der zweite Teil Fragen des historischen Lautwandels, der Sprachvergleichung und der Rekonstruktion behandeln. Damit hoffen wir, gleichzeitig das verbreitete Vorurteil zu bekämpfen, daß die Phonologie «ja die Sprache als historisches Phänomen nicht fassen kann»[10].

Mein Dank gebührt vor allem Herrn Kollegen Göran Hammarström (Uppsala), auf dessen Initiative die nun schriftlich vorliegenden Gastvorlesungen zustande kamen und der mir aus diesem Anlaß nicht zum ersten Mal seine herzliche Gastfreundschaft schenkte. Eine Reihe von Fragen durfte ich außerdem mit den Herren Roman Jakobson (Cambridge, Mass.), Bo Wickmann (Uppsala), Hans-Jakob Seiler

---

5 Vgl. dazu Fischer-Jørgensen, E.: Proceedings of the 8th International Congress of Linguists, Oslo 1958, pp. 473–476; Martinet, A.: Substance phonique et traits distinctifs, Bull. Soc. linguist., Paris *53:* 72–85 (1957/58); Šaumjan, S. K.: Dvuchstupenčataja teorija fonemy i differencial'nych elementov, Vopr. Jaz., Heft 5, pp. 18–34 (1960).

6 Vgl. Language *24:* 26–31 (1948).

7 Vopr. Jaz., Heft 5, p. 38.

8 Vgl. Martinet: Eléments, pp. 75f.; Hockett: Manual, p. 57.

9 Vgl. die Übersicht bei Lehiste, I.: An acoustic-phonetic study of internal open juncture, Phonetica, suppl. ad vol. 5 (Karger, Basel 1960); Panov, M. V.: O razgraničitel'nych signalach v jazyke, Vopr. Jaz., Heft 1, pp. 1–19 (1961).

10 Standardwerke zur phonematischen Theorie des Lautwandels sind: Martinet, A.: Economie; Hoenigswald, H.: Language change and linguistic reconstruction (Chicago 1960).

(Köln), E. Zwirner (Münster) und Harald Weinrich (Kiel) erörtern. Herr Wolfgang Bethge (Münster) übersandte mir eine hilfreiche, kritische Stellungnahme. Herr Wolfgang Wölck (Frankfurt a. M.) hat mich mit seiner bewährten Hilfsbereitschaft bei der technischen Herstellung und der Korrektur des Manuskriptes tatkräftig unterstützt. Fräulein Ursula Höcker (Freiburg i. Br.) hat mir bei der Druckkorrektur und der Herstellung des Registers geholfen. Aus den Ratschlägen und der Kritik der Genannten habe ich viel zulernen können, und ich fühle mich ihnen zu aufrichtigem Dank verpflichtet.

Frankfurt a. M., Mai 1961 *H. Pilch*

Einleitung

"Soun ys noght but eyr ybroken,
And every speche that ys yspoken,
Lowd or pryvee, foul or fair,
In his substaunce ys but air."

Chaucer, The House of Fame 765–768

Die Phonemtheorie geht von Erfahrungen aus, die jeder einzelne von uns immer wieder macht.

1. Jeder von uns spricht mindestens eine Sprache und hört andere Sprecher und auch sich selbst. Alle menschliche Rede ist also hörbar. Nennen wir alles Hörbare *Geräusch*, so können wir sagen: Alle Rede besteht in Geräusch[1]. Kennen wir die Sprache, in der jemand redet, so hören wir das Geräusch und verstehen gleichzeitig, was er sagt und wie er es sagt (vgl. p. 84). Kennen wir die Sprache nicht, so vernehmen wir nur das Geräusch. Die Phonemtheorie macht Aussagen über dieses Redegeräusch. Das Redegeräusch ist, technisch gesprochen, ihr Objektbereich.

Die Qualität dieses Geräusches ändert sich fortwährend. Was in diesem Zusammenhang die Wörter *Qualität* und *fortwährende Änderung* bedeuten, wollen wir jetzt nicht formaliter bestimmen, sondern nur an unsere Erfahrung denken. Jeder Autofahrer achtet auf die Qualität seines Motorengeräusches. Drückt man langsam das Gaspedal hinunter, so ändert sich dessen Qualität fortwährend. Es wird lauter und heller. Schlagen wir eine Orgeltaste an, so hören wir einen völlig gleichbleibenden Ton, solange wir den Finger auf der Taste halten. Bei einer im Zusammenhang gespielten Fuge ändert sich die Qualität des Gehörten fortwährend. Der musikalisch Geschulte erkennt darin einzelne Töne konventioneller Dur- oder Molltonarten von konven-

---

[1] Dieser Satz, der das oben als Motto gesetzte Chaucer-Zitat wieder aufnimmt, beschreibt einen Aspekt der menschlichen Rede. Alle Rede ist (unter anderem auch) Geräusch, aber nicht jedes Geräusch ist Rede.

tioneller Zeitdauer (wie Viertel, Achtel usw.). Er setzt die sich fortwährend ändernde Qualität um in eine Folge diskreter Einzeltöne. Bei einem *glissando* oder einem aufheulenden Motor gelingt diese Umsetzung nicht. Zu dieser Umsetzung gehören einmal bestimmte konventionelle Schemata (wie die Tonarten und Takteinteilungen der europäischen Konzertmusik), sodann ein erfahrener Beobachter, der es gelernt hat, mit diesen Schemata zu arbeiten.

2. Wie in einer Fuge gewisse Töne und Tonfolgen (Motive und Themen) mehr als einmal vorkommen, so entdecken wir bei genauem Zuhören auch in jeder Rede gewisse Teilgeräusche oder Lautelemente, die sich wiederholen. In der Grundschule haben wir es gelernt, solche diskreten Lautelemente aus unserer Muttersprache mit bestimmten Buchstaben zu verbinden. Der Schreibunterricht setzte zwingend voraus, daß wir es lernen konnten, die sich fortwährend ändernde Qualität des Redegeräusches nach einer bestimmten Methode in diskrete Lautelemente umzusetzen. Nach ähnlichen Voraussetzungen vertauschen wir in der als *spoonerism* bekannten Redefigur verschiedene diskrete Lautelemente untereinander, z. B. *Kaulmorb* statt *Maulkorb*, engl. *a blushing crow* statt *a crushing blow*.

Hören wir jemandem zu, der unsere Muttersprache spricht, so setzen wir das Gehörte spontan in die entsprechenden Buchstabenfolgen um (etwa beim Mitschreiben einzelner Stichwörter). Spricht der Betreffende einen Dialekt, den wir zwar verstehen, der uns aber fremd klingt, so haben wir ein Doppelerlebnis. Einerseits «hören wir» die vertrauten diskreten Lautelemente, andrerseits «hören wir» den fremden Klang. Hören wir einer gänzlich unbekannten Sprache zu, so erleben wir zunächst nur das sich fortwährend ändernde, fremde Redegeräusch. Bei längerem genauem Hinhören erkennen wir aber auch hier gewisse Lautelemente, die sich wiederholen.

Um Lautwiederholungen zu beobachten, brauchen wir keine besondere Fachausbildung und kein phonetisches Laboratorium, sondern nur unser normales Gehör. Auch jeder Laie erfährt es immer wieder im täglichen Leben, und zwar besonders beim Lesen und Hören von Gedichten.

Hören wir den bekannten Vers aus «Kalevala»: *Vaka vanha Väinämöinen*. Leicht nehmen wir dreimal das gleiche Teilgeräusch *v* wahr, und zwar jedesmal am Anfang der Wörter. Um bei der Notierung zu verdeutlichen, daß *v* nicht irgendeine Größe, sondern ein Lautelement bezeichnet, setzen wir es in eckige Klammern [v].

Einleitung

Hören wir dem Schlachtlied des Dichters Aneirin zu, so brauchen wir vom Text nichts zu verstehen, bemerken aber doch, daß sich einige Lautelemente wiederholen:

«Gredyf gwr oed gw*as*   meirch mwth myngvr*as*
gwrhyt am d*ias*   a dan vordwyt megyrw*as*.»

Am Ende der Zeilen hören wir hier viermal ein gleiches Teilgeräusch. Im Anschluß an die kymrische Rechtschreibung wollen wir es als [a·s] wiedergeben.

Wir haben unsere Beispiele absichtlich der Dichtung entnommen. Hier ist das mehrfache Vorkommen gleicher Lautelemente uns allen geläufig. Die Metrik klassifiziert es als Alliteration ([v] beim Kalevalavers) bzw. Reim ([a·s] bei Aneirin).

Beim Anhören einer fremden Sprache halten wir darauf, Lautelemente der fremden Sprache untereinander zu vergleichen, nicht einzelne Elemente der fremden Sprache mit einzelnen Elementen der Muttersprache. Hier liegt ein wesentlicher Unterschied zwischen laienhaftem und wissenschaftlichem Sprachstudium. Der Laie erkennt fremde Lautelemente, indem er sie bekannten gleichsetzt. Er findet in der fremden Sprache nur die Lautelemente seiner Muttersprache wieder, auch wenn sie ihm fremd klingen. Ähnlich geht es bei Entlehnungen. Der finnische Radiosender *Lahti* wird im Deutschen so ausgesprochen, als reime er mit dem deutschen Wort *Vati*. Für finnische Ohren gilt dieser Reim nicht. Wird der Ferienreisende auf Elemente aufmerksam, die er nicht nachsprechen kann, so hält er sie für «schwer aussprechbar». Er mißt die Schwierigkeiten der Aussprache ein für allemal an der Artikulation seiner Muttersprache. Deutsche und englische Touristen bemerken z.B. nie die Längenunterschiede des Finnischen. Die finnischen Wörter und Namen, die sie nach Hause mitbringen, kann deshalb niemand verstehen. Der wissenschaftlich geschulte Beobachter weiß, daß jedem Sprecher die Artikulationen, die er schon beherrscht, leicht erscheinen, alle fremden dagegen schwierig oder «unaussprechbar». Er stellt keine Schwierigkeitsvergleiche zwischen bekannten und unbekannten Sprachen an. Er weiß auch, daß die diskreten Lautelemente einer unbekannten Sprache sich nicht durch Vergleich mit den diskreten Lautelementen bekannter Sprachen erkennen lassen, sondern nur durch Prüfung auf Gleichheit oder Verschiedenheit innerhalb der gleichen Sprache. Er ordnet diese Elemente nicht schon vorgegebenen, konventionellen Schemata (etwa einer angeblich alle Nuancen erfassenden Lautschrift) zu, sondern sucht und findet solche Schemata (genannt Lautsysteme; vgl. Kap. V) speziell für die jeweilige Sprache.

3. Hören wir einer Rede noch aufmerksamer zu, so bemerken wir, daß die Lautelemente nicht beliebig aufeinander folgen, sondern nur in ganz bestimmten Anordnungen. Diese Beobachtung erfordert bei einer unbekannten Sprache eine gewisse Zeit des Einarbeitens. Wir führen sie daher lieber an bekannten Sprachen vor, deren verschiedene Lautelemente wir wenigstens intuitiv und im groben schon kennen. Im Deutschen hören wir zu Beginn der Wörter *Rippe* und *Raub* zweimal ein gleiches Element [r], beim Einsatz der Wörter *Lippe* und *Laub* zweimal das Element [l]. Am Ende einer deutschen Rede werden wir nun wohl die Folgen [aul ail oil] hören, z. B. in den Wörtern *faul, feil, Geheul*, aber nie die Folgen [aur air oir]. Die Elemente [çst] bzw. [kst] und [pft] am Ende der deutschen Wörter *höchst, nächst* und *hüpft, stopft* stehen nie zu Beginn einer deutschen Äußerung (vgl. Kap. I). Anordnungen, die in einer bestimmten Sprache vorkommen, sind in dieser Sprache zugelassen, alle anderen Anordnungen sind in dieser Sprache unzulässig[2]. Die zugelassenen Anordnungen schwanken von einer Sprache zur anderen. Im Kymrischen und Russischen kommen z. B. die im Deutschen und Englischen am Anfang unzulässigen Folgen [tl dl] durchaus vor, z. B. kymr. *tlawd* ‹arm›, russ. *dlit'* ‹dauern›. Die zu Beginn deutscher Wörter zulässigen Folgen [kn gn ps] (z. B. in *kneifen, Gnade, Psyche*) sind im heutigen Englisch unzulässig.

Die Aufeinanderfolge mehrerer Elemente können wir statt von links nach rechts auch mit dem Pluszeichen + notieren, das wir zwischen die betreffenden Elemente stellen; z. B. sind die Folgen [š+r] im Deutschen und Englischen zugelassen (z. B. in dt. *Schrei*, engl. *shrew*), nur im Deutschen, nicht im Englischen die Folgen [š+l š+n] (z. B. in *Schleh, Schnee*).

Bei der Erlernung fremder Sprachen bereiten in der Fremdsprache zugelassene, in der Muttersprache aber verbotene Anordnungen dem Lernenden oft ebenso große Schwierigkeiten wie die Erlernung völlig neuer Artikulationen. Norddeutsche lernen nur schwer die nachvokalischen [r] des Französischen in Wörtern wie *voir, terre, venir*, obwohl ihnen das anlautende [r] in *riche, robe* usw. keine Schwierigkeiten bereitet. Sprecher germanischer, romanischer und finno-ugrischer Sprachen halten die Konsonantengruppen slavischer Sprachen und des Griechischen oft für sehr unbequem und meinen, dort häufe man ungewöhnlich viele Konsonanten. Dabei kennen auch die germanischen Sprachen Gruppen bis zu fünf Kon-

---

2 Engl. *permitted sequences, prohibited sequences*, schwed. *(icke) tillåtna sekvenser*, russ. *(ne) dopustimyje sočetanija*.

sonanten innerhalb der gleichen Silbe, z.B. dt. [mpfst] in *schimpfst*, nur sind es oft nicht die gleichen wie in den slavischen Sprachen; vgl. russ. [fstr,] in *vstretit'* ‹treffen›, [tk] in *tkat'* ‹weben›.
Bei der Entlehnung von Wörtern aus Sprache A in Sprache B werden in Sprache B unzulässige Anordnungen aus Sprache A oft verändert. Das Finnische kennt z.B. keine anlautenden Konsonantengruppen [3]. Lehnwörter, die in der Originalsprache mit mehreren Konsonanten anlauten, behalten im Finnischen nur den letzten, z.B.

  schwed. *skola* ‹Schule›   > finn. *koulu*
     Stockholm   >   *Tukholma*
     franska ‹französisch› >   *Ranska*

Das Japanische kennt keine Silben mit der Anordnung *Vokal + Konsonant*. Wörter, die im Englischen auf Konsonanten enden, hängen bei der Entlehnung ins Japanische noch einen auslautenden Vokal an. Enden sie im Englischen auf eine Konsonantengruppe, so kann an jeden Konsonanten der Gruppe je ein Vokal treten; vgl.[4]

  engl. *Diesel* > jap. *jiizeru*
     College >   *karedji*
     film   >   *hirumu*

4. Manche, aber nicht alle Geräuschunterschiede helfen dem Hörer, den Sinn der Rede zu verstehen. Ein Hamburger Weinimporteur wurde der Zollhinterziehung beschuldigt, weil er Südwein dem Zollamt gegenüber als Apfelwein ausgegeben habe:

«Der Verhaftete versucht jetzt», berichtet die Presse[5], «diese Falschdeklarierung, die ihm erhebliche Gewinne sicherte, als einen Irrtum auf Grund eines Hörfehlers hinzustellen. Statt ‹Apfelwein› hätte es ‹Abfüllwein› heißen müssen. Aber die Staatsanwaltschaft glaubt nicht an diesen Hörfehler.»

Apfelwein und *Abfüllwein* sind zwei verschiedene deutsche Wörter. Das sieht man am einfachsten an der sehr verschiedenen Reaktion der Gesellschaft auf jede der beiden Bezeichnungen. Auf das eine mag die Zollbehörde mit Abgabenerlaß und später die Staatsanwaltschaft mit Verhaftung und Anklage reagieren. Das andere könnte dem An-

---

3 Unsere Formulierung sieht bewußt von einigen sehr modernen Lehnwörtern ab wie *preparaatti* ‹Präparat›, *psyykillinen* ‹psychisch›.
4 Engl. [l] wird im Japanischen durch [r] wiedergegeben, engl. [fi] durch [hi]. Obige Beispiele sind wie unser gesamtes japanisches Material der Arbeit von B. Bloch entnommen: Studies in colloquial Japanese. IV. Phonemics, Language *26:* 86–125, Beispiele pp. 121 f. (1950).
5 Frankfurter Rundschau, 5. November 1960, p. 17.

geklagten zum Freispruch statt zur Verurteilung verhelfen. Der Zollbeamte, der die (mündliche) Warenmeldung entgegennahm, konnte nur anhand des hörbaren Unterschiedes entscheiden, ob ihm *Apfelwein* oder *Abfüllwein* angegeben wurde. Wir sagen, die deutschen Wörter *Apfelwein* und *Abfüllwein* seien distinktiv verschieden oder phonematisch verschieden[6] oder auch, sie ständen in Opposition[7]. Diese Beziehung deuten wir schriftlich durch das Ungleichheitszeichen ≠ an, also dt. *Apfelwein* ≠ *Abfüllwein*.

Wir können die Relation zwischen den beiden Ausdrücken auch mit etwas anderen Worten beschreiben. Der deutsche Ausdruck *Apfelwein* ist überführbar in einen anderen deutschen Ausdruck *Abfüllwein*, indem wir gewisse Veränderungen am Redegeräusch vornehmen. Wir sagen technisch, die beiden deutschen Wörter kommutieren[8] oder sie bilden ein minimales Paar[9]. In der phonematischen Analyse spielen solche minimalen Paare eine sehr gewichtige Rolle, weil die Kommutation phonematische und morphologische Verschiedenheit impliziert. Aus der Kommutation zwischen morphologisch verschiedenen Ausdrücken folgt also ihre phonematische Verschiedenheit. Diese Schlußfolgerung nennt L. Hjelmslev Kommutationsprobe[10]. Setzen wir z. B. voraus, *Apfelwein* und *Abfüllwein* seien zwei verschiedene deutsche Wörter. Da wir sie außerdem als verschieden hören, folgt, daß sie phonematisch verschiedene Teilgeräusche enthalten müssen. Offen bleibt einstweilen, welches diese phonematisch verschiedenen Teilgeräusche genau sind. Wir hören wohl, daß der Unterschied jeweils in der zweiten Wortsilbe *-fel-* ≠ *-füll-* liegt. Darüber hinaus stehen uns mehrere Formulierungen zur Auswahl. Wir können z. B. sagen, die beiden Silben hätten verschiedene Vokale [fəl] ≠ [föl]. Oder *-fel-* enthalte keinen Vokal zwischen [f] und [l], *-füll-* dagegen

[6] Engl. *phonemically different, distinctively different*, frz. *phonologiquement différents*, schwed. *fonematiskt olika*, russ. *fonematičeski različnyje*.

[7] Engl., frz., schwed. *opposition*, dt. auch *(phonologischer, distinktiver) Gegensatz*, schwed. auch *motsättning*, russ. *protivopoloženije, protivopostavlenije, oppozicija*.
In Amerika verwendet man statt *opposition* auch das Wort *contrast*. Martinet [Economie, p. 23] unterscheidet im Anschluß an L. J. Prieto [Traits oppositionnels et traits contrastifs, Word *10*: 43–59, 1954] zwischen *opposition* (zwischen Elementen, die miteinander kommutieren) und *contraste* (zwischen Elementen, die aufeinander folgen); ähnlich Jakobson und Halle: Fundamentals, pp. 4f.; Šaumjan: Vopr. Jaz., Heft 5, p. 20 (1960).

[8] Engl. *they commute*, frz. *commutables*, schwed. *utbytbara*, russ. *vzajimozamenimyje*.

[9] Engl. *minimal pair*, frz. *paire minimale*, russ. *minimal'naja para*.

[10] Dän. *kommutationsprøven*, engl. *commutation test*, frz. *l'épreuve de commutation*, russ. *kommutacionnaja proverka*; vgl. Hjelmslev, L.: Omkring sprogteoriens grundlæggelse, p. 67 (Akademieverlag, Kopenhagen 1966, Neudruck).

Einleitung

den Vokal [ö], also [fl] ≠ [föl]. Oder *-fel-* sei eine schwachtonige Silbe, *-füll-* eine nebentonige Silbe. Der Unterschied liege also nicht in bestimmten Vokalen, sondern im Silbentyp (vgl. p. 117). Die Auswahl unter diesen (und weiteren) Formulierungen richtet sich nach ihrer Brauchbarkeit für die phonematische Segmentierung (Kap. IV.2).

Die Kommutationsprobe wird vielfach in der Weise vereinfacht, daß aus der Kommutation die phonematische Verschiedenheit bestimmter Lautelemente folgen soll, z.B. aus *Apfelwein* ≠ *Abfüllwein* die phonematische Verschiedenheit von dt. [ə] ≠ [ö]. Das ist nur dann richtig, wenn wir die erste Formulierung des hörbaren Unterschiedes schon als gegeben voraussetzen.

Oppositionen zwischen verschiedenen Ausdrücken, die sich für das Ohr nur wenig unterscheiden, sind unter dem Namen Paronomasie oder annominatio als rhetorischer Kunstgriff geläufig. Von Papst Gregor dem Großen wird berichtet[11], das Aussehen englischer Sklaven habe ihn so beeindruckt, daß er ausgerufen habe: «Non Angli, sed Angeli ...» – nicht Engländer, sondern Engel. Im Mittelalter nannte man die Figur *argumentum sive locus a nomine;* z.B. war der *mālum* ‹Apfel› die Ursache alles *malum* ‹Bösen›, und Cäsar war der ‹Fällende›: «Caesar ab effectu nomen tenet, omnia caedens»[12].

Mit bedeutungsverschiedenen, aber ähnlich klingenden Wörtern verspottet die Satire ungerechtfertigte Bildungsprätentionen. Sie legt den Neureichen schwierige Wörter in den Mund, an denen sie unfreiwillig Kommutationen vornehmen, so daß ganz andere Wörter herauskommen. Die Redefigur führt im Englischen den Namen *malapropism* (nach Mrs. Malaprop aus Richard Sheridans Komödie *The Rivals*), z.B. *illiterate* statt ‹obliterate›, *extripate* statt ‹extricate›[13]. Ein Serbe, der vor dem ersten Weltkrieg in Frankreich patriotische Reden führte, versicherte: «Tous les officiers serbes sont des zéros» statt ‹des héros›. Solche und ähnliche Wortspiele sind in der humoristischen Dichtung seit den *Carmina burana* gang und gäbe[14].

Nicht alle verschiedenen Lautelemente bilden auch Oppositionen. Nehmen wir dt. [h] und [χ], wie sie zu Beginn und am Ende der Wörter *hoch* und *Hauch* auftreten. Diese beiden Elemente sind hörbar verschieden, aber es gibt kein Paar verschiedener deutscher Ausdrücke, die sich voneinander im Klang nur dadurch unterscheiden, daß in gleicher Stellung einmal [χ], das andere Mal [h] vorkommt. Im Deutschen kommutieren [h] und [χ] nicht miteinander.

Ähnlich klingende Unterschiede sind in manchen Sprachen distinktiv, in anderen nicht. Der Unterschied [χ] : [h], der im Deut-

11 Den Bericht überliefern als älteste Quellen Beda [Historia ecclesiastica gentis Anglorum, pp. 79–81; ed. Ch. Plummer; Clarendon Press, Oxford 1896] und Vita Gregorii [pp. 13f.; ed. F. A. Gasquet; Westminster 1904].
12 Vgl. Faral, E.: Les arts poétiques du 12e et du 13e siècle, pp. 94, 136 (Champion, Paris 1923).
13 Aus Sheridan: The Rivals, I. 2.
14 Vgl. Curtius, E. R.: Europäische Literatur und lateinisches Mittelalter; 2. Aufl., pp. 486–490 (Francke, Bern 1954); Lausberg, H.: Handbuch der literarischen Rhetorik, pp. 637–639 (Hueber, München 1960).

schen keine Oppositionen bildet, ist distinktiv im Tschechischen und im Kymrischen; vgl.

čech.	*duchu* ‹Geist› (cas. obl.)	≠	*duhu* ‹Regenbogen› (cas. obl.)
	sluchu ‹Gehör› (cas. obl.)	≠	*sluhu* ‹Diener› (cas. obl.)
	chor ‹Chor›	≠	*hor* ‹Berge› (cas. obl.)
kymr.	*(ei) chi* ‹ihr Hund›	≠	*hy* [hi] ‹verwegen›
	(ei) choll ‹ihr Verlust›	≠	*holl* ‹ganz›

Im Deutschen sind [f] und [h] distinktiv verschieden; vgl. *fein* ≠ *Hain*. Japanisch [f] und [h] kommutieren dagegen nicht.

Bei Erlernung einer Fremdsprache muß man besonders sorgfältig diejenigen Lautelemente unterscheiden lernen, die in der Fremdsprache Oppositionen bilden. Sonst kann man leicht mißverstehen und mißverstanden werden.

Ein Amerikaner antwortete auf die Frage, wie er Französisch gelernt habe: «Ma grand'mère est française.» Er meinte aber: «Ma grammaire est française»[15]. Er hatte es versäumt, auf den phonematischen Unterschied zwischen französisch nasaliertem [ã] in *grand'mère* und oralem [a] in *grammaire* zu achten. In seinem Heimatdialekt aus Utah kommutieren [ã] und [a] nämlich nicht.

5. Unsere Beobachtungen führen uns auf die logischen Relationen *Identität* (Gleichheit mehrerer Elemente), *Distinktivität* (Ungleichheit mehrerer Elemente) und *Linearität* (Elemente folgen in bestimmter Anordnung aufeinander). Die Phonemtheorie arbeitet mit diesen drei Relationen in ihrem Objektbereich. Diese Arbeit heißt **phonematische Analyse**[16]. Für jede Sprache postuliert sie (auf elementarem Niveau)[17] ein endliches Inventar (voneinander verschiedener) phonematischer Elemente und rechnet damit, daß solche Elemente unter anderem in linearer Anordnung vorkommen und sich dabei gleiche Elemente mehrfach wiederholen (Kap. V.). Die natürlichen Sprachen bilden gleichzeitig den Objektbereich der Sprachwissenschaft als Fachdisziplin. Die Phonemtheorie gliedert sich damit in die Sprachwissenschaft ein. Ihre besondere Fragestellung nach den formalen Eigen-

---

15 Er wollte sagen, er habe Französisch nach der Grammatik gelernt. Die Verwechslung erlebte der Verfasser in der berichteten Form 1954 in Salt Lake City. Gleichzeitig handelt es sich um ein in der französischen Literatur häufig verwandtes Wortspiel; z.B. Molière, Femmes savantes, II.6 [vgl. Baldinger, K.: Etwas über Molière: *grammaire* und *grand'mère*, Wiss. Z. Friedrich-Schiller-Univ., Jena 5: 223–227, 1955/56].

16 Engl. *phonemic analysis*, frz. *analyse phonologique* oder *phonématique*, schwed. *fonematisk analys*, russ. *fonologičeskij analiz*.

17 Das Postulat bedarf für fortgeschrittene Analysen der Abänderung; vgl. Pilch, H.: Münster Proceedings, pp. 467–473; 2. Festschrift Roman Jakobson, p. 1583.

schaften des (den verschiedenen Sprachen zugeordneten) Redegeräusches verfolgt sie innerhalb dieser Disziplin.

Bei der phonematischen Analyse gelangt man zu verschiedenen Formulierungen, je nachdem, ob man Gleichheit, Distinktivität oder Linearität zum theoretischen Ausgangspunkt wählt. Amerikanische Sprachforscher gehen vorzugsweise von der hörbaren Gleichheit von Elementen und ihrer Anordnung aus. Die europäischen Phonetiker betonen im allgemeinen stärker die Rolle der Distinktivität. Daraus folgt unterschiedliche Ausdrucksweise bei weitreichender sachlicher Übereinstimmung. Alle Phonetiker bemühen sich nämlich um die gleiche Erkenntnis, die lautliche Struktur der Sprachen. Die gemeinsame Fragestellung zwingt Meinungsverschiedenheiten in enge Grenzen und liefert Kriterien, um zwischen widerstreitenden Ansichten zu entscheiden oder letztere als bloße Formulierungsfragen zu erkennen [18].

Eine spezielle Fragestellung und eine eigene Formulierungsweise innerhalb dieses Rahmens verfolgt die Forschergruppe um Noam Chomsky. Sie fragt nach der phonematischen Form von Wörtern (und anderen morphologischen Einheiten), d.h. nach der Morphonologie (Kap. I.3). Sie empfiehlt dafür formale, deduktive Regeln, die vom Wort als abstrakter Einheit ausgehen und zur Lautgestalt dieses Wortes hinführen. In ihrem Selbstverständnis verdeckt diese Forschergruppe ihre Stellung innerhalb der Phonemtheorie durch sachlich überflüssige Polemik.

Wir wollen und können deshalb die Phonemtheorie als ein einheitliches Sachgebiet behandeln – nicht als ein babylonisches Sprachengewirr verschiedenartiger «Phonemtheorien», die wie auf einem Markt der Weltanschauungen feilgeboten würden und von denen sich jeder Interessent die seiner persönlichen Geschmacksrichtung am meisten zusagende aussuchen müßte. Wir setzen unseren Ehrgeiz nicht darein, eine möglichst originelle, private Phonemtheorie zu entwickeln, sondern bestimmte wissenschaftliche Fragestellungen und Methoden darzulegen. Es versteht sich von selbst, daß wir in diesem Zusammenhang auch kritisch über den Stand der Forschung und verschiedene Lehrmeinungen berichten und uns gleichzeitig bemühen, manche Fragestellungen weiter voranzutreiben, als dies bisher geschehen ist. Gegenstand der Darstellung bleibt jedoch stets die Phonemtheorie, nicht die Lehrmeinungen bestimmter Phonemtheoretiker. Letztere werden in die Fußnoten bzw. den Petit-Druck verwiesen.

18 Vgl. Pilch, H.: Montreal Proceedings, p. 160.

I Anordnung

1. Distributionsrelationen

Lautelemente folgen nicht beliebig aufeinander, sondern nur in bestimmten Anordnungen (vgl. p. 4). Daraus ergeben sich bestimmte Relationen zwischen Lautelementen und Klassen von Lautelementen. Sie heißen Verteilung oder Distribution[1].

Nehmen wir eine Menge von Elementen *a, b, c, u, v*. Sie sollen stehen in den Anordnungen *uav, ubv, ucv*. Hier stehen *a, b, c* alle drei zwischen den Elementen *u* und *v*. Wir sagen, sie treten in gleicher Umgebung[2] auf, und schreiben diese Umgebung als *u ... v*. In der Folge *u ... v* kann an die Stelle der drei Punkte entweder *a* oder *b* oder *c* treten. Wir sagen, die Elemente *a, b, c* sind in der Umgebung *u ... v* miteinander vertauschbar[3].

Formal gleiche Beispiele aus wirklichen Sprachen sind etwa die schwedischen Vokale [æ a o œ ü ʉ u]. Sie stehen sämtlich in der Umgebung [h ... r]; vgl.

där [hær] ‹hier›
har [har][4] ‹hat›
hår [hor] ‹Haar›

hör [hœr] ‹höre›
hur [hʉr] ‹wie›
hyr [hür] ‹mietet›
hor [hur] ‹Ehebruch›

Ähnlich die deutschen Konsonanten [r l p t m n] in der Umgebung [š ... ai]:

Schrei [šrai]
Schlei [šlai]
spei [špai] (Imperativ zu *speien*)

Stein [štain]
schneit [šnait]
geschmeidig [gɪ'šmaidɪç]

In unserer Menge *a, b, c, u, v* sind *u* und *v* nicht miteinander ver-

---

1 Engl., frz., schwed. *distribution*, russ. *distribucija*.
2 Engl. *environment*, frz. *le contexte*, schwed. *omgivning*, russ. *okruženije*.
3 Engl. *exchangeable*, frz. *échangeable*, schwed. *utbytbar*, russ. *vzajimozamenjajemyj*.
4 Neben [ha].

tauschbar. Das Element u steht nur vor a, b, c, das Element v nur nach a, b, c. Wir sagen u und v verteilen sich komplementär[5].

Komplementäre Verteilung findet man in wirklichen Sprachen sehr häufig. Im Norddeutschen verteilen sich z.B. komplementär das Element [z] (das ist das den Wörtern *Sinn, Senn, sann* am Anfang gemeinsame Element) und [ŋ] (das ist das den Wörtern *Thing, eng, Wang* am Ende gemeinsame Element). Norddt. [z] steht nur am Anfang von Silben (z.B. in *seit, senil, separat*), norddt. [ŋ] nur am Ende von Silben, und zwar entweder allein (z.B. in *Päng*) oder vor [k] (z.B. in *Tank*). Im Silbeninlaut stehen zwar sowohl [z] (z.B. in *lesen, rosa*) als auch [ŋ] (z.B. in *lange, Junge*), aber nie nach den gleichen Vokalen, d.h. [z] steht gerade nach denjenigen Vokalen, nach denen [ŋ] nicht steht, und umgekehrt[6].

In einigen Spielarten der norwegischen und schwedischen Umgangssprache steht [æ] nur vor folgendem, silbenauslautendem [r] und vor retroflexen Konsonanten, [ɛ] steht dagegen niemals in dieser Stellung:

[æ]	[ɛ]
här ‹hier›	*hem* ‹nach Hause›
lär ‹lehre›	*sett* ‹gesehen›
stjärna ‹Stern›	*mätt* ‹satt›

Sehr häufig kommt es vor, daß mehrere Elemente einige gemeinsame Umgebungen haben und sich in anderen Umgebungen komplementär verteilen. In solchen Fällen sprechen wir von teilkomplementärer Verteilung[7].

Beispiele: Im Deutschen stehen in teilkomplementärer Verteilung die Elemente [n] und [ŋ]. Das sind die Lautelemente, die den hörbaren Unterschied zwischen den Wörtern *sinnen* ≠ *singen*, *Wanne* ≠ *Wange* ausmachen. In den Umgebungen, in denen sie in diesen Wörtern vorkommen, sind diese Elemente miteinander vertauschbar. Vor folgendem, zur gleichen Silbe gehörigem [k] kommt dagegen nur [ŋ] und niemals [n] vor, z.B. in *Schrank* [šraŋk], *Wink* [vɪŋk][8]. Im Anlaut betonter deutscher Silben steht umgekehrt [n], aber niemals [ŋ], z.B. *neu, nie*.

5 Engl. *complementary distribution*, frz. *distribution complémentaire*, schwed. *komplementär distribution*, russ. *dopolnitel'naja distribucija*.

6 Wir sehen hier ab von Durchbrechungen der komplementären Verteilung in niederdeutschen Lehnwörtern mit inlautendem [z], wie *quasseln, vermasseln, Dussel*, und südwestdeutschen Ortsnamen, wie *Tiengen* [tiŋə], *Biengen* [biŋə], *Thayngen* [taiŋə] (mit [ŋ] nach weich abgleitendem, betontem Vokal bzw. Diphthong).

7 Engl. *partially complementary distribution* (B. Bloch), *multiple complementation* (Hockett), frz. *complémentarité partielle*, schwed. *partiellt komplementär distribution*, russ. *častično dopolnitel'naja distribucija*.

8 Gehören [n ŋ] und [k] verschiedenen Silben an, so treten vor [k] im Deutschen

Teilkomplementär verteilen sich im Deutschen auch die Elemente [s] und [š] am Ende der Wörter *raus* ≠ *Rausch*, *wißt* ≠ *wischt* und in der Mitte der Wörter *heißen* ≠ *heischen*. Im Wortanlaut unmittelbar vor Vokal und vor [r l m n p t] steht [š], aber nie [s][9]; vgl. *Schein* und die auf Seite 10 angeführten Beispiele. Im Anlaut vor [k] steht dagegen [s], aber nicht [š], z.B. in *Skalp*, *Skorbut*. Auch die tschechische Firma *Skoda* sprechen die meisten Deutschen mit anlautendem [sk].

Distributionsrelationen finden wir nicht nur zwischen je zwei Elementen, sondern häufig zwischen Klassen von Elementen bzw. zwischen einem einzigen Element und einer Klasse mehrerer Elemente. Das Deutsche, Niederländische und die slavischen Sprachen verteilen z.B. teilkomplementär zwei Klassen von Konsonanten, und zwar die sogenannten distinktiv stimmlosen Konsonanten (wie /p t k/) und die sogenannten distinktiv stimmhaften Konsonanten (wie /b d g/)[10]. Zu Beginn von Äußerungen vor Vokal stehen sowohl distinktiv stimmlose als auch distinktiv stimmhafte Konsonanten, z.B. in

nld. *pakken* ≠ *bakken*
dt. *packen* ≠ *backen*
russ. *telo* ‹Körper› ≠ *delo* ‹Sache›

Am Ende von Äußerungen stehen dagegen nur die distinktiv stimmlosen Konsonanten, z.B.

dt. *schreiben* [b] : *schrieb* [p]
nld. *schrijven* [v] : *schreef* [f]
russ. *ryba* [b] ‹Fisch› : *ryb* [p] ‹Fische› (gen. pl.)

Im Deutschen besteht komplementäre Verteilung zwischen dem Element [ŋ] einerseits und der Klasse von Elementen [z h v] andrerseits. Für [ŋ] und [z] haben wir die einschlägigen Umgebungen bereits angegeben (vgl. p. 11). Die deutschen Elemente [h] und [v] (das sind die Elemente zu Beginn der Wörter *heiß*, *weiß*) stehen in den gleichen Umgebungen wie [z], z.B. zu Silbenbeginn in *Hand*, *Wand*, *Sand*, im Silbeninlaut nach bestimmten Vokalen in *Löwe*, *löse*, [h] jedoch nur vor folgendem «vollen» Vokal (vgl. p. 115) in *Behagel*.

9 Wir sehen hier ab von peripheren Wörtern wie *Smutje*, *Statistik*, *Szene* (vgl. p. 156).
10 Zum Inhalt der Ausdrücke *distinktiv stimmlos*, *stimmhaft* siehe p. 117.

---

sowohl [n] wie [ŋ] auf; vgl. [n+k] in *Scheinkrieg*, *Warnke* (Personenname) neben [ŋ+k] in *wanken*, *sinke*.
Vor allem norddeutsche Sprecher kennen auslautendes [ŋ] fast nur vor [k], unterscheiden also nicht *Tang* und *Tank* [taŋk] oder *Schlang* und *schlank* [šlaŋk]. Der Verfasser spricht [ŋ] ohne folgendes [k] regelmäßig in *eng* [ɛŋ], *Thing* [tuŋ], in endungslosen Verbstämmen wie *sing*, *Bangbüchs* und bei elidierter Endung *-e* wie in *jung*[1] [juŋ] (für Junge), ≠ *jung* ‹nicht alt› [juŋk].

Im Deutschen und manchen anderen Sprachen verteilen sich komplementär die Klassen von gleichsilbigen[11] Elementen [pr br fr vr tr dr šr kr gr] einerseits und [rp rf rt rš rk] andrerseits. Erstere stehen nur im Silbenanlaut, letztere nur im Silbenauslaut, z.B. dt. *bringen, wringen, schrumpfen, Bart, Barsch.*

Wir haben bisher folgende Distributionsrelationen zwischen zwei Elementen bzw. Klassen *a* und *b* definiert:
 1. Vertauschbarkeit, d.h. gleiche Umgebung: Alle Umgebungen von *a* sind auch Umgebungen von *b* und umgekehrt.
 2. Komplementäre Verteilung: Keine Umgebung von *a* ist eine Umgebung von *b*.
 3. Teilkomplementäre Verteilung:
   a) Manche Umgebungen von *a* sind Umgebungen von *b*,
   b) andere Umgebungen von *a* sind nicht Umgebungen von *b*,
   c) manche Umgebungen von *b* sind nicht Umgebungen von *a*.

Eine Relation, die nur Bedingungen 3a und 3b erfüllt, aber nicht 3c, liefert einen Sonderfall der komplementären Verteilung. Wir nennen sie defektive Verteilung[12] und sagen, *b* verteile sich defektiv gegenüber *a*.

Der Sonderfall *defektive Verteilung* liegt vor zwischen den oben besprochenen distinktiv stimmlosen und distinktiv stimmhaften Konsonanten des Deutschen, z.B. zwischen [k] und [g]. Besonders nordwestdeutsche Sprecher kennen im Silbenanlaut und im Silbeninlaut sowohl [k] wie [g], im Silbenanlaut nach [s] und im Silbenauslaut kein [g]. Mit [k] und [g] bezeichnen wir dabei die Elemente, die den hörbaren Unterschied zwischen *Kuß* ≠ *Guß*, *Kreis* ≠ *Greis*, *klimmen* ≠ *glimmen*, *Ecke* ≠ *Egge* ausmachen. Vgl. [k] in *Skat, Wrack, Tick*. Mittel- und süddeutsche Sprecher kennen vielfach auch im Anlaut vor [r l n] nur [k] und nie [g], in manchen Dialekten fehlt [g] im Inlaut. Die Verteilung von [g] ist also (in zahlreichen Spielarten des Deutschen) defektiv gegenüber [k].

Defektiv verteilen sich die schwedischen retroflexen Konsonanten [ṭ ḍ ṇ ḷ] am Ende der Wörter *fort* ‹schnell›, *hård* ‹hart›, *barn* ‹Kind›, *fjallkarl* ‹Bergsteiger› gegenüber den dentalen [t d n l] zu Beginn der Wörter *tär, där, när, lär*. Im Silbenin- und -auslaut kommen sowohl dentale wie retroflexe Konsonanten vor, im Silbenanlaut nur dentale, aber keine retroflexen.

Für Vertauschbarkeit der Elemente *a* und *b* haben wir bisher nur solche Beispiele angeführt, in denen *a* und *b* kommutieren. Das braucht aber nicht der Fall zu sein.

11 *Gleichsilbige* (tautosyllabische) Elemente gehören zur gleichen Silbe. *Heterosyllabische* Elemente gehören verschiedenen Silben an. Engl. *tautosyllabic, heterosyllabic*, russ. *tavtosillabičeskij, geterosillabičeskij.*

12 Engl. *defective distribution*, frz. *distribution défective*, schwed. *defektiv distribution*, russ. *defektivnaja distribucija.*

Folgende deutsche Wörter enthalten gleichlautende Elemente:

a) *gut, groß, Glanz;*
b) *sagen, Bagger.*

Einige Ostpreußen sprechen den Anlaut der Wörter unter a) und den Inlaut der Wörter unter b) manchmal mit [g] (d.h. als dorsalen Verschluß wie in schwed. *god, Gud*), manchmal mit [γ] (d.h. als stimmhaften dorsalen Spiranten wie in nld. *zeggen* ‹sagen› oder südgroßruss. *boga* ‹Gott› [gen. sing.]). In allen Umgebungen, in denen der Verschluß [g] vorkommt, kann an dessen Stelle auch die Spirans [γ] treten und umgekehrt[13].

In diesen Fällen stehen [g] und [γ] in gleicher Umgebung in gleichen Äußerungen[14]. Wir sagen [g] und [γ] stehen in freiem Wechsel[15]. Elemente gleicher Verteilung stehen also entweder in Opposition oder in freiem Wechsel.

Der freie Wechsel zwischen *a* und *b* ist häufig auf bestimmte Umgebungen beschränkt, während *a* und *b* sich in anderen Umgebungen komplementär verteilen bzw. kommutieren.

Beispiele: Im Englischen kann das Element [t] am Ende von Äußerungen wie *good night* entweder gelöst werden, so daß wir noch ein kurzes, vokalartiges Geräusch dahinter hören [tᵊ], oder es bleibt ungelöst [t)]. Die Elemente [tᵊ] und [t)] stehen in dieser Umgebung in freiem Wechsel. Vor Konsonanten steht dagegen nur ungelöstes [t)], nie gelöstes [tᵊ] (z.B. vor [s] in *cats*, vor [k] in *Atkins*), und vor Vokalen steht nur gelöstes [tᵊ], nie ungelöstes [t)] (z.B. in *tea, toboggan*).

Einige nordwestdeutsche Sprecher gebrauchen [s] und [š] in freiem Wechsel im Silbenanlaut vor [p t], z.B. in *stehen, spät*. Dagegen besteht bei ihnen kein freier Wechsel im Silbenauslaut. Hier steht [s] zu [š] in Opposition auch vor [t], z.B. *hast* ≠ *hascht, wißt* ≠ *wischt*.

Bei einigen japanischen Sprechern wechseln [f] und [h] frei vor [u], z.B. *furui* oder *hurui* ‹alt›. Außerdem kommt [f] vor [t k ts tš f] vor, [h] vor [i e a o]. In diesen Stellungen besteht kein freier Wechsel zwischen [f] und [h].

Freier Wechsel gilt manchmal nur von *a* zu *b*, aber nicht von *b* zu *a*. Das heißt, statt *a* kann in jeder beliebigen Äußerung *b* eintreten, aber nur in manchen Äußerungen auch *a* statt *b*.

---

13 Ähnlich sprechen einige Sprecher aus dem Kölner Raum. Bei den Ostpreußen wechseln [g] und [γ] jedoch außerdem im Silbenauslaut, z.B. am Ende von *sag*.

14 Wir gebrauchen den Terminus *Äußerung* als Übersetzung des engl. *utterance*, frz. *énoncé*, schwed. *yttrande*, russ. *vyskazyvanije*.

15 Engl. *free variation*, frz. *variation libre*, schwed. *fri variation*, russ. *svobodnoje var'irovanije*. L. Hjelmslev [Omkring sprogteoriens grundlæggelse, pp. 66f.; Akademieverlag, Kopenhagen 1943] spricht von *substitution* ‹freiem Wechsel› im Gegensatz zu ‹*kommutation*›.

Ostpreußen, die zwischen [g] und [γ] frei wechseln, tun es auch zwischen [g̊] und [j] am Anfang der Wörter *geben, gib*, in der Mitte der Wörter *Wege, Sieger* und am Ende der Wörter *Erfolg, lüg*. In allen Wörtern, in denen [g̊] vorkommt, steht hier auch [j]. Dies gilt jedoch nicht umgekehrt, z.B. steht [j], aber nicht [g̊] in *Jahr, Jäger, verjähren, Sojabohne*.

Man kann zweifeln, ob die Relation *gleiche Verteilung* in wirklichen Sprachen je in ihrer vollen theoretischen Reinheit auftritt, d.h. in dem Sinne, daß sämtliche Umgebungen von *a* auch Umgebungen von *b* sind und umgekehrt. Wir haben zwar sämtliche («langen») schwedischen Vokale in der Umgebung [h ... r] belegen können, aber das ist nicht in der Umgebung [k ... r] möglich, z.B. steht hier [o] in *kår*, aber es ist kein Beleg für [ü] zu finden.

Die deutschen Vokale [e] und [o] (am Ende der Wörter *See, so*) treten weitgehend in den gleichen Umgebungen auf; vgl. Paare wie

leben	≠	*loben*
täte	≠	*tote*
Käse	≠	*kose*
Meer	≠	*Mohr*

Aber /e/ steht in nachtoniger Silbe vor /k/ in schleswig-holsteinischen Ortsnamen wie *Lübeck*, /o/ in vortoniger Silbe nach /p/ in *Pogrom, Polizei*. Steht in diesen Stellungen auch das jeweils andere Element /o/ bzw. /e/?

Freier Wechsel ist, wenn er vorkommt, häufig an besondere Bedingungen geknüpft. In den obigen Beispielen werden z.B. [γ st sp] in mundartlicher bzw. ungezwungener, [g št šp] in hochsprachlicher bzw. «korrekter» Rede benutzt. Sie gehören also, wenn man will, jeweils zwei verschiedenen «Sprachen» (bzw. Dialekten, Soziolekten, Stilen) an. In anderen Fällen wechseln nicht genau zwei diskret verschiedene Aussprachweisen, von denen der Sprecher entweder die eine oder die andere wählt (z.B. entweder [g] oder [γ]), sondern es besteht eine kontinuierliche Skala von mehr oder minder verschiedenen Aussprachweisen. Zum Beispiel kann ein auslautendes [t] in engl. *good night* entweder gelöst werden, so daß man einen sehr schwachen, vokalischen Laut [ə] dahinter hört, oder ganz ungelöst bleiben. Dazwischen gibt es viele Stufen, bei denen [t] mehr oder minder deutlich gelöst wird und das folgende [ə] ganz schwach oder etwas weniger schwach hörbar wird.

Unter den Theoretikern gibt es zwei Extrempositionen. Die einen postulieren, an jedem hörbaren Unterschied dieser Art hänge ein semantischer oder stilistischer Unterschied. Elemente in gleicher Verteilung seien daher stets distinktiv verschieden[16]. Die anderen postulieren umgekehrt, distinktiv verschiedene Elemente verteilten sich nie gleich. Elemente in gleicher Verteilung seien folglich nie distinktiv verschieden: «Any two items x and y which have exactly the same ranges R(x) = R(y) are not two different items but are identical»[17] (*range* ‹Verteilung›). Der Streit erschöpft sich im Apriori.

<small>Über die Möglichkeit, linguistische Relationen ohne Rücksicht auf semantische Kriterien zu definieren, ist besonders am Rande der eigentlichen Fachwelt ein Streit der Weltanschauungen entbrannt. Man glaubt, «die Amerikaner» oder «die Strukturalisten» wollten eine neuartige wissenschaftliche Schule gründen, die Sprache ohne Rücksicht auf Bedeutung behandle, und vermutet dahinter eine Art Sünde wider den Geist, eine unzureichende Auffassung des λόγος als Wort ohne Sinn. Richtigstellung versuchen K. L. Pike und N. Chomsky[18].</small>

Solche aprioristischen Debatten bringen die phonematische Analyse nicht weiter.

2. *Phonologische Gruppen*

In tatsächlicher Rede sind die Umgebungen der Lautelemente sehr viel länger als in unseren bisherigen Beispielen. In unserer erfundenen Sprache bestand jede Äußerung aus nur insgesamt drei Elementen *uav* usw. Außerdem betrachteten wir einzelne Wörter aus lebenden Sprachen. Lebendige Rede besteht aber in den seltensten Fällen aus nur einem einzelnen Wort. Sie kann Minuten und Stunden dauern. Bei der Ermittlung von Distributionsrelationen sind so lange Umgebungen zu umständlich.

Zum Beispiel tritt schwed. [o] in der Umgebung [mith...r] *mitt hår* ‹mein Haar› auf, aber kaum in der Umgebung [minh...r]. In letzterer (aber nicht in ersterer) Umgebung tritt dagegen [u] auf in *min hor* ‹mein Ehebruch›. Liegt hier also komplementäre Verteilung von [u] und [o] vor? Und welche Elemente dürfen an fünfter, sechster, siebenter und n-ter Stelle vor [o] und [u] stehen? Die Frage ist schlecht gestellt. An n-ter Stelle vor [o] kann (wenn wir *n* nur genügend groß wählen, sagen wir n = 4) jedes beliebige Lautelement des Schwedischen stehen. Wählen wir dagegen ein niedriges *n* (n = 1 oder n = 2), so kann das Vorkommen bestimmter Elemente an n-ter Stelle auch davon abhängen, ob zwischen [u] und [o] Silbengrenzen liegen. An

<small>16 Es handelt sich dabei für uns um expressive Unterschiede; vgl. Kap. III.4.
17 Olmsted, D.: General Linguistics *4:* 38f. (1959).
18 Pike, K. L.: Oslo Proceedings, p. 204; Chomsky: Syntactic structures, Kap. 9 (Mouton, den Haag 1957).</small>

erster bzw. zweiter Stelle vor schwed. [o] kann z.B. [ŋ] nur dann stehen, wenn eine Silbengrenze dazwischenliegt, z.B. in *lång och kort* [loŋo ...], *ett långt år* [etloŋtor].

Wir formulieren unsere Frage deshalb anders. Statt nach den an n-ter Stelle vor bzw. nach dem Element *a* auftretenden Elementen fragen wir nach der Einheit, innerhalb derer bestimmte Anordnungen (und damit bestimmte Distributionsrelationen) für *a* gelten. Als eine solche Einheit bietet sich in vielen Sprachen die Silbe[19] an. Tatsächlich haben wir den (allgemein bekannten) Silbenbegriff bereits wiederholt verwendet, um Distributionsrelationen anzugeben, und dabei auch die geläufige Einteilung in Silbenanlaut, Silbenkern, Silbenauslaut[20] verwandt. In den obigen schwedischen Beispielen bildet z.B. [h] den Silbenanlaut, [r] den Silbenauslaut, das dazwischenstehende Element den Silbenkern. Die Elemente im Silbenkern heißen per definitionem Vokale, die Elemente im Silbenan- und -auslaut Konsonanten[21].

19 Engl. *syllable*, frz. *la syllabe*, schwed. *stavelse*, russ. *slog*. Einen knappen, polemisch gehaltenen Überblick über verschiedene Silbentheorien bieten A. Rosetti [Sur la théorie de la syllabe, Janua linguarum 8; Mouton, den Haag 1958] und Pike [Blue Book, § 9.72]. Der «motorischen» Auffassung von der Silbe als Lungenstoß stehen im wesentlichen gegenüber:

a) die «sonorische»: die Silbe als Maximum von Schallfülle zwischen zwei Minima; vgl.: «The combination [kalr] will be heard as two syllables because [l] is less sonorous than either [r] or [a] and thus becomes a 'valley' between two peaks of sonority in this group» [Heffner: General phonetics, p. 75]. Als Synonym für *sonority* erscheinen auch engl. *prominence*, frz. *perceptibilité*, russ. *zvučnost'*. Die Theorie wurde zuletzt formuliert von B. Hála [Slabika, její podstata a vývoj; Prag 1956].

b) die «fiktive»: die Silbe als ad hoc aufgestellte Einheit, innerhalb deren Rahmen sich Anordnungen von Lautelementen am einfachsten beschreiben lassen. Deutlich formuliert von v. Essen [Allgemeine und angewandte Phonetik, pp. 92–95] und E. Haugen [The syllable in linguistic description, 1. Jakobson-Festschrift, pp. 213–221].

20 Engl. *onset, nucleus, coda*, frz. *marge initiale, noyau, marge finale*, schwed. *uddljud, slutljud*, russ. *pristup, veršina, otstup*.

Genau können wir Anlaut, Kern und Auslaut hier noch nicht gegeneinander abgrenzen. Dazu brauchen wir eine hierarchische Konstituentenanalyse [vgl. Pilch, H.: Phonetica *14:* 237–252].

21 Engl. *vowels, consonants*, frz. *voyelles, consonnes*, schwed. *vokaler, konsonanter*, russ. *glasnyje, soglasnyje*.

Die verbreitete Abgrenzung des *Vokals* vom *Konsonanten* nach artikulatorischen, akustischen oder auditiven Eigenschaften wie Öffnungsgrad, Formantenspektrum bzw. Hörbarkeit verbietet sich deshalb, weil phonetisch gleiche Elemente bald als Vokale (d.h. im Silbenkern), bald als Konsonanten (d.h. im An- und Auslaut) stehen, z.B. im Tschechischen [l] (vgl. p. 21). K. L. Pike [Phonetics, p. 78; Blue Book, § 9.223] unterscheidet Vokale und Konsonanten einerseits (in unserem Sinne) von Vokoiden und Kontoiden andrerseits (durch Öffnungsgrad unterschieden; z.B. ist [s] in dt. *pst* Vokal und Kontoid, [h] in dt. *Haus* Konsonant und Vokoid).

Geläufig unterscheidet man verschiedene Silbentypen[22]. Die wichtigsten davon sind:

a) Typ *KV:* enthält Anlaut und Kern, keinen Auslaut; z.B. die vier Silben der deutschen Wörter *Peripherie, Beteigeuze.* Dieser Typ heißt offene Silbe.

b) Typ *VK:* enthält Kern und Auslaut, keinen Anlaut; z.B. nld. *oogst* ‹August›, *uur* ‹Stunde›.

c) Typ *KVK:* enthält Kern, Anlaut und Auslaut, z.B. in dt. *Mut, läßt, schmatzt.* Typen b) und c) heißen geschlossene Silben.

Der Typ *KV* ist der «einfachste» Typ insofern, als er in allen untersuchten Sprachen vorkommt und in der Rede der kleinen Kinder, den ephemeren Bildungen des Volksliedes (z.B. *tralali tralala*) und in der Glossolalie[23] bevorzugt wird.

Die Fachwelt hat lebhaft über «das Wesen der Silbe»[24] gestritten. In Silbensprachen (d.h. Sprachen, in denen wir mit dem Silbenbegriff gut arbeiten können) ist die Silbe artikulatorisch bestimmbar als die Geräuschmenge, die von der bei einem einzigen Lungenstoß[25] auftretenden Luft erzeugt wird. Die Luft tritt beim Sprechen in kurzen, kleinen Stößen aus, die als ballistische Bewegungen von den Rippenfellmuskeln gesteuert werden[26].

Akustisch weist jede Silbe ein Intensitätsmaximum auf, das auf der Intensitätskurve des Sonagraphen oder Mingographen oft (aber nicht immer eindeutig) sichtbar wird. Auf den Abbildungen 9–11 ist für jede Silbe ein Intensitätsmaximum sichtbar. Außerdem erscheinen aber auf Sonagrammen oft weitere Maxima, und zwar

1. für [s] und [š] in *hetzen* (Abb. 7), *spät* (Abb. 8),
2. für die Explosionsphase der Verschlüsse.

Dieses Maximum ist besonders deutlich sichtbar beim Auslaut von *Lied* (Abb. 4), bei genauem Hinsehen aber auch bei anderen Verschlüssen.

Der Silbenbegriff, den wir verwenden, hängt nicht davon ab, ob dieses (oder ein anderes) artikulatorisches bzw. akustisches Korrelat der Silbe in jedem Einzelfall richtig ist. Wir postulieren die Silbe als

22 Engl. *syllable types,* frz. *types de syllabes;* vgl. Pike: Blue Book, § 9.243f.

23 Vgl. Rensch, K. H.: Linguistische Aspekte der Glossolalie, Phonetica *23:* 217–238 (1971).

24 Dazu grundlegend: Stetson, R. H.: Motor phonetics; ferner Twaddell, W. F.: Stetson's model and the suprasegmental phonemes, Language *29:* 415–453 (1953); Peterson, G. E.: Breath stream dynamics, Kaiser's Manual, pp. 144–147; Pike, K. L.: Phonetics, pp. 53f, 116–120; Blue Book, § 9.221f. Skeptisch gegen Stetsons Versuchsergebnisse äußert sich P. Ladefoged [Three areas of experimental phonetics, pp. 1–49; Oxford University Press, London 1967].

25 Engl. *chest pulse,* frz. *impulsion respiratoire,* schwed. *andningsstöt,* russ. *vydychatel'nyj tolčok.*

26 In manchen Sprachen kommen auch gesteuerte oder teilweise gesteuerte, statt ballistischer Lungenstöße vor; vgl. Pike, K. L.: Abdominal pulse types in some Peruvian languages, Language *33:* 30–35 (1957).

theoretische Einheit und verlangen für die Anwendung in unserem Objektbereich:

1. Die im Einzelfall als Silben analysierten Komplexe müssen annähernd die gleichen sein, die wir umgangssprachlich als Silben bezeichnen.

2. Mit Hilfe dieser Silben können wir Distributionsrelationen zwischen Lautelementen angeben.

3. Komplexe, die eine verschiedene Zahl von Silben enthalten, müssen hörbar verschieden sein, z.B. engl. *gambling* (zweisilbig) ≠ *gamboling* (dreisilbig), dt. *Harn, Bilch* (einsilbig) ≠ *harren, billig* (zweisilbig).

4. Gleiche Komplexe, die sich nur durch verschiedene Stellung der Silbengrenze unterscheiden, müssen – zumindest in Lentoformen (vgl. p. 134) – hörbar verschieden sein, z.B. (Silbengrenze durch - bezeichnet) dt. *Dietrich ≠ die Trichter*[27], *ein zweiter ≠ eins weiter*, kymr. *llanc yna* [ʎankh-əna] ‹jener Junge› ≠ *llanc hynaf* [ʎank-həna] ‹der älteste Junge›, engl. *white shoes* /hwait-šuz/ ≠ *why choose* /hwai-tšuz/.

Wir verlangen nicht, daß unser Silbenbegriff immer und überall anwendbar sein müsse. Die «communis opinio» über die Zahl von Silben in bestimmten Wörtern, auf die in diesem Zusammenhang gern verwiesen wird[28], enthält Widersprüche. Zum Beispiel zählt die «communis opinio» in brit. engl. *symmetry* drei Silben, in *cemetery* vier Silben, obwohl der hörbare Unterschied ausschließlich im Vokal der ersten Silbe liegt: *symmetry* /'sɪmɪtrɪ/ ≠ *cemetery* /'sɛmɪtrɪ/.

Betrachten wir die Verteilung der deutschen Konsonanten [b] (im Anlaut von *beten, bieten, baten, Boten*) und [ç] (im Auslaut von *ich, Lech*). Wir können sie mit Hilfe des Silbenbegriffes angeben:

Dt. [b] steht:

a) im Silbenanlaut, und zwar entweder allein oder mit [r l], z.B. in *bei, Brei, Blei*;

b) in nordostdeutschen Spielarten im Silbenauslaut, z.B. in den Imperativen *leb, lieb, hab.*

Dt. [ç] steht:

a) nach vorderen Vokalen und nach [r l n] im Silbenauslaut und -inlaut (z.B. in *mich, Gerüchte, rechnen, durch, solch, Mönch, Echo, picheln, horchen*) oder mit folgendem [t] bzw. [ts], [tst] (z.B. *riecht, rechts, ächzt*), in einigen Spielarten auch mit folgendem [st] (z.B. in *nächst, höchst*);

b) zwischen hinteren Vokalen oder Konsonanten und folgendem [ɲ] in *Frauchen* ‹alte Frau›, *Muttchen* ‹Mutter›, *Rotschwänzchen;*

---

27 In der Folge *die Trichter und der Trichter* (mit starkem Akzent auf *die*).
28 So Pike, K. L.: Phonemics: A technique for reducing languages to writing, p. 65 (University of Michigan Press, Ann Arbor 1947).

c) in einigen Spielarten im Silbenanlaut vor Vokal oder vor [t][29], z.B. in *Chemie, China, Chile, Dichotomie, Psychologie, chthonisch*.

Manchmal sind die besonderen Lautelemente, die im Kern, Anlaut und Auslaut vorkommen, in ihrer Anordnung voneinander unabhängig, d.h., auf jeden überhaupt in einer Sprache zugelassenen Anlaut kann jeder überhaupt zugelassene Kern und auf diesen wieder jeder überhaupt zugelassene Auslaut folgen. Im Deutschen steht z.B. [kr] als Silbenanlaut vor jedem beliebigen Vokal:

Vgl. die Wörter *Krieg, Christ, Krebs, Krätze, kratzen, Kran, Krümel, Krüppel, Kröte, Kröpfchen, Krug, krumm, Chrom, Kropf, Kreis, Kraus, Kreuz*.

Ebenso steht vor vielen deutschen Auslauten jeder beliebige Vokal:

Vgl. vor [lt] *befiehlt, wild, fehlt, Feld, malt, bald, fühlt, füllt, höhlt, Höltgen* (Eigenname), *buhlt, Schuld, holt, rollt, teilt, fault, heult;*
vor [nt] *Wind, schient, sehnt, rennt, Hand, mahnt, sühnt, verdünnt, stöhnt, gönnt, wohltuend, Hund, schont, sonnt, scheint, raunt, Freund*.

Weitere Gruppen von Auslauten stehen im Deutschen dagegen in komplementärer Verteilung. Bestimmte Klassen von Auslauten treten nur nach weich abgleitenden Vokalen auf, andere nur nach scharf abgleitenden[30]. Die deutschen Auslaute [m(p)f nç lš lç] und alle mit [r] beginnenden Aus- und Inlaute treten nur nach scharf abgleitenden Vokalen auf, nie nach weich abgleitenden, [r] außerdem nach weich abgleitendem [a], z.B.

Schimpf			*Milch*
Kempff	*Fenchel*	*welsch*	*Kelch*
(Eigenname)			
Dampf	*manch*	*falsch*	*Talg*
rümpf	*tünch*		
	Mönch	*Kölsch*	
		(Kölner Bier)	
Sumpf		*molsch*	*Molch*

Die Vokale und Konsonanten einer Sprache verteilen sich oft komplementär. Das heißt, im An-, In- und Auslaut stehen niemals die gleichen Elemente wie im Kern. Sowohl als Vokale wie als Konsonanten fungieren im Deutschen jedoch die Elemente [n l]. Sie treten als Kerne in unbetonten Silben auf, z.B. in der zweiten Silbe der Wörter *dritten, Händel*. In deutschen Interjektionen treten außerdem

---

29 An die Stelle von nordostdt. [ç] tritt im Anlaut im Nordwesten [š], im Süden [k]. Im Inlaut vor hinteren Vokalen steht im Nordosten [χ], z.B. in *Echo* ['eχo], *Micha* ['miχa].
30 Das sind die sogenannten «langen» und «kurzen» Vokale; vgl. p. 57 f.

auch [s r] als Vokale auf, z. B. in *pst* ‹sei still›, *prr* (Halteruf an Pferde). Solche Elemente, die sowohl als Vokale wie als Konsonanten vorkommen, nennen wir Sonanten[31].

Sonanten sind z. B. [r l] im Tschechischen. Sie treten sowohl als Vokale wie als Konsonanten auf, z. B.

[r] als Konsonant in *Praha* ‹Prag›
[r] als Vokal in *vrk* ‹Oberteil›
[l] als Konsonant in *plec* ‹Schulter›
[l] als Vokal in *vlk* ‹Wolf›

Nach einer möglichen Interpretation des Französischen gibt es dort nur Vokale und Sonanten, aber keine Konsonanten. Alle Elemente, die im Silbenan- und -auslaut auftreten, bilden dort außerdem (zusammen mit dem automatischen Stützvokal [ə]) Silbenkerne. Zum Beispiel steht [d] im Anlaut von *don*, *dans*, außerdem als Kern in der ersten Silbe von *dessous* [d-su], *dessus* [d-sü] (Silbengrenze durch [-] bezeichnet). Ähnliches gilt für das Portugiesische[32].

Eine Sprache, die nur Konsonanten und Sonanten, aber keine Vokale enthielt, soll das älteste Indogermanisch gewesen sein[33]. Als dritte distributionelle Klasse neben Sonanten und Konsonanten setzt man hier jedoch die sogenannten Laryngale[34] an (notiert als [ǝ̃]). Diese treten wie die Sonanten sowohl im Silbenan- und -auslaut als auch im Silbenkern auf, jedoch unterliegt ihr Auftreten bestimmten Einschränkungen. Als Konsonanten stehen sie nur anlautend unmittelbar vor oder auslautend unmittelbar nach Sonanten, z. B. in *plǝ̃*, *ǝ̃nk*. Silbenkerne bilden sie dagegen nur zwischen Konsonanten, z. B. in *dǝ̃t-*.[35]

31 Engl. *resonants, omnipotents* [so Hockett: Manual, pp. 75f.], frz. *sonantes*, schwed. *sonanter*, russ. *sonanty*.

32 Nach Martinet [Bull. Soc. linguist., Paris 53: 73, Anm. 1, 1957/58] und G. Hammarström [Etude de phonétique auditive sur les parlers d'Algarve, pp. 139f.; Almqvist & Wiksell, Uppsala 1953].

33 Nach der Deutung V. V. Ivanovs [Tipologija i sravnitel'no-istoričeskoje jazykoznanije, Vopr. Jaz., Heft 5, pp. 34–42, 1958]. Den einzigen Vokal des so rekonstruierten Urindogermanischen betrachtet Ivanov als automatisch (vgl. p. XXI). Dies mag wohl für die Qualität dieses Vokals (man notiert ihn [e]) zutreffen. Es fragt sich aber, ob auch seine Stellung automatisch oder nicht doch distinktiv ist. Nach Benveniste gibt es im ältesten, rekonstruierbaren Indogermanischen Oppositionen vom Typ *perk* ≠ *prek*, *terǎ* ≠ *treǎ* [referiert von Lehmann, W. P.: Proto-Indo-European phonology, p. 17; University of Texas Press, Austin 1952]. In diesem Falle müßte [e] analog dem Wortakzent als kulminativ gelten (vgl. p. 114).

34 Engl. *laryngeals*, frz. *laryngales*, schwed. *laryngaler*, russ. *laringal'nyje*.

35 Nach Kuryłowicz, J.: L'apophonie en indo-européen, pp. 109, Anm. 14, 169f. (Akademie der Wissenschaften, Breslau 1956).

Im Englischen bilden [i] und [u] manchmal Silbenkerne und manchmal Silbenanlaute. Die Rechtschreibung und auch die gängige Lautschrift benutzen im Anlaut die Buchstaben *y, j, w*, die traditionell Konsonanten bezeichnen. Gleiches gilt im Niederländischen für [i] und [ü] (im Anlaut *w* geschrieben); vgl.

	engl.	nld.
[i] als Konsonant	*yet*	*Jan* (Vorname)
[u] als Konsonant	*wet*	[ü] in *wan* ‹verkehrt›
[i] als Vokal	*pit*	*ziet* ‹sieht›
[u] als Vokal	*put*	[ü] in *uur* ‹Stunde›

Manche distributionellen Relationen gelten nicht innerhalb der Silbe, sondern innerhalb anderer, weniger bekannter phonematischer Einheiten, z.B. im Japanischen innerhalb der More (bestehend aus je zwei Phonemen)[36], im Russischen und Englischen innerhalb des phonologischen Wortes[37]. Das phonologische Wort des Englischen und Russischen besteht (stark vereinfacht) aus einer betonten Silbe als Kern, einer Gruppe vorangehender, unbetonter Silben als Proklise und einer Gruppe folgender, unbetonter Silben als Enklise[38]; z.B. russ. *Podmoskovje* ‹Gegend um Moskau› (Proklise *podmos-*, Kern *kvov*, Enklise *-je*), engl. *assistantship* mit *a-* als Proklise, *sis* als Kern, *-tantship* als Enklise.

Viele phonologische Wörter sind gleichzeitig auch Wörter im üblichen, lexikalischen Sinn. Das ist jedoch nicht immer der Fall. Im Russischen bildet der Ausdruck *pod Moskvoj* ‹bei Moskau› z.B. ein phonologisches Wort, aber zwei lexikalische Wörter. Ähnlich lauten im Englischen *assist* und *a cyst* gleich. Beide bilden je ein phonologisches Wort, aber *a cyst* zwei lexikalische Wörter.

Folgen zweier gleicher Konsonanten treten im Englischen an der Grenze zwischen Kern und Enklise auf, z.B. *his kéen-ness*, aber nicht an der Grenze zwischen Proklise und Kern. Zum Beispiel steht nur einfaches /l/ in *I'll leave you* /ai'livji/[39]. Innerhalb des phonologischen Wortes sind im Russischen nur bestimmte aufeinanderfolgende Elemente zugelassen, z.B. [gb] (in *kak by* /kagbi/), aber nicht [kb], und am Ende des phonologischen Wortes stehen nie die (distinktiv stimmhaften; vgl. p. 67) Elemente [b d g], z.B. [k] (nicht [g]) in *kak*. Das heißt, die oben angegebene Distributionsrelation zwischen distinktiv

---

36 Engl., russ. *mora*, frz. *more*.
37 Engl. *phonological word*, frz. *mot phonologique*, russ. *fonologičeskoje slovo*.
38 Engl. *prestress group, poststress group*, frz. *enclise, proclise*, russ. *enkliza, prokliza*.
39 Vgl. Pilch, H.: Structural dialectology; in Festschrift Papajewski, pp. 50–52 (Wachholtz, Neumünster 1973).

stimmlosen und distinktiv stimmhaften Konsonanten gilt im Deutschen innerhalb der Silbe, im Russischen innerhalb des phonologischen Wortes.

Die Zulassung verschiedener Vokale richtet sich im Russischen nach ihrer Stellung innerhalb des phonologischen Wortes. Im Kern kommutieren fünf verschiedene Vokale [i e a o u], in der dem Kern vorangehenden Silbe bzw. bei vokalischem Anlaut der Proklise vier [i e ə u], sonst in der Proklise in ungezwungener Rede zwei [ə e], in der Enklise keiner. Dabei ist [e] in der Proklise auf Lehnwörter beschränkt wie *štepselja* [šteps,əljá] ‹Steckdose›, *fonetist* [fənet,íst] ‹Phonetiker›.

In Sprachen wie dem Deutschen und Englischen gelten besondere Anordnungen für den Inlaut[40], d.h. die Konsonanten an der Grenze zwischen Kern und Enklise. Zum Beispiel stehen die scharf abgleitenden Vokale im Kern nur dann, wenn ein Inlaut darauf folgt, z.B. die betonten Vokale in dt. *missen, messen, Massen, müssen*, engl. *bitter, better, batter, butter*. Die weich abgleitenden Vokale stehen dagegen auch ohne folgenden Inlaut, z.B. in dt. *sie, seh, sah, so, sei, Sau*, engl. *see, say, so, saw, Sioux, sow*. Im englischen Inlaut stehen Phoneme und Phonemgruppen, die in anderen Stellungen nicht vorkommen[41], z.B. engl. /ž/ in *leisure, erosion*. Die Kerne phonologischer Wörter, die einen Inlaut enthalten, müssen wir für solche Sprachen als eigenen Kerntyp angeben. Wir notieren ihn -*VKV*-.

Im altgermanischen Vers zählt dieser Silbentyp (sogenannte *aufgelöste Hebung*) als betonten Einsilblern gleichwertig. Diese Gleichwertigkeit gilt noch im englischen Vers des 16. Jahrhunderts, z.B. werden bei Shakespeare *spirit, warrant, nourish* als einsilbige Hebungen, *citizen, desperate* als Trochäen gemessen.

Im Altenglischen stehen [v ð ɣ] und [f þ χ h] in komplementärer Verteilung in der Weise, daß im Inlaut (als alleiniges Element) nur [v ð ɣ] stehen, im Auslaut nur [f þ χ], im Anlaut nur [f þ h].

In Sprachen wie dem Schwedischen und Norwegischen zerfällt der inlautende Kerntyp in zwei Untertypen, innerhalb derer besondere Anordnungen gelten. Es steht nämlich langer Vokal mit kurzem (einfachem) Inlautkonsonanten (notiert -'$\bar{V}KV$; z.B. schwed. *bära* [bɛ:ra] ‹tragen›) oder kurzer Vokal mit langem (mehrfachem) Inlautkonsonanten (notiert -'$V\bar{K}V$; z.B. schwed. *herra* [hɛr:a] ‹Herr›).

40 Engl. *medial position* oder *interlude* (Hockett), schwed. *inljud*, russ. *vnutrislogovyje*.
41 Wir sehen hier ab von [ž] in gewissen modernen Lehnwörtern wie *beige, genre*.

Im Kymrischen bilden den Kern des phonologischen Wortes entweder einsilbige oder zweisilbige Gruppen. Lange und kurze Vokale kommutieren nur in einsilbigen Kernen (z. B. *man* [ma·n] ‹klein› ≠ *man* [man] ‹Ort›). Einsilbige Kerne mit Enklise (z. B. in *afi* ['a·vi] ‹ich gehe›) sind hörbar verschieden von zweisilbigen Kernen (z. B. in *afu* /'avi/ ‹Leber›).

Wenn wir die phonematischen Distributionsrelationen bestimmter Sprachen untersuchen, so müssen wir also nicht nur die verschiedenen Einheiten berücksichtigen, innerhalb derer bestimmte Anordnungen gelten (wie Silbe, More, phonologisches Wort), sondern auch die – ebenfalls von Sprache zu Sprache verschiedenen – Typen und Untertypen solcher Einheiten.

3. Wortphonologie

Wir haben gesehen (p. 19f.), daß das deutsche Element [ç] auf beliebige Silbenauslaute folgt. Nach vorangehenden dunklen Vokalen [42] und nach [χ] finden wir es jedoch ausschließlich im Diminutivsuffix *-chen*, z. B. in umgangssprachlichen Wörtern wie *Frau-chen*, *Popo-chen*, *Tag-chen*. Zusätzlich zu phonetischen müssen wir also mit morphologisch-syntaktischen Bedingungen für die Verteilung von Lautelementen rechnen. Über morphologische Grenzen hinweg sind häufig Anordnungen zugelassen, die innerhalb des Morphems bzw. Wortes nicht vorkommen. In vielen Sprachen vorkommende typische Fälle dieser Art sind Umlaut [43] und Vokalharmonie [44].

Beim Umlaut treten bestimmte Vokale vor einer Folgesilbe bestimmten phonematischen Baus auf, sofern diese Folgesilbe zum gleichen Wort gehört. Bestimmte andere Vokale sind in der gleichen Stellung nicht zugelassen. Im Mongolischen treten [æ ø] nur vor einem [i] in der folgenden Silbe auf, z. B. [æli] ‹gib›, [møri] ‹Pferd› [45]. Beim gemeingermanischen *i*-Umlaut treten die gerundeten Vokale [ü ö] nur dann auf, wenn die folgende Wortsilbe den Sonanten [i] enthält – sei

---

42 Zum Ausdruck *dunkle Vokale* vgl. p. 51.
43 Engl., russ. *umlaut*, frz. *métatonie*.
44 Engl. *vowel harmony*, frz. *harmonie des voyelles*, schwed. *vokalharmoni*, russ. *garmonija glasnych*.
45 Mongolisches Material nach Stuart, D. G.: The phonology of the word in modern standard Mongolian, Word *13*: 65–99 (1957).

es als Silbenkern [i], sei es als Silbenanlaut [j], z.B. in *fülljan ‹füllen›, *grö:ni ‹grün›. Die Vokale [u o] treten in dieser Stellung nicht auf. Bei der Vokalharmonie des Finnischen muß man nach ihrem Auftreten in Wörtern drei Klassen von Vokalen unterscheiden:

1. [a o u],
2. [ä ö y],
3. [i e].

Nichtzusammengesetzte finnische Wörter enthalten Vokale entweder nur der Klassen 1 und 3 oder der Klassen 2 und 3, aber niemals der Klassen 1 und 2 [46]. Ein verbales Suffix lautet z.B. -daan nach Stämmen der Klasse 1, -dään nach Stämmen der Klasse 2: *juodaan* ‹wird getrunken›, *ostetaan* ‹wird gekauft›, *syödään* ‹wird gegessen›, *myydään* ‹wird gekauft›.

Über Wortgrenzen bzw. Morphemgrenzen hinweg können dagegen finnische Vokale der Klassen 1 und 2 durchaus in aufeinanderfolgenden Silben stehen, z.B. *jos hän juo* ‹wenn er trinkt›, *sinä uit* ‹du kannst schwimmen›, *Haapajärvi* (Ortsname), zusammengesetzt aus den Morphemen *Haapa-*, *-järvi*. Ebenso folgen [u o] und [i] im Gemeingermanischen durchaus aufeinander, sofern eine Wortgrenze dazwischensteht, z.B. in *[kū is]* ‹eine Kuh ist›, *[fōr ik]* ‹fuhr ich›.

Die teilkomplementäre Verteilung der deutschen Elemente [st] ∽ [št], [sp] ∽ [šp] (vgl. p. 12) gilt nur innerhalb von Wortgrenzen. Über Wortgrenzen hinweg stehen silbenanlautende [st] ≠ [št], [sp] ≠ [šp] dagegen in Opposition. Die Folgen [st sp] treten umgangssprachlich silbenanlautend auf, und dabei vertritt das Lautelement [s] entweder den bestimmten Artikel *das* oder das Pronomen *es;* vgl.

das *Tau* [stau]   ≠   *Stau* [štau]
es *paßt* [spast]   ≠   *spaßt* [špast] (oder [špast])

Doppeltes [nn] und einfaches [n] stehen in der norddeutschen Umgangssprache im Silbenauslaut in Opposition. Dabei vertritt das zweite [n] der Gruppe [nn] stets die Flexionsendung *-en* oder den bestimmten Artikel *den;* vgl.

weinen [vainn]   ≠   *Wein* [vain]
innen [ınn]   ≠   *in* [ın]
in den Wein [ınn'vain]   ≠   *in Wein* [ın'vain]

[46] Abgesehen von einigen modernen Lehnwörtern wie *psykologia* ‹Psychologie›, *olympialaiset* ‹Olympiade›, *konduktööri* ‹Schaffner›.

Abgesehen von diesem an bestimmte morphologische Bedingungen geknüpften Sonderfall folgen im Deutschen nie zwei gleiche Konsonanten aufeinander. Endet ein Morphem auf einen gegebenen Konsonanten und beginnt das nächste Morphem mit dem gleichen Konsonanten, so wird die entstehende Folge zu einfachem Konsonanten reduziert, z.B. in *Rottanne* [rotanı], *Strommann* [štroman], *Reibbrot* [raibrot], *Süddeutschland* [züdoitšlant] (oder [zütd...]).

Diese Aussage erweist sich als richtig daran, daß (in spontaner Rede) keine Oppositionen K ≠ KK auftreten; z.B.

Rottanne = *Rohtanne*
Leibposten = *Leihposten*
Strommann = *Strohmann*

Für Zwecke dieser Aussage ist [c] = [ts]; vgl. *Heizzeit* [haitstsait] (nicht *[haicait]).

Umgekehrt treffen wir auf manche Folgen phonematischer Elemente nur innerhalb von Wörtern, aber niemals über Wortgrenzen hinweg. Das Finnische kennt z.B. silbeninlautende Konsonantengruppen [rtt, ltt, ntt] nur innerhalb von Wörtern, z.B. in *Martta* (Vorname), *polttaa* ‹rauchen›, *dosentti* ‹Dozent›. Diese Konsonantengruppen sind im Finnischen in bestimmten Umgebungen (und zwar zwischen Vokalen) zugelassen mit der zusätzlichen Bedingung, daß die umgebenden Vokale beide dem gleichen Wort angehören müssen.

Die besonderen, innerhalb von Wörtern bzw. Morphemen zugelassenen Anordnungen phonematischer Elemente bilden jeweils eine Auswahl aus den überhaupt in der jeweiligen Sprache zugelassenen Anordnungen. Die Untersuchung dieser besonderen Anordnungen führt den Namen Wortphonologie[47]. Die Wortphonologie behandelt nicht sämtliche Lautelemente einer gegebenen Sprache und ihre sämtlichen zugelassenen Anordnungen, sondern nur einen Teil von ihnen, nämlich diejenigen, die innerhalb bestimmter morphologischer Einheiten auftreten. Diese Fragestellung ist als solche berechtigt, weil Wörter und Morpheme oft eigentümliche Lautstrukturen aufweisen. Sie erschöpft aber nicht die Lautstruktur gegebener Sprachen, weil es unabhängig von Wort- und Morphemgrenzen oft noch andere Lautstrukturen gibt als innerhalb morphologischer Einheiten und weil darüber hinaus manche morphologischen Klassen besondere phonematische Eigenschaften aufweisen.

47 Engl. *phonology of the word* oder mit dem deutschen Ausdruck, frz. *phonologie du mot*, schwed. *ordfonologi*, russ. *fonologija slova*.

Dazu gehört z.B. der sogenannte schwebende Akzent des Deutschen (vgl. p. 113). Das ist diejenige Lauteigenschaft, mit der sich das Wort *steinreich* ‹sehr reich› vom Wort *steinreich* ‹reich an Steinen› unterscheidet. Dieser schwebende Akzent kennzeichnet eine Sonderklasse von Intensivkomposita, bei denen das erste Element die Bedeutung des zweiten steigert. Dazu gehören noch *hundemüde, bettelarm, stockfinster, klitzeklein, Riesenskandal, Bombenerfolg*. Der schwebende Akzent kommt im Deutschen außerdem noch in zusammengesetzten Farbbezeichnungen vor wie *hellrot, blauweiß*.

Die Zuordnung phonematischer Eigenschaften zu morphologischen Klassen führt den Namen Morphonologie[48]. Morphologische Klassen mit bestimmten phonematischen Eigenschaften bilden einen morphonologischen Typ[49]. Die Intensivkomposita und zusammengesetzten Farbbezeichnungen des Deutschen bilden z.B. den morphonologischen Typ der Wörter mit schwebendem Akzent. Einen anderen morphonologischen Typ bilden die deutschen Arzneimittelnamen. Sie enden entweder auf -*a* oder auf eine betonte, geschlossene Silbe mit Auslautkonsonant /l n nt t ks/. Voran gehen zwei bis drei offene Silben, z.B. *Gelónida, Refobacín, Mirfulán, Inspiról, Codipront, Aludróx*[50].

Die deutschen Arzneimittelnamen auf -*a* bilden einen Untertyp innerhalb des morphonologischen Typs latinisierende Namen. Das sind mehrsilbige Namen mit einem einer lateinischen Flexionsendung ähnlichen Auslaut und der lateinischen Schulbetonung auf der vorletzten langen bzw. auf der drittletzten Silbe. Zu diesem Typ gehören im Deutschen nicht nur Wörter lateinischer Herkunft, sondern sehr viele fremde Namen, z.B. finnische Namen *Sibélius, Tapióla, Helsínki* (mit schullateinischer, nicht finnischer Betonung), und viele umgangssprachliche Ausdrücke wie *Luftikus, Kukulorus, Podex, Wischikus, Wichtikus, Fidibus*, die Vornamen *Dorothea, Baukea*.

Ein deutschsprachiger Aphasiepatient konnte nur solche deutschen Wörter ohne Schwierigkeiten sprechen, die genau eine betonte Silbe und sonst nur unbetonte Silben (mit reduzierten Vokalen; vgl. p. 117) enthielten, z.B. *Schweiz, Schweden, Italien*. An allen anderen morphonologischen Typen scheiterte er, z.B. an Wörtern mit zwei vollen Vokalen wie *Holland, Ungarn, Mittwoch* und an Wörtern des latinisierenden Typs wie *Jugoslawien, Dezember*. Bei gesellschaftlicher Unterhaltung (z.B. über das Wetter) sprach er minutenlang

48 Engl. *morphophonemics*, frz. *morphonologie*, schwed. *morfonologi*, russ. *morfonologija*.
49 Engl. *phonemic shape type;* vgl. Pike: Blue Book, § 6.64.
50 Vgl. Pilch, H.: Münster Proceedings, p. 470.

völlig flüssiges, einwandfreies Deutsch ausschließlich mit Wörtern des ersten morphonologischen Typs.

Die morphonologischen Typen einer gegebenen Sprache sind grundsätzlich klassifizierbar. Dabei schälen sich produktive Typen heraus. Zu diesen gehören unbegrenzt viele Morpheme, und Neubildungen schließen sich ihnen an, z. B. der latinisierende Typ des Deutschen. Daneben stehen erstarrte Typen. Sie enthalten nur eine begrenzte Zahl von aus früherer Zeit tradierten Morphemen und nehmen keine neuen Morpheme mehr auf. Dazu gehört der Stamm *dy-* des altenglischen Präteritums *dy-de*. Es ist der einzige altenglische Wortstamm, der auf kurzen, betonten Vokal auslautet[51].

Streng genommen bildet die Morphonologie eine besondere Fragestellung innerhalb der Wortphonologie. Weithin beschränkt man Wortphonologie jedoch auf die von morphologischen Grenzen abhängigen phonematischen Eigenschaften, die Morphonologie dagegen auf die phonematische Veränderung innerhalb morphologischer Paradigmata, z. B. den Wechsel der betonten Silbe zwischen Singular und Plural in den deutschen Wörtern auf *-or;* z. B.

Dóktor ∾ *Doktóren*
Professor ∾ *Professóren*
Alligátor ∾ *Alligatóren*
Kondítor ∾ *Konditóren*

Im Plural ist jeweils das Element *-or* betont, im Singular die vorangehende Silbe. Wir sprechen in solchen Fällen von morphonologischer Alternation[52] und schreiben sie wie oben mit der Tilde ∾.

Verschiedene phonetische Elemente können an gleicher Stelle in einem gegebenen morphologisch-syntaktischen Paradigma alternieren. Im Stamm deutscher Substantive wechselt z. B. häufig der Vokal, wenn die Diminutivsuffixe *-chen, -le* hinzutreten, z. B. in geläufigen umgangssprachlichen Bildungen wie

[a] ∾ [e] in *Hase* ∾ *Häschen*
[a] ∾ [ɛ] in *Katze* ∾ *Kätzchen*
[o] ∾ [ö] in *Hose* ∾ *Höschen*
[ɔ] ∾ [œ] in *Posten* ∾ *Pöstchen*
[u] ∾ [ü] in *Mut* ∾ *Mütchen*[53]
[ʊ] ∾ [ü̇] in *Schluck* ∾ *Schlückchen*
[au] ∾ [oi] in *Maus* ∾ *Mäuschen*

51 Vgl. Pilch, H.: Altenglische Grammatik, p. 99 (Hueber, München 1970).
52 Engl. *morphophonemic alternation*, frz. *alternance morphologique*, russ. *morfonologičeskoje čeredovanije*.
53 Geläufig im Ausdruck *sein Mütchen kühlen*.

In der kymrischen Umgangssprache wechselt der wortanlautende Konsonant zahlreicher Wortarten unter vielfältigen morphologischen und syntaktischen Bedingungen nach folgendem Alternationsparadigma, und zwar innerhalb der Reihen der Tabelle:

I	II	III	IV
p	b	f	m̦
t	d	ɒ	n̦
k	g	χ	ŋ̦
b	v	–	m
d	ð	–	n
g	*Null*	–	ŋ
ʎ	l	–	–
r̦	r	–	–
m	v	m̦	–
n	–	n̦	–

Die Wahl des Anlautkonsonanten hängt z. B. beim finiten Verbum unter anderem davon ab, ob es im Transformanden oder im Transformat steht. Zum Beispiel steht ein Konsonant der Spalte I /k/ in *clywais* ‹ich hörte› in der Konstruktion *clywais i sŵn* ‹ich hörte ein Geräusch›, der entsprechende Konsonant der Spalte II /g/ im transformierten Ausdruck *swn glywais i*, der entsprechende Konsonant der Spalte III /χ/ im negierten *chlywais i ddim sŵn*, der entsprechende Konsonant /ŋ/ der Spalte IV bei Verschleifung mit dem Pronomen der 1. Person Singular *fy* /ən/: *fy nghlywed i* /əŋ'ləwɛdi/.

Die Menge der an einer solchen Alternation beteiligten Paare bildet ein Alternationsparadigma[54]. Das vorliegende deutsche Alternationsparadigma nennen wir *i*-Umlaut, weil es früher einmal im Zusammenhang mit dem germanischen *i*-Umlaut entstanden ist. Das vorliegende kymrische Alternationsparadigma heißt Konsonantenmutation. Die Alternation anlautender Konsonanten ist eine Besonderheit der keltischen Sprachen.

Ein gegebenes Alternationsparadigma gilt häufig in mehreren morphologischen bzw. syntaktischen Paradigmen. Der deutsche *i*-Umlaut gilt z. B. außer bei Diminutivsuffixen bei der Pluralbildung *(Fuß ∾ Füße)*, bei der Komparation *(groß ∾ größer)*, bei der Ableitung denominativer Verben *(zahm ∾ zähmen)* und bei der Ableitung deverbativer Abstrakta auf *-nis (verloben ∾ Verlöbnis)*.

---

54 Engl. *alternation paradigm*, frz. *paradigme d'alternances*, russ. *paradigma čeredovanij*.

Einige morphonologische Alternationen sind durch die phonetische Umgebung bedingt, z. B. die Alternation -*st* ∾ -*est* ∾ -*t* für die Endung der 2. Person Singular Indikativ deutscher Verben. Hier steht -*t* nach stammauslautenden /s š/ (z. B. in *läß-t, wäsch-t*), -*est* bei sorgfältiger Aussprache nach stammauslautenden -*d, -t* (z. B. in *leid-est, leit-est*), sonst -*st* (z. B. in *lach-st, hoff-st, bleib-st, wag-st*). Die übrigen, nicht in dieser Weise bedingten Alternationsparadigmata (wie die sonst hier angeführten) rekonstruiert man auf phonetische Bedingtheit in einem früheren sprachhistorischen Stadium, z. B. den deutschen *i*-Umlaut auf den gemeingermanischen *i*-Umlaut, die kymrischen Mutationen auf früher vorangehenden Vokal (Spalte II), Spirans (Spalte III) bzw. Nasal (Spalte IV).

Die reine Wortphonologie beschränkt sich auf die wortphonologische Fragestellung und lehnt die darüber hinaus führende Fragestellung nach den ohne Rücksicht auf morphologische Grenzen geltenden Phonemstrukturen ab. Diese Ablehnung schränkt unsere Erkenntnismöglichkeiten unnötig ein. Manche komplementäre Verteilungen gelten z. B. nur innerhalb von Wörtern bzw. Morphemen, andere gelten unabhängig von Morphemgrenzen.

Das Spanische kennt komplementäre Verteilung der Elemente [b d g] und [β ð ɣ]. Erstere stehen nach Konsonanten und nach Pause, letztere nach Vokalen. Zum Beispiel lautet *buen* ‹gut› mit [b] an in *buen tempo* ‹schönes Wetter›, mit [β] in *muy buen tempo* ‹besseres Wetter›. Diese Verteilung gilt unabhängig von morphologischen Grenzen. Im Urgermanischen gilt eine ähnliche komplementäre Verteilung, jedoch nur innerhalb von Wörtern. Hier stehen [b d g] stets in den Folgen [mb nd ng] und bb dd gg]. Darüber hinaus stehen [b d g]stets im Anlaut von Stämmen und Präfixen, [β ð ɣ] im Wortin- und -auslaut, z. B. [b] in *[webb-] ‹Gewebe›, [β] in *[weβan-] ‹weben› (vgl. neuengl. *web* ∾ *weave*).

Die unterschiedliche Bedingtheit der spanischen und urgermanischen Komplementarität nimmt die Wortphonologie unter dem Oberbegriff Grenzsignal[55] zur Kenntnis. Als Grenzsignal bezeichnet sie alle Lautelemente, die entweder nur oder nie an Wort- bzw. Morphem-

---

55 Engl. *(word) border signal, demarcative feature*, frz. *signe démarcatif*, schwed. *gränssignal*, russ. *pograničnyj signal*.
Vgl.: "The older 'Wortphonologie' constantly missed subtleties of some importance, or else brought them belatedly into the picture in a lopsided and disorganized way" [Hockett: Manual, p. 148].

grenzen stehen. Im ersten Falle spricht sie von positiven, im zweiten Falle von negativen Grenzsignalen. Ein positives Grenzsignal wäre also die Aufeinanderfolge von Vokalen der Klassen 1 und 2 im Finnischen, die nur über Morphemgrenzen hinweg vorkommt. Als negatives Grenzsignal wirken die finnischen Konsonantengruppen /ntt ltt rtt/ sowie die stimmhaften Spiranten des Urgermanischen, weil sie nie an Wortgrenzen auftreten.

Der Terminus *Grenzsignal* ist bildlich zu verstehen. Mit einer gebräuchlichen Umschreibung sagt man, die Funktion des Grenzsignals bestehe darin, dem Hörer Vorhandensein bzw. Fehlen einer Wort- oder Morphemgrenze mitzuteilen. Diese Aussage stützt sich nicht etwa auf psychophonetische Versuchsserien, bei denen man beispielsweise festgestellt hätte, nach welchen Kriterien finnische Hörer in flüssiger Unterhaltung *tatsächlich* Morpheme und Wörter als Einheiten verstehen. Sie setzt überhaupt keine experimentelle Nachprüfbarkeit voraus, sondern umschreibt lediglich den hier angegebenen Sachverhalt.

Die reine Wortphonologie läßt phonologische Relationen nur innerhalb von Wörtern bzw. Morphemen gelten. Die Relation zwischen dt. *tauchen* ‹unter Wasser gehen› ≠ *Tauchen* ‹kleines Tau› oder russ. *da nos* ‹na ja, die Nase› ≠ *donos* ‹Denunziation› nennt sie dagegen nicht distinktiv oder oppositionell, sondern «bloß ein Grenzsignal»[56]. Da man in der Praxis niemals eine auch nur annähernd vollständige Liste der Grenzsignale erarbeitet, vernachlässigt man damit nicht nur die ohne Rücksicht auf morphologische Grenzen bestehenden Relationen. Man läßt sich außerdem leicht zu der irrtümlichen Annahme verleiten, über morphologische Grenzen hinweg gäbe es keine phonematischen Relationen. Es handelt sich eben «bloß um Grenzsignale».

Vorzugsweise wortphonologisch arbeitet die Prager Schule. Einen rein wortphonologischen Standpunkt nehmen Roman Jakobson und seine Nachfolger ein: «Let us assume that each lexical category ... automatically carries a boundary symbol ... to the left and to the right of the string that belongs to it»[57]. André Martinet[58] ordnet die Grenzsignale den Kontrasten ein und vermeidet mißverständliche Metaphern. Er geht in der Praxis über den wortphonologischen Standpunkt hinaus, wenn er z.B. die Relation von franz. *dors* ‹schlafe› (ein Morphem) und *dehors* [deor] ‹draußen› (zwei Morpheme) als Opposition und distinktiv gelten läßt.

Die phonematische Analyse ohne Rücksicht auf morphologische Grenzen befürworten besonders amerikanische Gelehrte wie Bloch, Harris, Pike und Hockett[59]. Ein Teil von ihnen setzt jedoch an die Stelle des Grenzsignals die (sehr zweifelhafte) Junkturtheorie[60].

56 Vgl.: "The difference ... is not a distinction of two phonemes, but only a word border signal" [Jakobson und Halle: Fundamentals, p. 19].
57 Chomsky-Halle, pp. 12f.; vgl. auch das Zitat in Fußnote 56.
58 Eléments, pp. 52 und 76. Zum Terminus *Kontrast* vgl. Fußnote 7 der Einleitung zum vorliegenden Buch.
59 Vgl. Zitat in Fußnote 55.
60 Vgl. Pilch, H.: Anglia 77: 482f. (1959); Phonetica 14: 237–252 (1966).

Nehmen wir in einer Sprache n Lautelemente an, so beträgt die Zahl der mathematisch möglichen Anordnungen dieser Elemente n! - vorausgesetzt, daß kein Element mehr als einmal vorkommt. Diese Voraussetzung trifft aber für sprachliche Rede nicht zu. Deswegen müssen wir bei n Elementen mit unbegrenzt vielen verschiedenen Anordnungen rechnen. Unserer Erfahrung nach sind alle diese Anordnungen in keiner Sprache tatsächlich zugelassen. Das heißt, für die Lautelemente gelten distributionelle Beschränkungen[61]. Entscheidend ist die Frage nach den Einheiten, innerhalb derer diese Beschränkungen gelten, d.h. nach Einheiten, innerhalb derer nicht unbegrenzt viele, sondern nur eine begrenzte Zahl von verschiedenen Anordnungen vorkommen. Als solche Einheiten haben wir Silbe, More, Kontur, phonologisches Wort, Morphem und (morphologisches) Wort kennengelernt. Diese Liste erschöpft nicht die vorhandenen Möglichkeiten. Für theoretische Zwecke halten wir folgende Erkenntnis fest:

1. Die Anordnung gegebener Lautelemente geben wir in Form ihrer Verteilung innerhalb größerer Lauteinheiten an. Eben diese größeren Lauteinheiten bilden die Umgebung gegebener Lautelemente im Sinne der phonematischen Analyse.

2. Die phonematische Analyse sucht alle diese Einheiten auf bis hin zur maximalen Lauteinheit, innerhalb derer es noch distributionelle Beschränkungen gibt, unabhängig von deren Grenzen aber keine distributionellen Beschränkungen mehr gelten.

3. Für die phonematische Form morphologischer Einheiten (Wortphonologie, Morphonologie) rechnen wir mit besonderen zusätzlichen Beschränkungen.

Der Begriff *Umgebung* wird vielfach mißverstanden als der gesamte Text, in dem ein gegebenes Lautelement steht (vgl. p. 16). Von dieser Voraussetzung aus hat man gegen das Arbeiten mit minimalen Paaren eingewandt, es gebe kaum zwei Texte, die sich voneinander nur dadurch unterscheiden, daß an gleicher Stelle einmal das Element p_1, das andere Mal p_2 steht (z.B. *Krippe* ≠ *Grippe*, aber *das Kind liegt in der Krippe, das Kind hat Grippe;* vgl. p. 155). Folglich lasse sich komplementäre Verteilung zwischen p_1 und p_2 nicht ausschließen. Dieser Einwand läßt sich gegen jede beliebige Opposition geltend machen, da die zum Beweis geforderten Textpaare erfahrungsgemäß nicht aufzutreiben sind, und damit gegen jede phonematische Analyse. Die Voraussetzung, von der der Einwand ausgeht, ist folglich für Zwecke der phonematischen Analyse unbrauchbar. Wir brauchen einen anderen (z.B. den hier entwickelten) Umgebungsbegriff.

---

61 Engl. *distributional restrictions*, frz. *limitations distributionnelles*, schwed. *distributionella inskränkningar*, russ. *distributivnyje ograničenija*.

II Ähnlichkeit und Verwandtschaft

1. Auditive, akustische und artikulatorische Phonetik

Manche Lautelemente hören wir als gleich, alle anderen als ungleich. Es gibt verschiedene Grade der Ungleichheit. Die Endgeräusche der deutschen Wörter *keim, kein* klingen einander ähnlicher als *Keim, -keit* (in *Wenigkeit*). Die Einsätze von dt. *Kasse, Tasse, passe* klingen weniger verschieden als in *Kasse* und *lasse*. Die Silbenkerne in *Ruth, rot* stehen einander näher als in *Ruth* und *Rat*. Das sind grobe, impressionistische Urteile. Wie sind sie begründbar?

Wir können sie begründen durch ein Netzwerk von auditiven Parametern. Solche Parameter sind z. B. Klang und Geräusch (vgl. p. 41 f.). Die Elemente [l m n] klingen, die Elemente [s f] rauschen. Ein Knack ist ein kurzes, explosionsartiges Geräusch. Als Knack hören wir z. B. die Elemente [p t k] und den «Knacklaut» [?][1] (vgl. Abb. 6) des Deutschen und Englischen bei vokalischem Einsatz. Demzufolge enden *Keim, kein* beide auf Klänge, *-keit* auf ein Knackgeräusch, und *passe, Tasse, Kasse* setzen mit einem Knackgeräusch ein, *lasse* mit einem Klang. Haben wir ein Netzwerk auditiver Parameter, so können wir danach den gegebenen Gehörseindruck in seine Einzelbestandteile zerlegen. Diese Zerlegung heißt auditive Analyse.

Am Telefon machen wir die Erfahrung, daß wir uns bei manchen Lautelementen besonders leicht verhören. Beim Buchstabieren verwechseln wir leicht die Buchstabennamen *k* und *p*, *s* und *f*, seltener *p* und *c* oder *w* bzw. *f* und *r*. Praktisch ausgeschlossen ist ein Verhören bei *t* und *a* oder *h* und *u*. Ähnliche Verwechslungen kommen bei schlechten Verständigungsverhältnissen vor, etwa bei gestörtem Radioempfang, bei einer Unterhaltung in sehr lauter Umgebung oder beim Schreien über größere Entfernungen hinweg.

---

[1] Artikulatorisch handelt es sich um einen *glottalen Verschluß*, engl. *glottal stop*, frz. *coup de glotte*, schwed. *stöt*, russ. *gortannaja smyčka*.

Wir wollen annehmen, diejenigen Elemente, die wir leichter miteinander verwechseln als andere Elemente, klängen einander besonders ähnlich. Der Grad der Ungleichheit mehrerer Geräusche läßt sich daran prüfen, unter wie schlechten Verständigungsverhältnissen der Hörer sie noch auseinanderhalten kann.

Aus auditiven Urteilen von Versuchspersonen leitet die Wahrnehmungspsychologie durch das mathematische Verfahren der Faktoranalyse auditive Parameter ab[2]. Diese Parameter gelten für das jeweilige Versuchsmaterial und lassen sich schwer verallgemeinern.

Das Nebeneinanderstellen ähnlicher Lautelemente ist uns auch aus der literarischen Rhetorik bekannt. Im sogenannten unreinen Reim paart man zwar ungleiche, aber nicht beliebige Lautelemente. Im Deutschen reimen z.B. [ö] mit [e], [ü] mit [i], [ai] mit [oi] in *zerstört : beschwert, Wüten : gebieten, Feinde : Freunde*[3]. Die kymrische Dichtung bindet im sogenannten irischen Reim Vokal + *d* mit Vokal + *g*, z.B. *enwawg : gwirawd*[4]. In der germanischen und keltischen Dichtung alliterieren alle Vokale miteinander ohne Rücksicht auf ihre Klangfarbe, z.B. *e* und *o* in «ibu du mi enan sages, ik mi de *o*dre uuet»[5].

Während wir einen Reim *Himmel : Getümmel* ohne weiteres anerkennen, würden wir die Reimbildung von *Hammel* und *Getümmel* sicher für fehlerhaft halten. Auch hier empfinden wir die Tonvokale im ersten Wortpaar als ähnlicher als im zweiten.

Zu dem erforderlichen Netzwerk auditiver Parameter legen wir hier einige Ansätze vor, um zu zeigen, wie die auditive Analyse vorgeht und wie die Phonemtheorie ihre Ergebnisse verwertet. Um darüber hinauszugehen, fehlt es an Vorarbeiten. Wir stützen uns deshalb zunächst auf die im Geräuschwortschatz bekannter europäischer Sprachen vorgegebenen Parameter wie *Knacken, Klirren, Rauschen*. Andere Gehörseindrücke belegen wir geläufig mit Beiwörtern wie *dumpf, schrill, piepsig*, oder wir setzen sie synästhetisch mit Sinneseindrücken aus anderen Bereichen gleich wie *hell, grell, dunkel, dünn, voll*. Häufig beschreiben wir Geräusche auch nach der möglichen oder vermuteten (nicht notwendigerweise der tatsächlichen) Art ihrer Entstehung, etwa als *Gehämmer, Aufschlag, Gackern, Blöken*, als *Motorengeräusch* oder *Pfeifton*.

Auch Redegeräusche können wir, wenn wir wollen, nicht unmittelbar als Gehörseindrücke, sondern nach ihrer Erzeugung beschreiben. Jedes gehörte Geräusch setzt einen Schall voraus, der das Ohr

---

2 Vgl. Hansson in Abschnitt 3 des Literaturverzeichnisses und Ungeheuer, G.: Münster Proceedings, pp. 556–560.
3 Die Beispiele sind Goethes «Poetischen Gedanken über die Höllenfahrt Jesu Christi» entnommen.
4 Vgl. Jones, J. M.: Cerdd Dafod, p. 134 (Clarendon Press, Oxford 1925). Das Beispiel steht Canu Aneirin, pp. 235f. (ed. Ifor Williams; Kymrischer Universitätsverlag, Cardiff 1938).
5 Hildebrandslied.

des Hörers erregt. Den Schall seinerseits erzeugen im Falle der menschlichen Rede die Artikulationsbewegungen eines Sprechers. An ihre Stelle treten manchmal die elektrischen Impulse eines Wiedergabegerätes (Radio, Telefon, Magnetophon). Diese werden ihrerseits durch einen von menschlichen Artikulationsbewegungen erzeugten Schall gesteuert. Eine Zeichnung mag dies veranschaulichen: Ein von einem Hörer (H) wahrgenommenes Geräusch wird zunächst von einer Geräuschquelle (Q) erzeugt. Schließlich muß das Geräusch von der Quelle zum Hörer gelangen. Den Übertragungsweg bezeichnet ein Pfeil (→):

Q → H

Wir können Rede an diesen drei verschiedenen Stellen untersuchen. Erstens können wir ihre Erzeugung sichtbar machen, etwa durch Röntgenaufnahmen oder Glottogramme der Sprechbewegungen. In diesem Falle treiben wir artikulatorische oder physiologische Phonetik. Zweitens können wir Geräusche hören und sie als Gehörseindrücke klassifizieren. In diesem Falle untersuchen wir die Rede auditiv. Drittens können wir mit Hilfe verschiedener Geräte die Luftdruckschwankungen während der Übertragung des Geräusches von Q nach H messen. Dies ist das Gebiet der akustischen Phonetik [6].

Im Gegensatz zur auditiven Phonetik verfügen die artikulatorische und akustische Phonetik über ein wohlbegründetes und bewährtes Netzwerk von Parametern [7]. Die physiologische Phonetik arbeitet mit der Anatomie der am Artikulationsvorgang beteiligten Organe und

6 Engl. *articulatory, auditory or perceptual, acoustic phonetics*, frz. *phonétique articulaire, auditive, acoustique*, schwed. *artikulatorisk, auditiv, akustisk fonetik*, russ. *artikuljacionnaja, sluchovaja, akustičeskaja fonetika*.

7 Auf artikulatorischem Gebiet liefert die umfassendste Klassifikation von phonetischen Parametern K. L. Pike, auf akustischem G. Fant [Malmberg's Manual, pp. 173–277]. Eine gleichzeitig artikulatorische, akustische und teilweise auch auditive Klassifizierung versuchen Jakobson, Fant und Halle [Preliminaries]. Deren historisches Verdienst ist es, daß sie eine solche Übersicht gewagt und damit der linguistischen Fachwelt die Möglichkeiten der akustischen Phonetik vor Augen geführt haben. Ihre Arbeit ist als Diskussionsgrundlage gemeint. Allein wegen der Knappheit der Formulierungen ist es oft nicht leicht, den Interpretationen des akustischen Materials zu folgen. Manchmal fragt man sich auch, wie so schöne und eindeutige Unterschiede in den sonagraphischen Bildern zustandegekommen sind. Die Unterscheidung von engl. [b] als *mellow* (mit Formantenstruktur) und engl. [s] als *strident* kann ich z.B. auf anderen Sonagrammen nicht wiedererkennen, selbst nicht auf Fants eigenem Bild des schwedischen [s]; vgl.: "The superimposed formant fine structure of the [s] of fig. 40 [ein Kennzeichen der *mellowness*; Verf.] is exceptionally large and should not be regarded as normal" [Acoustic analysis and synthesis of speech with applications to Swedish, p. 89; Ericsson Technics 1, Stockholm 1959]. Einige der Unter-

ihren Bewegungen während des Artikulationsvorganges. Diese Organe sind:

1. Der infraglottale Windkessel (Lunge, Brustkorb, Zwerchfell): Er steuert einen Luftstrom entweder von außen nach innen (ingressive Artikulation) oder von innen nach außen (egressive Artikulation).

2. Der Kehlkopf mit den Stimmbändern[8]: Periodische rasche Öffnungs- und Schließbewegungen der Stimmbänder lassen den Luftstrom nicht fortlaufend, sondern in Portiönchen heraustreten und erzeugen dabei den Stimmton. Es gibt verschiedene Stimmqualitäten (weich ≠ hart, voll ≠ dünn ≠ dumpf) und Register (Brust-, Kopfstimme, *glottal fry*).

3. Der supraglottale Artikulationskanal[9] (Rachen, Mundhöhle, Nasenhöhle) mit den beweglichen Organen Zunge, Lippen, Gaumensegel, Gaumenbögen, Kehldeckel: Seine jeweilige, dauernder Veränderung unterworfene Form modifiziert («filtert») den Stimmton zu einer bestimmten Klangfarbe. Der Luftstrom «reibt» sich an engen Stellen im Artikulationskanal und erzeugt dort ein (lokalisiertes) Reibegeräusch. Bei genügender Stärke erzeugt er ein Reibegeräusch auch bei weiter Öffnung des gesamten Artikulationskanals (Kanalgeräusch), z. B. bei dem «stimmlosen Vokal» [h].

Die akustische Phonetik stellt die beim Redegeräusch beobachtbaren Druckveränderungen in Form von Impulsen bildlich als Wellen dar. Eine solche Darstellung heißt Oszillogramm. Oszillogramme lassen sich visuell nach ihrem Aussehen klassifizieren, z. B. als symmetrisch gedämpft oder nach dem Vorhandensein kleiner Zacken (β-Schwingungen) auf den großen Wellen (α-Schwingungen)[10]. Der Abstand zwischen aufeinanderfolgenden Impulsen heißt eine Peri-

---

8 Engl. *vocal chords*, frz. *cordes vocales*, schwed. *stämband*, russ. *golosovyje svjazki*.

9 Engl. *vocal tract*, frz. *chenal expiratoire (susglottique)*, tractus vocal, schwed. *ansatsrör*, russ. *proiznositel'nyj apparat*.

10 Vgl. Holm, C.: Stimmgebung, Sprechen und Sprache; Freiburger Habilitationsschrift (1971).

---

scheidungen von Jakobson, Fant und Halle gelten ausdrücklich nur, "if the sounds have been properly normalized". Was heißt das? [Vgl. dazu Joos, M.: Language *33:* 412f., 1957]. Die modernste artikulatorische Klassifikation bietet P. Ladefoged, Preliminaries to linguistic phonetics, University Press, Chicago 1971 [crit. H. Pilch, Phonetica *31* (1975)], eine auditive versucht Vf., English Phonetics, Kap. 7 (Fink, München, in Vorbereitung).

ode. Je nachdem, ob ein Oszillogramm Perioden enthält oder nicht, sprechen wir von periodischen bzw. stochastischen Wellenformen.

Die Wellen des Oszillogramms kann man auf mathematischem oder maschinellem Wege zu Spektren analysieren. Die Parameter der Spektren heißen Frequenz und Intensität. Zu einem gegebenen Zeitpunkt ist in der Regel Intensität verschiedener Stärke (gemessen in Dezibel, Abk. *dB*) in verschiedenen Frequenzbereichen vorhanden (gemessen in Hertz, Abk. *Hz*). Die niedrigste Frequenz (bei periodischen Wellen ist sie umgekehrt proportional zur Dauer der Periode) heißt dabei die Grundfrequenz, die übrigen heißen die Harmonischen oder Obertöne[11] und werden numeriert in der Reihenfolge der Frequenzzahl als zweite Harmonische, dritte Harmonische usw.

Eine Maschine, die Spektren liefert, heißt Spektrograph. Die Bilder von Spektren, die sie zeichnet, heißen Spektrogramme. Der heute in der phonetischen Arbeit gebräuchlichste, besondere Spektrograph ist der Sonagraph der Kay Electric Company, Pine Brook, N. J. Die Bilder, die diese Maschine liefert, heißen Sonagramme.

Die Luftdruckschwankungen werden im inneren Ohr in Nervenimpulse umgesetzt. Sie werden dabei zunächst in der Weise modifiziert, daß das innere Ohr die Luftdruckschwankungen mit einer gewissen Trägheit und mit gewissen Verstärkungen (bzw. Dämpfungen) weiterleitet. Zeitlich rasch aufeinanderfolgende Druckschwankungen überlagern einander im inneren Ohr, z. B. die einzelnen, bei jeder periodischen Öffnung der Stimmbänder austretenden Luftportiönchen. Wir hören die so erzeugten periodischen Druckschwankungen bei den üblichen Frequenzen (etwa 100–250 Hz) nicht einzeln, sondern als fortlaufenden Stimmton. Niedrige Frequenzen, die wir einzeln hören, treten dagegen bei den sogenannten Zitterlauten (*r*-Lauten) auf. Das sind ballistische Öffnungs- und Schließbewegungen der Zungenspitze, des Zäpfchens, der Lippen, des Kehldeckels oder der Stimmbänder. Sehr niedrige Frequenz der Stimmbänder (unter 30 Hz) hören wir als Laryngalisierung, besonders beim Abklingen der Stimme am Ende von Äußerungen (z. B. am Ende von *Hase*; Abb. 1).

Das innere Ohr reagiert verschieden empfindlich auf verschiedene Frequenzbereiche. Am lautesten hören wir im Frequenzbereich zwi-

[11] Engl. *fundamental frequency, harmonics, overtones*, frz. *son fondamental, harmoniques*, schwed. *grundtonsfrekvens, deltoner, övertoner*, russ. *osnovnoj ton, částičnyje ili parcial'nyje tony (obertony)*.

schen 1000 und 2000 Hz (d. h., hier hören wir schon relativ geringe Intensitäten als laut), höhere und geringere Intensitäten hören wir zunehmend als leiser und schließlich (jenseits eines Bereiches etwa zwischen 40 und 18 000 Hz, der Bereich verengt sich mit zunehmendem Lebensalter) selbst bei starker (endlicher) Intensität gar nicht mehr.

Die vom inneren Ohr (mit einer Frequenz bis zu 900 Hz) ausgehenden Nervenimpulse werden im Gehirn als phonematische Einheiten der jeweiligen Sprache (und weiter als Wörter, Sätze, Mitteilungen usw.) erkannt. Diese Erkennung beruht auf lange geübten Gewohnheiten. Die Erlernung einer Sprache besteht (unter anderem) in der Einübung dieser Gewohnheiten[12].

Man hat viel darüber nachgedacht, ob die akustischen oder die artikulatorischen Parameter besser seien[13]. Die dritte Möglichkeit, die auditive Analyse, hat man bis heute kaum beachtet. Die Frage ist schlecht gestellt. Das «Wesen» oder die «Natur» sprachlicher Lautelemente sind an sich weder vorwiegend artikulatorisch noch akustisch noch auditiv. Artikulation, Luftdruck und Hören sind drei verschiedene Formen, unter denen wir das Redegeräusch beobachten und in Parameter zerlegen können. Wenn eine der drei Formen im sprachlichen Bereich gewichtiger sein sollte als die beiden anderen, so kann es nur die auditive sein. Wir hören und verstehen sprachliche Rede bekanntlich nicht mit Hilfe elektrischer Geräte oder mathematischer Fourierreihen, sondern mit Hilfe unseres Gehörs. Selbst beim Sprechen hören wir uns selbst und kontrollieren unsere Artikulationsbewegungen auditiv. Wir hören es, wenn wir uns versprechen, und korrigieren uns sofort.

Die auditive Kontrolle (engl. *auditory feedback*) läßt bei dem als sensorische Aphasie bekannten Krankheitsbild nach. Die Patienten sprechen flüssig, versprechen sich aber immer häufiger. Ihre Rede wird schließlich unverständlich, ohne daß sie dies selbst bemerken *(Jargonaphasie)*.

Nur was wir hören, kann deshalb in sprachlicher Verständigung eine Rolle spielen. Der gleiche Gehörseindruck kann durch verschiedene Schallwellen und durch verschiedene Artikulationsbewegungen

12 Die auditive Wahrnehmung analysiert Lafon (Literaturverzeichnis, Abschnitt 3).
13 Vgl. die Zusammenfassung bei O. Jespersen [Phonetische Grundfragen, pp. 72ff.; Berlin/Leipzig 1904] und das Streitgespräch Førchhammer–Malmberg, besonders Malmberg, B.: Le problème du classement des sons du langage et quelques questions connexes, Studia linguist. 6: 1–56 (1952).

erzeugt werden[14]. Akustischen und artikulatorischen Unterschieden, denen keine hörbaren Unterschiede entsprechen, kann keine kommunikative Bedeutung zukommen. Unhörbare Unterschiede können z.B. nie Oppositionen bilden. Zur Opposition gehört nämlich kraft Definition ein hörbarer Unterschied.

Andrerseits kann, wie E. Zwirner[15] zeigt, auch die (nicht unmittelbar hörbare) statistische Verteilung akustischer Meßergebnisse zum festen Bestand von Sprachen gehören. Solche statistischen Unterschiede, «deren Beherrschung sich dem Willen und Wissen des Sprechenden entzieht»[16] (und auch des Hörenden), mögen bei sprachhistorischen Veränderungen eine Rolle spielen.

Ebenso wie gleiche, so können grundsätzlich auch ähnliche Gehörseindrücke durch ganz verschiedene Artikulationen oder Schallwellen hervorgerufen werden. Wir fassen z.B. üblicherweise [l] und [r] im Anlaut von dt. *Lied, riet* zur Klasse Liquidae zusammen und meinen, beide klängen einander ähnlich. Zwischen der Artikulation beider Elemente besteht aber keine besondere Ähnlichkeit[17]. Es wird [r] durch eine Reihe schneller, ballistischer Bewegungen der Zungenspitze (oder des Zäpfchens) gebildet. Bei [l] liegt die Zungenspitze fest an den Oberzähnen, und Luft strömt zu beiden Seiten der Zunge aus. Akustisch sind [l] und [r] lediglich negativ gegenüber den Vokalen gekennzeichnet. Wie diese haben sie Linienspektren, aber mit geringerer Intensität und anderen Formanten als die Vokale[18]. Darüber hinaus ähneln aber die *l*-Formanten den *r*-Formanten nicht besonders.

An der auditiven Ähnlichkeit beider Konsonanten besteht trotzdem kein Zweifel. Sie wird bezeugt durch englische Koseformen wie *Doll* zu *Dorothy* und durch häufige Verwechslungen. Japaner geben das [l] des Englischen und Deutschen regelmäßig durch [r] wieder, z.B. *raw* für *law*, *biorogy* für *biology*. Das gleiche geschieht in japanischen Lehnwörtern aus dem Englischen wie *besboru* ‹baseball›. Ähnliche Vertauschung kennen wir aus der Geschichte der europäischen Sprachen, z.B. engl. *colonel* [kəʳnl]] < frz. *colonel*, frz. *pèlerin* < lat. *peregrinus*, frz. *flairer* < lat. *fragrare*.

14 Vgl. die Beispiele bei Malmberg [op. cit.].
15 Grundfragen, pp. 166f.; Phonometrische Isophone der Quantität deutscher Mundarten, Phonetica *4:* 93-125 (1959).
16 Phonetica *4:* 107 (1959).
17 Hierauf weist A. Martinet in seiner Besprechung zu Trubeckoj [Grundzüge, Bull. Soc. linguist., Paris *42:* 2, 27f.] hin.
18 Zu den Ausdrücken *Linienspektrum, Intensität, Formant* vgl. pp. 37, 46, 51.

Die meisten Forscher ziehen die artikulatorische Beschreibung der akustischen vor – entweder weil sie oder ihre Leser die akustische Phonetik nicht genügend beherrschen [19] oder weil die artikulatorische ihrer Meinung nach der Erfahrung des Sprechers bzw. den sprachhistorischen Veränderungen näher steht [20].

Die «klassische Phonetik» (Rousselot, Sweet, Jespersen) arbeitet vorzugsweise artikulatorisch. Ihren großen Vertretern waren akustische Untersuchungsmethoden zwar nicht fremd. Der Aufschwung der akustischen Phonetik begann jedoch erst nach dem letzten Weltkrieg – vor allem dank der Erfindung des Sonagraphen. Die auditive Phonetik steckt noch in den Anfängen. Bisher werden auditive Parameter noch kaum systematisch angewandt. Andrerseits arbeitet schon die klassische Phonetik implicite mit auditiven Kriterien.

Die Vermischung artikulatorischer und auditiver Maßstäbe spiegelt sich in den hergebrachten Fachtermini für Klassen von (artikulatorisch beschriebenen) Lautelementen. Man unterscheidet Verschlüsse (artikulatorisch) von Reibelauten (auditiv), Geräuschlaute oder Mutae (auditiv) von Liquiden (auditiv) und Nasalen (artikulatorisch). D. Jones hat ein System von acht «Kardinalvokalen» entwickelt. Darin sind Nr. 1 [i] und Nr. 5 [ɑ] artikulatorisch bestimmt, und zwar [i] als der am höchsten und am weitesten vorne, [ɑ] als der am tiefsten und am weitesten hinten sprechbare Vokal. Die übrigen Kardinalvokale werden als auditiv gleich weit voneinander entfernt angegeben: «Cardinal vowels Nos. 2, 3 and 4 are vowels of the 'front' series selected so as to form (as nearly as can be *judged by ear*) equal degrees of acoustic [21] separation between Nos. 1 and 5. Nos. 6, 7 and 8 are selected so as to continue these equal degrees of *acoustic* separation in the back series of vowels (as nearly as can be *judged by ear*)" [22].

---

19 Vgl.: «Our reasons for adopting the physiological approach are practical» [Bloch, B.: Language *24:* 44, 1948]; «Nous opérons ici avec les données articulatoires qui sont plus accessibles et mieux connues» [Martinet, A.: Economie, p. 68]; ähnlich Pilch, H.: Kuhns Z. *75:* 28 (1957).

20 Vgl.: "It (the use of articulatory phonetics) may reflect a certain use of the same frame of reference by the speakers of a language" [Hockett: Course in modern linguistics, p. 119; McMillan, New York 1958; ähnlich Pike: Blue Book, § 8.41]. Dagegen: "The theoretically unlikely surmise of a closer relationship between perception and articulation than between perception and its immediate stimulus finds no corroboration in experience" [Jakobson und Halle: Fundamentals, p. 34]. Umstritten ist hiermit die Hypothese von der artikulatorischen Rückkopplung (engl. *articulatory feedback*, frz. *rétroaction articulatoire*). Diese entkräftet neuerdings H. Lane [Phonetica *23:* 94–125, 1971].

«Mais la phonétique articulatoire ... permet de mieux percevoir la causalité des changements phonétiques» [Martinet: Eléments, p. 45]. Dagegen: «Mais je crois que le point de vue auditive ou acoustique est importante, par example pour expliquer les changements de spirante: ƥ > f, ou bien l'évolution des voyelles nasales: ĩ > ẽ > ɛ̃ > ã > õ par un plus grand écartement des harmoniques» [Haudricourt: Montreal Proceedings, p. 174]. Vgl. auch Pilch, H.: Anglia *80:* 142 (1962); sowie zum frühneuenglischen Spirantentausch vorliegendes Buch, p. 61.

21 Gemeint ist *auditory*.

22 The pronunciation of English; 3. Aufl., p. 20 (University Press, Cambridge 1955; Auszeichnung vom Verfasser). Die Ausdrücke *equal degree of separation* oder *gleiche Entfernung* bedeuten, daß nach dem impressionistischen Urteil eines Hörers die betreffenden Vokale einander gleich ähnlich sind. Martinet [Economie, pp. 60, 255; Eléments, p. 209] spricht in offenbar gleichem Sinn von *équidistance*.

A. Martinet grenzt die Vokale mit einer artikulatorischen Definition gegen auditiv bestimmten Konsonanten ab: «Les voyelles représentent la voix diversement teintée par la forme de *la cavité buccale* ... On nomme consonnes les sons qui *se perçoivent* mal sans le soutien d'une voyelle précédente ou suivante»[23].

Zwischen dem auditiven und dem akustischen Bereich unterschied man bis vor kurzer Zeit überhaupt nicht, sondern gebrauchte für beide das Beiwort *akustisch*. J. Marouzeau [Lexique de la terminologie linguistique; 3. Aufl., Paris 1951] definiert beide Ausdrücke praktisch gleich: «*acoustique* qui concerne l'impression reçue par l'oreille; *auditif* ... qui a l'oreille pour l'instrument de perception» [vgl. auch D. Jones im eben angeführten Zitat]. A. Haudricourt meint: «Le point de vue auditif n'a rien à gagner à être exprimé en termes distincts de l'acoustique» [Montreal Proceedings, p. 174]. Klare Scheidung der drei Bereiche fassen unter anderen E. und K. Zwirner[21], B. Bloch[25], Jakobson, Fant und Halle[26], G. Hammarström[27], E. Sivertsen[28] und Z. Džaparidze[29] ins Auge.

In den letzten Jahren sind viele psychoakustische Versuche vorgenommen worden. Dabei spielt man Versuchspersonen bestimmte, synthetisch erzeugte Geräusche vor. Die Versuchspersonen müssen diese Geräusche Lautelementen ihrer Muttersprache zuordnen. Solche Versuche liefern Materialien zur auditiven Unterscheidbarkeit bestimmter akustischer Parameter. Letztere sind in synthetischen Geräuschen besser kontrollierbar als in natürlicher Rede.

2. *Phonetische Parameter*

a) Klingen oder Rauschen[30]

Klingende Elemente oder Klänge haben «musikalische Qualität». Reine Klänge (ohne Beimischung von Rauschen) sind etwa die Töne einer (gut gespielten) Geige oder eines (nicht reparaturbedürftigen) Klaviers. Als Klänge hören wir z. B. die deutschen Vokale und die Sonanten [l r m n ŋ]. Auf einer schlecht gespielten Geige entstehen außer den musikalischen Tönen oft noch Kratzgeräusche des Bogens. Manche Klaviertasten klirren oder klappern beim Anschlag. Diese Nebengeräusche gehören nicht zur Musik und werden als Mängel gewertet. Ihnen fehlt die musikalische Qualität. Wir gebrauchen

---

23 Eléments, pp. 47, 48 (Auszeichnung vom Verfasser).
24 Grundfragen, p. 126.
25 Language *24:* 43f. (1948).
26 Preliminaries, p. 12.
27 Inquéritos linguísticos, Revista de Portugal Série A *26:* 24f. (Lissabon 1961); Word *23:* 253–256 (1967).
28 Fonologi, Kap. 2–4.
29 Nekotoryje voprosy perceptivnoj fonetiki; Sammelband: Voprosy analiza reči, pp. 39–51 (Mecniereba, Tiflis 1969).
30 Engl. *tone, (white) noise*, frz. *son, bruit blanc*, schwed. *klang (ton), buller (brus)*, russ. *tony, šumy*.

Phonemtheorie 42

Abb. 1

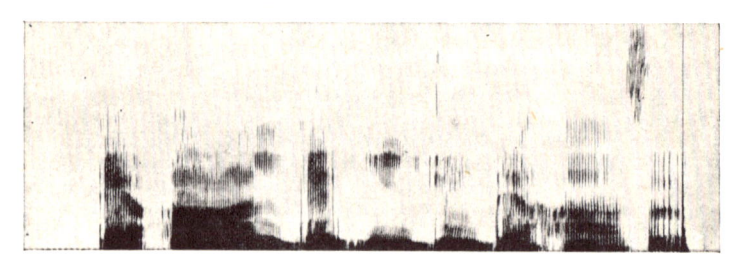

d e ə '? a   l d e ə '? i g l   d e ə 'h a z ɪ
  der Aal   der Igel   der Hase

Abb. 2

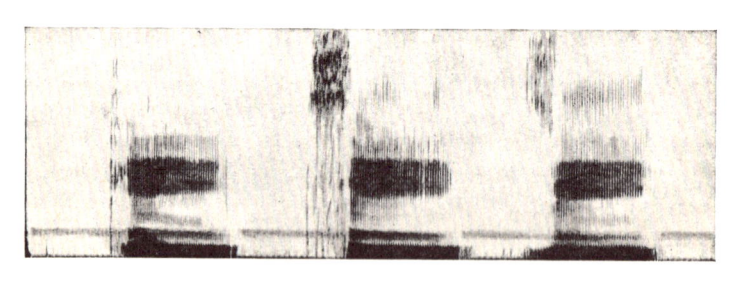

t e   c e   z e
Tee   Zeh   See

Abb. 3

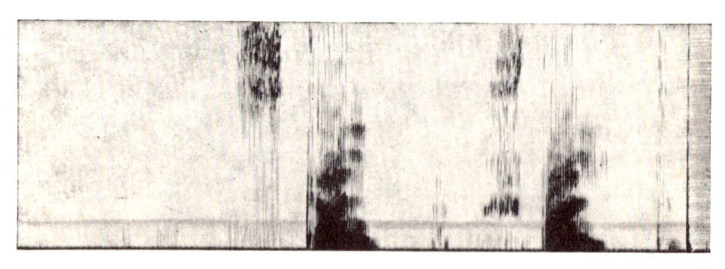

's k a l p   'š p a l t
Skalp   Spalt

Ähnlichkeit und Verwandtschaft

Abb. 4

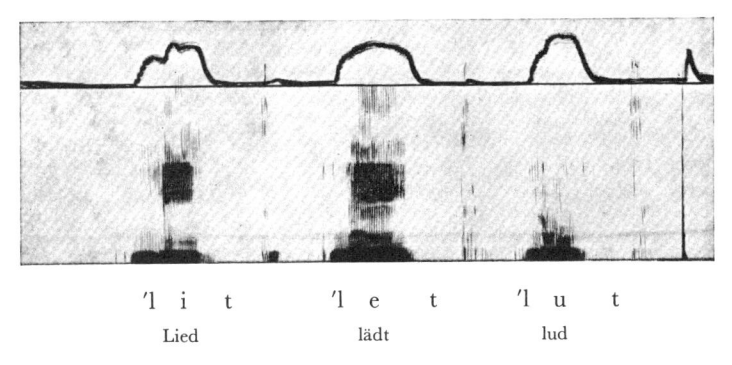

′l　i　t　　　　′l　e　t　　　　′l　u　t
Lied　　　　　　lädt　　　　　　lud

Abb. 5

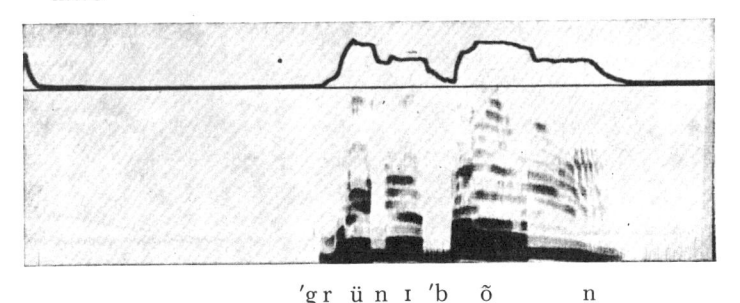

′gr　ü　n　ɪ　′b　õ　　　n
grüne　　　Bohnen

Hohe, weibliche Stimme, Harmonische besser sichtbar als Formanten

Abb. 6

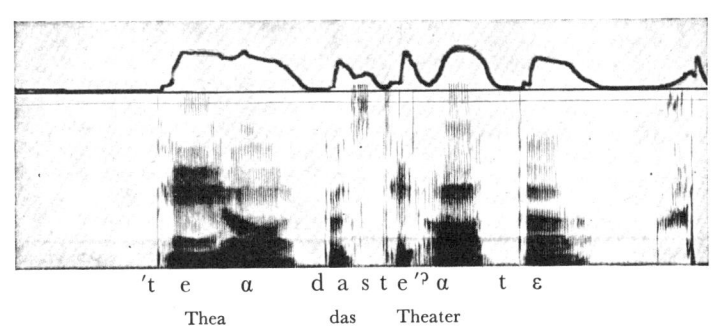

′t　e　ɑ　　　d　a　s　t　e　′ʔ　ɑ　　t　ɛ
Thea　　　　　das　　　　Theater

Phonemtheorie 44

Abb. 7

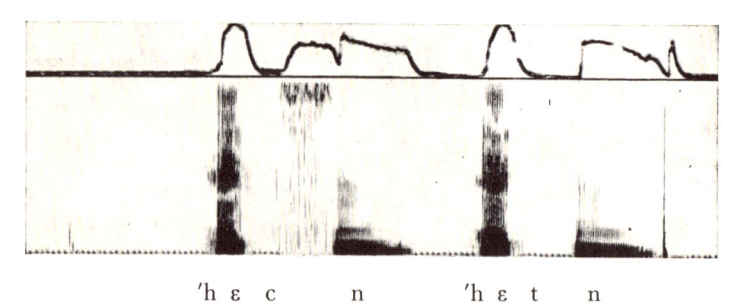

ʼh ɛ c   n   ʼh ɛ t   n
 hetzen   hätten

Abb. 8

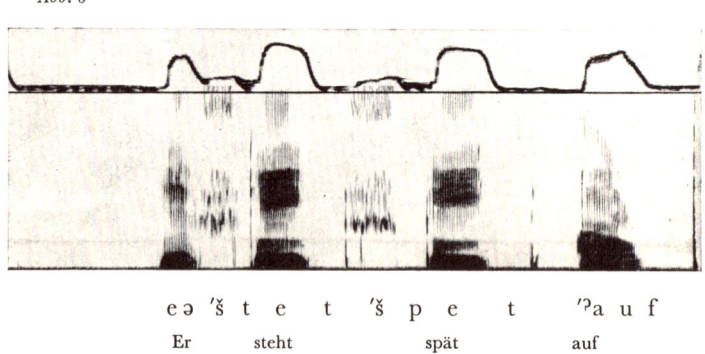

e ə ʼš t e t   ʼš p e t   ʼʔa u f
Er   steht   spät   auf

Abb. 9

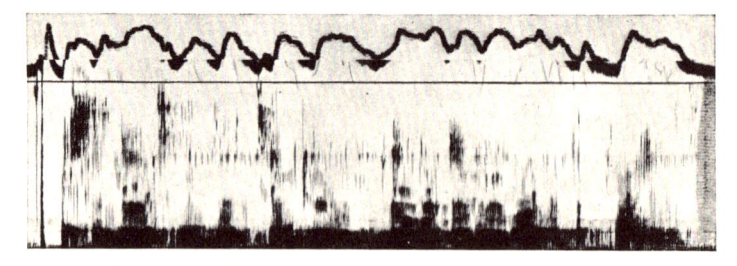

(jaŋ) ksəʼme·zməntDə ʼtıŋ k ə r   ʼlo ɚd evriwonəD əʼpain (ts)
To the Yank's amazement the tinker – lowered everyone of the pints

Abb. 10

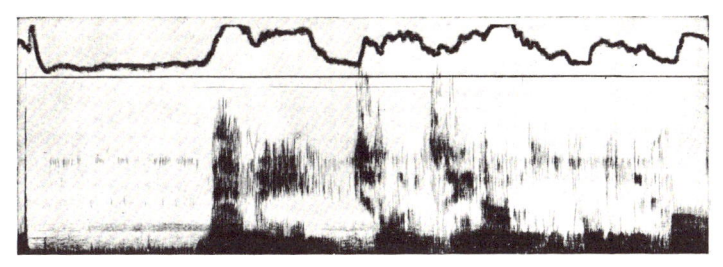

m e b i　　'tur T r i 'a rsbə 'forjibɪ'kɑ (l)
may be　　two or three　hours　before you be called

Abb. 11

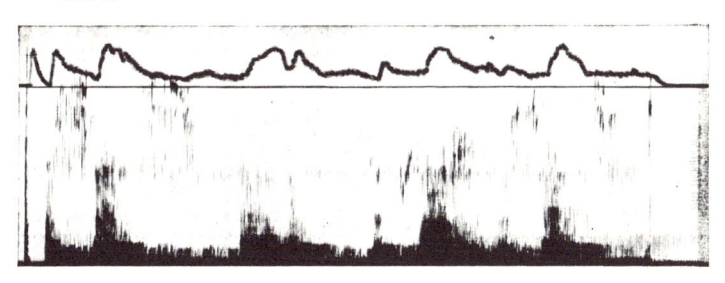

D ə's ɛ t s　　*a* n Də　　Də'pl*a*tə Də 's ɛ t s
the　sets　　and the –　　the plot of the sets

Abb. 12

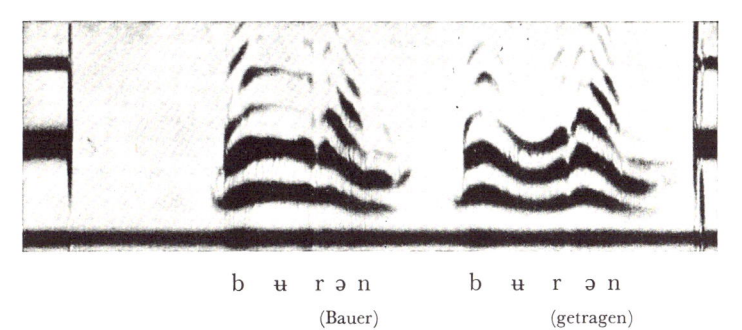

b ʉ r ə n　　　b ʉ r ə n
(Bauer)　　　(getragen)

Skalenvergrößerung senkrecht 10:1, Harmonische deutlich sichtbar

Rauschen als allgemeine Bezeichnung aller nichtmusikalischen Töne (Klänge). Als rauschend hören wir alle stimmlosen Lautelemente, z. B. dt. [s š p t k].

Akustisch entspricht dem gehörten Klang ein Linienspektrum, dem gehörten Rauschen ein Rauschspektrum[31]. Ein Linienspektrum zeichnet sich auf mit Breitbandfilter aufgenommenem Sonagramm durch in kurzen, regelmäßigen Abständen erscheinende, senkrechte Linien aus, sofern die Grundfrequenz die (ebenfalls in Hz gemessene) Bandbreite des Filters nicht übersteigt[32]. Der Abstand dieser Linien voneinander ist proportional zur Periodendauer, d. h. weiter auseinander liegende Linien bedeuten niedere Frequenz. Ein Rauschspektrum weist keine solchen Linien auf, sondern größere, zusammenhängende, dunkle Flecke; vgl. die Sonagramme von *Tee, Zeh* (Abb. 2), *Spalt, Skalp* (Abb. 3).

Artikulatorisch entstehen Linienspektren durch periodische Stimmbandschwingungen, Rauschspektren durch Reibung im Artikulationskanal (vgl. p. 36).

Eine Reibung im Artikulationskanal kann auch bei gleichzeitiger Schwingung der Stimmbänder eintreten. In diesem Falle erscheint auf dem Sonagramm zusätzlich zum üblichen Rauschspektrum eine Reihe von senkrechten, schwarzen Strichen am unteren Rand, die sogenannte Voice bar (das ist der unterste dicke, schwarze Strich auf Abbildung 4; das Teilstück nach dem [t] von *Lied* zeigt stimmhafte Verschlußlösung an). Die Voice bar ist sichtbar beim anlautenden [z] in *See*, fehlt bei anlautendem [t c] in *Tee, Zeh* (Abb. 2). Die Intensität des Geräusches ist bei solchen Mischspektren im allgemeinen geringer als bei Rauschspektren, und manchmal sieht man auf dem oberen Teil des Sonagramms neben den schwarzen Flecken auch die für Linienspektren kennzeichnenden senkrechten Linien; vgl. [z] in *See* (Abb. 2). Ein Mischspektrum liefern auch nordostdt. [ž] in *wischig* [vižiç] und [b d g v] im Anlaut von dt. *Baß, das, Gas, was*. Wir hören es als Verbindung von Klingen und Rauschen.

Die dreifache Gliederung in Linien-, Rausch- und Mischspektren deckt sich nicht ganz mit der landläufigen Einteilung in Vokale, stimmlose und stimmhafte Konsonanten.

31 Engl. *line spectrum, noise spectrum*, frz. *spectre de ligne, de bruit*, schwed. *harmoniskt spektrum, brusspektrum*, russ. *tonal'nyj, šumovoj spektr*.
32 Der Ausdruck *Linienspektrum* ist älter als das Breitbandsonagramm, hat also nichts mit dessen senkrechten Linien zu tun.

Das liegt daran, daß die Unterscheidung Vokal–Konsonant auf distributionellen, nicht auf auditiven und akustischen Kriterien beruht (vgl. p. 47). Die stimmhaften Liquiden und Nasale [l r m n ŋ] sind je nach Sprache stimmhafte Konsonanten oder Sonanten und gleichzeitig Klänge bzw. Mischtöne. Die stimmlosen Liquiden, z.B. der stimmlose Lateral [ɬ] des Kymrischen und Isländischen, und die stimmlosen Vokale des Finnischen und Lappischen liefern Rauschspektren (vgl. das Rauschspektrum von dt. [h] in *hätten, hetzen;* Abb. 7). Unsere Einteilung deckt sich besser mit derjenigen in stimmlose Laute (Rauschspektren), stimmhafte Geräuschlaute (Mischspektren) und Sonorlaute[33] (d.h. stimmhafte Elemente ohne Reibegeräusch, die reine Linienspektren liefern).

b) Scharfer oder weicher Einsatz[34]

Elemente, die mit einem Knack- oder Knallgeräusch beginnen, setzen scharf ein. Alle übrigen Elemente setzen weich ein. Einen scharfen Einsatz haben dt. [p t c] im Anlaut von *Tee, Zeh* (Abb. 2), im Auslaut von *Spalt, Skalp* (Abb. 3) und im Inlaut von *hätten, hetzen* (Abb. 7). Ebenfalls scharf setzen englische und deutsche Vokale nach Pause ein und die Tonvokale in Wörtern wie dt. *erinnern, Theater* (Abb. 6, scharfer Einsatz bei Vokal durch [ʔ] bezeichnet). Weich setzen dagegen im Deutschen [z s š h] im Anlaut von *See* (Abb. 2), *Skalp, Spalt* (Abb. 3), *hätten, hetzen* (Abb. 7) ein, ebenso [l] und die Vokale in *Lied, lädt, lud* (Abb. 4) und überhaupt alle auf gleichsilbigen Konsonanten folgende Vokale; vgl. den Unterschied zwischen weich einsetzendem [a] in *Thea* und hart einsetzendem [a] in *Theater* (Abb. 6).

Scharfer Einsatz liefert auf dem Sonagramm einen scharfen, senkrechten Strich. Weicher Einsatz erzeugt keinen solchen Strich. Bei scharfem Einsatz schließt bzw. öffnet sich der Artikulationskanal an irgendeiner Stelle plötzlich unter Luftdruck. Bei Schließung sprechen wir von **implosiver**, bei Öffnung von **explosiver** Artikulation. Bei weichem Einsatz schließt sich der Artikulationskanal nicht vollständig, und das Geräusch baut sich allmählich auf.

Der Luftdruck hinter dem Verschluß im Artikulationskanal kann verschieden stark sein und braucht im Grenzfalle den äußeren Druck nur um ein Geringes zu übersteigen. Je schwächer der Luftdruck, um

---

33 Engl. *voiceless obstruents, voiced obstruents, resonants*, frz. *sourdes, bruits voisés (sonores), sons*, schwed. *tonlösa, tonande brusljud, sonorljud*, russ. *gluchije, zvonkije šumnyje, sonornyje*.

34 Engl. *abrupt, smooth onset*. Jakobson, Fant und Halle [Preliminaries] sprechen von *discontinuous* im Gegensatz zu *continuous* (elements); frz. *attaque dure, douce*, russ. *(ne)preryvnost'* [Šaumjan: Problemy, p. 125].

so schwächer werden auch der senkrechte Strich auf dem Sonagramm und um so leiser das Knackgeräusch. In der Praxis ist der Strich auf dem Sonagramm oft nicht sichtbar. Dies ist bei den hibernoenglischen Verschlüssen [p b] der Fall, z.B. in *pints* (Abb. 9), *plot* (Abb. 11). Wesentlich schärfer setzt hibernoengl. [t] in *two* ein (Abb. 10)[35]. Ein Einsatz ist also nicht entweder scharf oder weich, sondern es gibt eine kontinuierliche Skala von Graden der Einsatzschärfe.

Manchmal zeigt sich der scharfe Einsatz nur in Form einer kurzen Unterbrechung der Schallwelle. Diese entspricht auditiv einer kurzen Pause, artikulatorisch der Zeitspanne, in der der Artikulationskanal völlig geschlossen ist; vgl. die Einsätze des [a] in *der Aal* (Abb. 1), *das Theater* (Abb. 6). Solche Verschlüsse hört man besonders im Inlaut in süddeutscher Aussprache (z.B. in *Lippe, Wetter, Ecke=Egge*). Artikulatorisch bewirkt der Verschluß hier lediglich eine kurze Unterbrechung des Luftstroms, ohne daß sich dabei Luftdruck aufbaut. Wo letzteres der Fall ist, sieht man für inlautende Verschlüsse auf dem Sonagramm zwei senkrechte Striche, je einen für Schließung (Implosion) und Öffnung (Explosion) des Artikulationskanals; vgl. *Igel* (Abb. 1).

In manchen Sprachen, z.B. im Deutschen und Englischen, setzen Vokale im Anlaut nach Pause routinemäßig scharf ein. Im Niederländischen und Französischen setzen anlautende Vokale dagegen weich ein, d.h., die Stimmbänder sind schon zu Beginn der Artikulation geöffnet; vgl. *alles* dt. [ʔalɪs], nld. [alɪs]. Das Französische und Finnische beschränken den scharfen Vokaleinsatz auf Emphase, z.B. im sogenannten *accent d'insistance*.

Die Einteilung in Elemente mit scharfem und weichem Einsatz deckt sich ungefähr mit der Zweiheit von Verschlüssen und Dauerlauten[36], jedoch gehören auch die Affrikaten, die mit glottalem Verschluß einsetzenden Vokale und auch die Nasale [m n] des Englischen[37] zur ersten, nicht zur zweiten Gruppe.

Ein auf Tonband aufgenommener weicher Einsatz läßt sich mechanisch in einen harten verwandeln. Man löscht dazu etwa auf der Aufnahme der englischen Wörter *shin, sorry* mit weich einsetzenden [š] und [s] den Anfang jedes Wortes aus. Soweit man gelöscht hat, ist jetzt kein Geräusch mehr hörbar. Unmittelbar danach setzt es plötzlich ein. Dieser plötzliche Einsatz klingt jetzt scharf. Wir hören die Wörter deshalb nicht mehr mit weichem, sondern mit scharfem Anlaut als *chin, tsarry* ‹zum Zaren gehörig›[38].

35 Dialekt aus der Stadt Galway. Sprecher: Mr. Tom King.
36 Engl. *stops, continuants*, frz. *occlusives, continues*, schwed. *klusiler, uthållna ljud*, russ. *smyčnyje (vzryvnyje), dlitel'nyje*.
37 Vgl. p. 50 über [m] in engl. *mump*.
38 Vgl. Pilch, H.: Anglia *77:* 419 (1959).

c) Scharfer oder weicher Abglitt [39]

Ein gegebenes Element kann plötzlich oder allmählich abklingen. Diesem Gehörseindruck entspricht akustisch die Abklingzeit, d.h. die Zeit zwischen maximaler Intensität und dem nächsten Intensitätsminimum (sichtbar in der Intensitätskurve oben auf den Abbildungen 4–11) [40]. Artikulatorisch bedeutet scharfer Abglitt eine plötzliche Öffnung bzw. Schließung des Artikulationskanals. Scharf gleiten dt. [t k] in *Tee* (Abb. 2), *Skalp* (Abb. 3) ab, weich dagegen dt. [c č] in *hetzen* (Abb. 7), *Zeh* (Abb. 2), *hätscheln*. Bei scharfem Abglitt erscheint auf dem Sonagramm zunächst der senkrechte Strich für scharfen Einsatz, dann folgt ein zeitlich ganz kurzes und schwaches Rauschspektrum. Bei weichem Abglitt ist das Rauschspektrum länger und stärker. Bei scharfem Abglitt öffnet sich der Artikulationskanal schnell und weit, bei weichem Abglitt langsam. Wenn sich der Kanal ganz wenig geöffnet hat, entsteht an der dadurch hervorgerufenen Enge ein Reibegeräusch. Bei schneller Öffnung ist dieses Übergangsstadium kurz, bei langsamer Öffnung dauert es länger.

Da die genaue Länge des Reibegeräusches beliebig viele verschiedene Werte haben kann, sind auch zwischen scharfem und weichem Abglitt beliebig viele Gradabstufungen möglich. Die deutschen und französischen Verschlüsse [p b] in *Pelle*, *belle*, frz. *pons*, *bon*, gleiten wesentlich schärfer ab als die dänischen [p t] in *pille*, *til* und die hibernoenglischen [p t k] in *people*, *tinker* (Abb. 9), *two* (Abb. 10), *called* (Abb. 10). Besonders weich gleiten das auslautende [t] des Hibernoenglischen und die hibernoenglischen palatalisierten Konsonanten im Auslaut ab, z.B. in *plot* (Abb. 11), *put*, *got*, *speak* (mit auslautendem, palatalisiertem [k]) [41].

Scharfen Abglitt haben die deutschen Anlaute [šp št sk] in *spät*, *steht* (Abb. 8), *Skalp*, *Spalt* (Abb. 3) und die englischen Auslaute [mp nt ŋk] in *bump*, *bunt*, *bunk*. Weichen Abglitt haben die anlautenden [z] in dt. *See* (Abb. 2), [m n] in engl. *mump*, *nun* sowie die auslautenden [m n ŋ s] in engl. *bum*, *bun*, *bung*, *sets* (Abb. 11). Scharf gleiten vermutlich auch die dänischen Vokale mit Stoßton (dän. *stød*) ab in den letzten Silben von dän. *problem*, *København* usw.

---

39 Engl. *abrupt*, *smooth offglide*, frz. *détente brusque*, *douce*.
40 Nach Mitteilung von D. Lange, Kiel.
41 Vgl. Pilch, H.: Anglia *77:* 420 und Sonagramme (1959).

Im Abglitt unterscheiden sich die sogenannten «langen» und gespannten Vokale des Deutschen von den sogenannten «kurzen», entspannten Vokalen [42]. Weichen Abglitt sehen wir bei den Vokalen in dt. *Lied, lud, lädt* (Abb. 4), *Igel* (Abb. 1), dagegen scharfen Abglitt bei den Tonvokalen von *hätten, hetzen* (Abb. 7), *das* (Abb. 6). Bei weichem Abglitt wird der Lungenstoß von den Rippenfellmuskeln aufgefangen, bei scharfem Abglitt von einer Enge im Artikulationskanal, d.h. von einem silbenaus- bzw. -inlautenden Konsonanten. Auch hier müssen wir mit verschiedenen Stärkegraden rechnen. Am Auffang des Lungenstoßes können Rippenfell und artikulatorische Engen gleichzeitig und in verschiedenem Grade beteiligt sein.

Die Einteilung in Elemente mit scharfem und weichem Abglitt deckt sich bei Konsonanten ungefähr mit derjenigen in Verschlüsse und Affrikaten [43], bei Vokalen ungefähr mit derjenigen in gespannte und entspannte Vokale.

Ein auf Tonband aufgenommener weicher Abglitt läßt sich mechanisch in einen harten verwandeln. Man braucht dazu nur die zeitliche Dauer des Abglitts genügend zu verkürzen. Löscht man auf dem Tonband von engl. *chin, tsarry* einen Teil der einsetzenden [č c] aus, so hört man *tin, tarry* (mit scharfem Abglitt).

Spielt man scharfen Abglitt rückwärts auf Tonband, so hört man scharfen Einsatz. Weicher Abglitt ergibt, rückwärts gespielt, weichen Einsatz. Das englische Wort *mump* mit scharf einsetzendem Anlaut und scharf abgleitendem Auslaut erklingt daher rückwärts ebenfalls mit scharfem Einsatz und scharfem Auslaut, also ebenfalls als *mump* [44].

42 Engl. *tense* and *lax vowels*, frz. *voyelles tendues* et *relâchées*, schwed. *spända* och *ospända vokaler*, russ. *naprjažonnyje* i *nenaprjažonnyje glasnyje*.

Tatsächlich werden die «langen» Vokale nur in Teilen des deutschen Sprachgebietes, vor allem im Süden und Nordwesten, länger gesprochen als die «kurzen» Vokale. In der norddeutschen Umgangssprache ist der Längenunterschied der Tonvokale von *offen* und *Ofen* nicht hörbar oder selten hörbar; vgl. Jørgensen, H. P.: Die gespannten und ungespannten Vokale in der norddeutschen Hochsprache, Phonetica *19:* 217–245 (1969).

Bei betont langsamer und deutlicher Aussprache – etwa Diktieren bei lauten Nebengeräuschen – werden auch in norddeutscher Aussprache die «langen» Vokale tatsächlich gelängt. Die «kurzen» Vokale behalten auch in diesem Redestil ihre normale Dauer. Gelängt werden dabei jedoch die auf die «kurzen» Vokale folgenden Konsonanten. Im Diktiertempo entstehen auf diese Weise auch im Deutschen die beiden distinktiv verschiedenen Gruppen $\overline{V}C$ und $V\overline{C}$ (vgl. p. 108).

43 Jakobson, Fant und Halle [Preliminaries, pp. 23–26] nennen die Verschlüsse mit scharfem Abglitt *mellow* im Gegensatz zu den als *strident* gekennzeichneten Verschlüssen mit weichem Abglitt (Affrikaten); frz. *mates* oder *douces, stridentes* [Martinet: Economie, p. 125; Lafon: Message et phonétique, p. 129]. Engl. *strident, mellow* heißen dt. *scharfklingend, sanftklingend*, russ. *jarkij, nejarkij* [Jakobson, R.: Kindersprache, p. 393; Šaumjan, S. K.: Strukturnaja lingvistika, p. 102; Nauka, Moskau 1965].

44 Über diesen Versuch berichtet Richard S. Harrell [Some English nasal articulations, Language *34:* 492f., 1958].

d) Klangfarbe[45]

Die bisher von uns verzeichneten Schallmerkmale betrafen einerseits den Gesamteindruck Klang oder Rauschen, andrerseits den zeitlichen Verlauf der gehörten Elemente nach Einsatz und Abglitt. Elemente, die in ihrer klingenden bzw. rauschenden Qualität und nach Einsatz und Abglitt übereinstimmen, können wir voneinander nach ihrer Klangfarbe unterscheiden. Die Vokale in den deutschen Wörtern *Lied, lädt, lud* (Abb. 4) haben sämtlich klingende Qualität und gleiten weich ab. Wir können sie auditiv unterscheiden und sagen synästhetisch, der Klang sei jedesmal verschieden «gefärbt», und zwar klingt [i] dünner und heller als [e] und [u], [u] dumpfer als [e] und [i]. Die Vokale [a] in *Aal, Hase* klingen voller und dunkler als der Vokal [i] in *Igel*. Verschiedene Klangfarbe haben auch Konsonanten wie [s] und [š], [p] und [t] in dt. *Skalp, Spalt* (Abb. 3), und zwar klingt [s] heller und dünner als [š] ,[t] heller und dünner als [p].

Akustisch entspricht die Klangfarbe der Verteilung der Intensität auf bestimmte Frequenzen. Manche Frequenzbereiche sind sehr stark, andere so schwach, daß sie auf dem Sonagramm kaum noch zu sehen sind. Einen Frequenzbereich besonders starker Intensität nennt man einen Formanten[46]. Die Formanten beziffern wir innerhalb des Spektrums in der Reihenfolge ihrer Frequenzzahlen. Der am tiefsten liegende Formant, d.h. derjenige mit der kleinsten Hz-Zahl, heißt der erste Formant, der nächsthöhere der zweite Formant usw. Man notiert sie als F_1, F_2, F_3 usw.

Auf dem Sonagramm ordnen sich in der senkrechten Dimension von unten nach oben die Frequenzen an. Tiefere Formanten erscheinen also auch auf dem Papier unter den gleichzeitigen, höheren Formanten. Stärkere Intensität ist auf dem Sonagramm als tiefere Schwärze der Aufzeichnung sichtbar. Sie kann auch auf einer eigenen Intensitätskurve (Abb. 4–11, oberer Rand) sichtbar gemacht werden.

Der verschiedenen Klangfarbe und Intensitätsverteilung entsprechen im artikulatorischen Bereich verschiedene Formen des Artikulationskanals. Bei der Klassifizierung dieser Formen geht man aus von der engsten Stelle im Kanal. Der Raum zwischen der engsten Stelle und den Lippen bildet die Mundhöhle, der Raum zwischen der engsten Stelle und den Stimmbändern die Rachenhöhle[47]. Je kleiner

45 Engl., frz. *timbre*, schwed. *klangfärg*, russ. *tembr (okraska)*.
46 Engl., frz., schwed. *formant*, russ. *formanta*.
47 Engl. *mouth cavity, throat cavity*, frz. *cavité antérieure, postérieure*, schwed. *munhåla, svalg*, russ. *polost' rta, polost' glotki*.

die Mundhöhle, um so weiter vorne liegt die Artikulation. Je kleiner die Rachenhöhle, um so weiter hinten[48] wird artikuliert. Der Durchmesser der engsten Stelle im Artikulationskanal (in senkrechter Ebene zur Richtung des Luftstroms gemessen)[49] ist bei dt. [i e u] kleiner als bei [a]. Wir sagen, dt. [i e u] seien enge oder hohe Vokale im Gegensatz zum breiten, tiefen [a][50]. Die engste Stelle liegt bei [i e] weiter vorne als bei [u]. Man nennt [i] und [e] daher vordere Vokale, [u] einen hinteren Vokal.

Vereinfachend sagt man, der erste Formant (Rachenformant) werde in der Rachenhöhle erzeugt, der zweite (Mundformant)[51] in der Mundhöhle; vgl.: «Detta resonemang är pedagogiskt tilltalande genom sin enkelhet och har ett visst berättigande, om man avstår från att identifiera munhålans resonans med F_2 utan i stället sätter den i relation till en övre formantgrupp ... Vid exakta beräkningar av formantfrekvenser på grundval av ansatsrörets konfiguration måste denna delas upp i många fler delar än två resonatorer. Varje del av ansatsröret bidrar något till att bestämma frekvensläget för alla formanter, och omvänt är varje formant något beroende av alla delar av ansatsröret»[52].

Der Vokal [i] in *Lied* (Abb. 4) hat (über der Voice bar) einen tiefen ersten und einen hohen zweiten Formanten, beim Vokal [e] in *lädt* rücken die beiden ersten Formanten ein wenig enger aneinander, beim [a] noch enger etwa in der Mitte zwischen den *i*-Formanten. Bei Vokal [u] in *lud* liegen die beiden ersten Formanten tief und eng aneinander. Das Rauschspektrum für das anlautende [s] in *Skalp* liegt wesentlich höher als für das anlautende [š] in *Spalt* (Abb. 3). Letzteres weist an seinem unteren Rande einen besonderen Formanten aus. Bei der Lösung des Verschlusses [t] im Auslaut von *Spalt* geht die Intensität über die gesamte Breite des Sonagramms, bei der Lösung des Verschlusses [p] in *Skalp* konzentriert sie sich auf die tiefen Frequenzbereiche. Technisch sprechen wir von akuten Spektren mit weit auseinanderliegendem erstem und zweitem Formanten (bei [i t]) gegenüber graven Spektren mit eng aneinanderliegendem erstem und zweitem Formanten (wie für [u a]) und von diffusen Spektren mit

---

48 Engl. *front, back*, frz. *(articulations) d'avant, d'arrière* oder *antérieures, postérieures,* schwed. *främre, bakre (artikulationer)*, russ. *vperjod, vzadi* bzw. *perednije, zadnije.*
49 Nicht senkrecht, sondern in der Ebene des Luftstroms selbst gemessen, ist bei dt. [u] wesentlich breiter als [i]; vgl. Hammarström, G. H.: Z. Phonetik *10:* 332.
50 Engl. *high, low*, frz. *fermée, ouverte*, schwed. *slutna, öppna (vokaler)*, russ. *verchnije, nižnije (glasnyje).*
51 Engl. *throat formant, mouth formant*, frz. *formant pharyngé, formant buccal*, schwed. *svalgformant, munformant*, russ. *rotovaja, faringal'naja formanta.*
52 Fant, G.: Den akustiska fonetikens grunder, pp. 21, 22.

tiefem erstem Formanten (wie für [p u]) gegenüber kompakten Spektren mit relativ hohem erstem Formanten (wie für [a š], bei [k] in *tinker*; Abb. 9).

e) Modulation

Die verschiedenen Klangfarben lassen sich in bestimmter Weise modulieren. Zum Beispiel kann man statt klar und präzise etwas verwaschen «durch die Nase sprechen». Wir hören einen twang[53], z.B. bei den nasalierten Vokalen des Französischen, Portugiesischen, Polnischen (z.B. in *państwo* [paĩstvo] ‹Staat›), Englischen (z.B. in engl. *twenty*, *Toronto* in nordamerikanischer Aussprache) und Niederländischen (bei den Diminutiva *traantje* [traĩčɪ] ‹Träne›, *klontje* kloĩčɪ] ‹Stück Zucker›). Während der Artikulation der Nasalvokale schließt das Gaumensegel nicht wie bei den oralen Vokalen den Nasenraum völlig ab, sondern ist teilweise geöffnet. Die hinteren Gaumenbögen sind eng zusammengezogen. Selbstverständlich kann man verschieden stark «durch die Nase sprechen». Ebenso kann das Gaumensegel verschieden weit offenstehen. Dadurch sind verschiedene Grade der Nasalierung bedingt. Zum Beispiel sind die französischen Vokale in *bain, bon, banc, un* und das polnische und niederländische [ĩ] stärker nasaliert als die Vokale in poln. *będę* [bẽndę] ‹ich werde sein›, *tępo* [tẽmpo] ‹stumpf› oder engl. *glen* [glẽn]. Im Englischen und Deutschen schwankt die Stärke der Vokalnasalierung vor folgendem [m n ŋ] in den verschiedenen Dialekten.

Die meisten Vokale (alle Vokale außer den sehr hellen, scharf abgleitenden) lassen sich durch einen «burr»[54] modulieren. Diesen hören wir besonders bei den sogenannten *r*-farbigen oder retroflexen Vokalen des Englischen (z.B. im Auslaut von *bar, bore, bear* im nordamerikanischen Westen, in Irland und in Südwestengland). Bei amerikanischen Sprechern liegen hier der zweite und dritte Formant stets eng aneinander, bei den irischen Sprechern in den Abbildungen 9 und

---

53 Wir benutzen das auditiv orientierte englische Wort *twang*. Die deutsche Entsprechung *näseln* ist artikulatorisch orientiert. Es gibt einen «twang» (z.B. bei Neugeborenen) ohne artikulatorische Nasalierung; vgl. Truby, H. M., et al.: New-born infant cry, Acta paediat. scand., Uppsala 163 (1965); Sedlačková, E.: Ein Beweis der Nasalität mit Hilfe der akustischen Analyse, Folia phoniat. *25:* 9–16 (1973).

54 Wir benutzen wieder ein Wort der englischen Umgangssprache. Deutsche Entsprechung fehlt.

10 ist dies nicht sichtbar. Die hellen, scharf abgleitenden Vokale können offenbar deshalb nicht retroflex moduliert werden, weil bei ihnen der zweite und dritte Formant ohnehin eng aneinanderliegen (vgl. [i] in *Lied;* Abb. 4). Die englischen retroflexen Vokale in *beer, boor* sind wesentlich dumpfer als die unmodulierten Entsprechungen in *bee, boo.* Artikulatorisch besteht die retroflexe Modulierung in einer Gleitbewegung der Zunge in Richtung auf den harten Gaumen.

Fast alle Artikulationen lassen sich durch Rundung[55] verdumpfen (ausgenommen die ohnehin schon sehr dunklen, dumpfen Vokale wie [*a* u]). Klares [i] steht einem verdumpften [ü] gegenüber in dt. *sieht* ≠ *Süd*, frz. *lis* ≠ *lu*, nld. *dieren* ‹Tiere› ≠ *duren* ‹dauern›, ähnlich klares [e] verdumpftem [ö] in dt. *Meere* ≠ *Möhre*, frz. *gène* ≠ *jeune*, nld. *kleren* ‹Kleider› ≠ *kleuren* ‹Farben›. Das Kymrische und Lappische kennen verdumpfte (labialisierte) Konsonanten wie kymr. [r^w] in *gwraig* ‹Ehefrau› ≠ *graig* ‹Felsen›. Akustisch rücken auch bei der Rundung zwei Formanten eng aneinander, bei akuten Vokalen der zweite und dritte, bei graven der erste und zweite. Beide Formanten sollen etwas tiefer liegen als bei ungerundeten Vokalen. Artikulatorisch werden die Lippen nach vorne gestülpt und zu einer Rundung geformt, auch die Mundhöhle verengt sich und nähert sich der Form einer runden, langgestreckten Röhre. Die Rundung der Mundhöhle allein genügt zur Erzielung des auditiven Verdumpfungseffektes, selbst wenn wir die Lippen dabei spreizen.

Für das Russische unterscheidet man zwischen harten und weichen Konsonanten[56], z.B. hartes [b] in *byt'* ‹sein›, weiches [b,] in *bit'* ‹schlagen› (Weichheit mit nachgestelltem Komma geschrieben). Die harte bzw. weiche Qualität dehnt sich dabei auf den folgenden Vokal aus. Zwischen harten Konsonanten stehen dementsprechend sehr harte (dumpfe, hintere) Vokale (z.B. in *sad* [sad] ‹Garten›), zwischen weichen Konsonanten sehr weiche (helle, vordere) Vokale (z.B. in *sjad'* [s,at,] ‹setz dich›). Artikulatorisch sprechen wir von Palatalisierung. Bei den weichen (palatalisierten) Artikulationen schiebt sich die Zunge von der Wurzel ab nach vorne und oben. Es entsteht eine große Rachenhöhle und kleine Mundhöhle, bei den harten (velarisierten) Artikulationen umgekehrt. Bei Palatalisierung entsteht in der engen Mundhöhle leicht ein Reibegeräusch, so daß

---

[55] Engl. *rounding*, frz. *arrondissement*, schwed. *rundning*, russ. *okruženije*.
[56] Russ. *tvjordyj, mjagkij*. Die Termini sind auditiv (synästhetisch) orientiert. Engl. *hard, soft*, frz. *dur, doux*.

palatalisiertes [t,] in affriziertes [č] übergeht (z. B. im Polnischen; vgl. poln. *ciało* ‹Körper› gegenüber russ. *telo*). Unter gleichen Bedingungen geht auch helles, palatalisiertes [k,] in affriziertes [č] über (z. B. bei den urslavischen Palatalisierungen und in engl. *cheese* < lat. *caseus* ‹Käse›), und das ohne Luftdruck artikulierte, auslautende [t] des Hibernoenglischen wird zu einem Reibelaut, der wie ein verwaschenes [ś] klingt (z. B. in *plot;* Abb. 11).

Eine besonders metallische Klangwirkung rufen die glottalisierten[57] Artikulationen hervor, z. B. die glottalisierten Konsonanten der kaukasischen Sprachen und des Kölner Deutschen, das [æ] in engl. *hat* (in südenglischer Aussprache) und der *stød* des Dänischen (z. B. in *to* [toˀ] ‹zwei›). Dabei wird ein Reibegeräusch bzw. ein Knack an den Stimmbändern erzeugt. Letzterer soll auf dem Sonagramm als senkrechter Strich sichtbar sein.

Die Unterscheidung zwischen «Grundklangfarben» und ihren Modulationen ist konventionell. Sie läßt sich typologisch rechtfertigen insofern, als Unterscheidungen nach Grundklangfarben in den Sprachen der Welt verbreiteter sind als nach Modulationen. Zum Beispiel gibt es viele Sprachen ohne gerundete Vokale (wie Englisch, Russisch, Japanisch), aber kaum Sprachen ohne Vokale wie [i a u]. Die Unterscheidung ist nicht folgerichtig insofern, als z. B. die verschiedenen Klangfarben des [l] (zu Beginn und am Ende des englischen Wortes *little*) nicht als Lateralisierung (vgl. p. 59) verschiedener Vokale aufgefaßt werden, sondern als Klangfarbenmodulationen eines «Grund»-[l].

f) Tonhöhe[58]

Mit dem Ohr unterscheiden wir hohe und tiefe Töne. Umgangssprachlich werden sie nicht immer streng von heller und dunkler Klangfarbe geschieden. Um den Unterschied zu verdeutlichen, sprechen wir von hohem bzw. tiefem Grundton. Im Oszillogramm bedeutet dies veränderte Periodendauer. Je länger die Periode, um so tiefer klingt der Grundton und um so niedriger ist die akustische Grundfrequenz. Auf dem Sonagramm erscheinen senkrechte Linien, sofern die Grundfrequenz unterhalb der Bandbreite des Filters liegt (vgl. p. 46). Je enger sie aneinander liegen, um so höher klingt der Grundton (vgl. das Absinken der Grundfrequenz am Ende von Abb.1). Im Frequenzbereich zwischen 1000 und 2000 Hz soll auch erhöhte

---

57 Engl. *glottalised*, frz. *glottalisé*, schwed. *glottaliserad*, russ. *abruptivnyj, glottalizovannyj* oder *smyčno-gortannyj*.
58 Engl. *pitch*, frz. *hauteur musicale*, schwed. *tonhöjd*, russ. *vysota osnovnogo tona*.

Intensität den (auditiven) Grundton erhöhen. Liegt die Grundfrequenz oberhalb der Bandbreite des Filters, so erscheinen statt der senkrechten Linien die einzelnen Harmonischen. An ihrem Steigen und Fallen lassen sich Steigen und Fallen der Grundfrequenz ablesen (z. B. in Abb. 5 und 12). Jede Periode entspricht je einer Öffnungs- und Schließbewegung der Stimmbänder (periodische Stimmbandschwingungen). Nimmt die Höhe des Grundtons während eines Zeitraumes zu, so sprechen wir von steigender Tonhöhe, nimmt sie ab, von fallender Tonhöhe, bleibt sie ungefähr gleich, von ebener Tonhöhe[59].

Im Schwedischen hat z. B. der Ortsname *Nikkaluokta*[60] auf der zweiten Silbe den höchsten Grundton, die Ortsnamen *Kiruna* und *Gällivare* haben ihn auf der ersten Silbe. Über die folgenden Silben hin fällt die Tonhöhe in allen drei Wörtern. Manche schwedischen Sprecher sprechen *socker* ‹Zucker› regelmäßig mit ebener, andere auch mit fallend-steigender Tonhöhe. Die beiden Tonhöhenführungen unterscheiden sich im distinktiven Akzent des Schwedischen mit minimalen Paaren wie *buren* ‹Bauer› (eben auf der ersten Silbe) ≠ *buren* ‹getragen› (fallend-steigend auf der ersten Silbe; Tonhöhenbewegung gut sichtbar im Auf und Ab der Harmonischen in Abb. 12). Im distinktiven Akzent des Deutschen unterscheiden sich Paare mit ebener bzw. fallender Tonhöhenführung auf dem jeweils ersten Element (vgl. p. 113). Auch im Akzent mancher Akzentsprachen (vgl. p. 114) spielt die Tonhöhenführung eine entscheidende Rolle. Den starken Akzent des Englischen erkennt man z. B. an der plötzlichen Veränderung der Tonhöhe zu Beginn der betonten Silbe, den Nebenakzent an einer ähnlichen Veränderung, die sich aber über ein geringeres Intervall erstreckt[61], z. B. in

pérmìt ‹Erlaubnis› ≠ *pérmit* (Fischname am Golf von Mexiko)
intèrn ‹Assistenzarzt› ≠ *lántern* ‹Laterne›

---

59 Engl. *rising, falling, level pitch*, frz. *ton montant, descendant, uni*, russ. *voschodjaščij, padajuščij, rovnyj ton*.

Der Vorbehalt «ungefähr gleich» ist wichtig. Eine gewisse Schwankungsbreite bleibt auch bei ebenen Tönen erforderlich. Sonst klingen sie gesungen.

60 Nördliche (nicht reichsschwedische) Aussprache.

61 Vgl. dazu Bolinger, D. L.: A theory of pitch accent in English, Word *14:* 109–149 (1958); Fry, D.: Duration and intensity as physical correlates of stress; in Lehiste Readings, pp. 155–158; Lehiste, I. und Peterson, G. E.: Vowel amplitude and phonemic stress in American English; in Lehiste Readings, pp. 183–190; Pilch, H.: Phonetica *22:* 89 (1970).

Die sogenannten Tonsprachen[62] ordnen jeder Silbe einen bestimmten Grundton zu, z. B. kennt das Mixtec, eine Sprache in Mexiko, zwei Wörter *žuku*, und zwar /žūkū/ ‹Berg› mit mittlerem Ton auf beiden Silben und /žūkù/ ‹Besen› mit mittlerem Ton auf der ersten und hohem Ton auf der zweiten Silbe[63].

Bei den Tönen der Tonsprachen spielen außer der Tonhöhe auch andere Lauteigenschaften eine Rolle, z. B. glottale Reibung im Burmesischen und Vietnamesischen[64].

In den sogenannten Intonationssprachen[65] ordnet man den Akzentgruppen (vgl. p. 112) verschiedene Tonhöhenführungen zu. Für das Russische kennen wir fünf verschiedene Tonhöhenführungen, für das Englische vier, für das Deutsche mindestens zwei[66].

g) Länge

Gegebene Lautelemente können verschieden lange Zeit andauern. Auf dem Sonagramm ist die Länge im allgemeinen gut sichtbar. Im Englischen werden z. B. Vorkonturen wesentlich schneller gesprochen als Nachkonturen, d. h., die einzelnen Lautelemente sind in der Vorkontur kürzer als in der Nachkontur. Die Kurzformen /l kn d/ für *will, can, would* kommen nur in der Vorkontur vor, und viele Vokale werden in der Vorkontur auf Null reduziert, z. B. /wnə/ für *want to* in *I want to éat*.

Konventionell betrachtet man den Längenunterschied als wichtig besonders für die langen und kurzen Vokale des Deutschen, Niederländischen und Tschechischen und die langen und kurzen Vokale und Konsonanten des Finnischen. Jedoch spielt bei diesen Oppositionen auch der Abglitt (vgl. p. 49) bzw. die Tonhöhe eine entscheidende Rolle. Der Anteil der verschiedenen Merkmale Länge, Tonhöhenführung, Abklingzeit und Klangfarbe ist im Deutschen regional verschieden. Im Norddeutschen spielt die Vokallänge in minimalen Paaren wie *List* /lıst/ ≠ *liest* /list/ bestenfalls eine untergeordnete Rolle. An der norddeutschen Überlänge in Paaren wie *liest* /list/ ≠ *liehst* /li:st/ sind sowohl Länge als auch Tonhöhenführung beteiligt (fallend bei *liest*,

62 Engl. *tone languages*, frz. *langues à ton*, russ. *tonovyje jazyki*.
63 Nach Pike, K. L.: Tone languages, p. 3.
64 Vgl. Pilch, H.: Montreal Proceedings, p. 163; Haudricourt, ib., p. 173.
65 Engl. *intonation languages*, frz. *langues à intonation*, russ. *intonacionnyje jazyki*.
66 Vgl. Pilch, H.: Bull. Audiophon. *3:* 56f. (1973); und vorliegendes Buch, p. 135.

eben bei *liehst*). Gleiches gilt für die Vokallänge des Finnischen in Paaren wie *tuli* ‹kam› ≠ *tuuli* ‹Wind›.

In der Literatur nennt man die Tonhöhe im allgemeinen zusammen mit Länge und Lautstärke (letzterer entspricht akustischer Intensität, artikulatorischem Muskeltonus) schlechthin die prosodischen Merkmale und stellt sie den übrigen inhärenten Merkmalen gegenüber. Man ordnet dann die Lautstärke dem Akzent der Akzentsprachen zu, die Tonhöhe den Tönen der Tonsprachen und gleichzeitig der Tonhöhenführung der Intonationssprachen, die Dauer den Quantitäten. Das ist eine starke Vereinfachung von begrenzter Brauchbarkeit (vgl. p. 119).

3. *Phonetische Verwandtschaft*

Die Analyse von Geräuschen nach auditiven, akustischen und artikulatorischen Parametern heißt phonetische Analyse. In der Phonemtheorie brauchen wir sie, um die Lautelemente zu Äquivalenzklassen zu ordnen.

Die in Kapitel I aufgestellten Distributionsklassen reichen dazu nicht aus, weil die komplementäre Verteilung oft als mehrdeutige Relation auftritt. Im Deutschen verteilt sich z.B. [ŋ] komplementär sowohl mit [z] als auch mit [h] (vgl. p. 12). Aus dem gleichen Grunde reicht auch die Opposition (als negatives Kriterium) nicht aus, um phonematische Äquivalenz zu erweisen. Zum Beispiel steht dt. [ŋ] in Opposition weder zu [z] noch zu [h]. Daraus folgt nicht die phonematische Äquivalenz von dt. [ŋ z] und [h]. Die beiden letzteren bilden nämlich untereinander Oppositionen, z.B. im Anlaut der Wörter *setzen* ≠ *hetzen*.

Auch der hörbare Gleichheit reicht als Kriterium phonematischer Äquivalenz nicht aus. Zum Beispiel betrachten wir üblicherweise an- und auslautendes [t] im deutschen Wort *tot* als zwei (äquivalente) Exemplare des Elementes [t]. Und doch klingen sie verschieden voneinander. Das anlautende [t] ist, wie wir auf Seite 47 gesehen haben, explosiv, das auslautende implosiv.

Um die Definition der phonematischen Gleichheit bzw. Äquivalenz vorzubereiten, führen wir zunächst den Begriff phonetische Verwandtschaft ein und definieren:

> Klassen von Lautelementen einer gegebenen Sprache, die gemeinsame Parameter aufweisen, sind miteinander phonetisch verwandt[67].

67 Wir gebrauchen den Ausdruck *phonetisch verwandt* zur Wiedergabe des engl. *phonetically similar* (frz. *phonétiquement semblables*, schwed. *fonetiskt liknande*, russ. *fonetičeski schodnyje*) im Sinne B. Blochs [Language *26:* 89]. Die früher gebrauchte Übersetzung *phonetisch ähnlich* [so Pilch, H.: Kuhns Z. *75:* 28] vermeiden wir, um der Verwechslung mit einer bloß impressionistischen Ähnlichkeit zuvorzukommen. Es handelt sich hier, wie A. Martinet betont, um «non point ce qui, à l'oreille, paraît semblable, mais ce qui est caractérisé par les mêmes traits pertinents» [Eléments, p. 66; ähnlich jetzt Adamus, p. 25].

Phonetisch verwandt sind z. B. sämtliche schwedischen Lautelemente mit scharfem Einsatz, also die Elemente [p b t d č k g ṭ ḍ] im Anlaut der Wörter *pängar, bank, tänka, dänga, tjäna, kö, Gud* und im Auslaut von *fort, värd*. Alle übrigen schwedischen Lautelemente haben nicht scharfen, sondern weichen Einsatz.

Phonetisch verwandt sind weiter die schwedischen Vokale [a o u] in *hat, hår, hot*. Sie gleiten weich ab. Ihre beiden ersten Formanten liegen besonders eng aneinander, enger als bei den übrigen schwedischen Vokalen. Schwed. [a o u] sind also graver als schwed. [i e ü ʉ ö]. Sie gleiten weicher ab als die «kurzen» Vokale in *tack, åtta* (1. Silbe) usw.

Phonetisch verwandt sind alle lateralisierten Konsonanten des Englischen, d. h. die Anlaute in engl. *plotch, blotch, clot, gloss, fleet, sleet*. Diese Konsonanten werden sämtlich mit lateraler Zungenstellung[68] artikuliert, d. h., die Luft tritt zur rechten und linken Seite der Zunge aus der Mundöffnung, nicht über die Zungenmitte hinweg. Die Sonagramme zeigen jedesmal ein schwaches Tonspektrum zwischen Geräusch und dem stärkeren Vokalspektrum. Die beiden ersten Formanten dieses Spektrums liegen recht eng aneinander, weit entfernt vom dritten Formanten und tiefer als die Formanten des folgenden Vokals.

Ebenso phonetisch verwandt sind die retroflexen Konsonanten des Englischen, d. h. die Anlaute *prop, brand, trot, trend, crop, grip, frost, through, shrew*. Sie werden sämtlich mit retroflexer Zungenstellung artikuliert. Die Sonagramme zeigen deutlich die eng aneinanderliegenden zweiten und dritten Formanten.

---

68 Das heißt nicht nur mit lateraler Verschlußlösung. Die laterale Zungenstellung besteht während der Artikulation des *gesamten* Komplexes [pl]; vgl. Truby: Acousticocineradiographic analysis considerations, p. 121.

Vielerorts wird und wurde das Kriterium *phonetic similarity* rein impressionistisch und daher vage gefaßt. W. M. Austin [Criteria for phonetic similarity, Language *33:* 538–543, 1957] und K. L. Pike [Phonemics, p. 70] entwickeln Schemata von Elementen, die man erfahrungsgemäß als phonetisch ähnlich gelten lasse. Die impressionistische Auslegung des Kriteriums ist heftig angegriffen worden, z. B. von W. M. Austin [loc. cit.], W. Haas [Relevance in phonetic analysis, Word *15:* 1–18, 1959], H. S. Sørensen [The phoneme and the phoneme variant, Lingua *9:* 68–88, 1960] und N. Chomsky [Cambridge Proceedings, p. 952]. Diese Polemik berührt nicht die hier vorgetragene, formale Relation *phonetische Verwandtschaft*. Den Gebrauch dieses Ausdrucks statt des vieldeutigen *phonetische Ähnlichkeit* schlägt mir H. Weinrich vor.

> Sätze über phonetische Verwandtschaft sind nicht transitiv im logischen Sinne.

Aus dem Satz «Schwed. [p b t d ț d̦ č k g] sind verwandt» folgt nicht, daß auch schwed. [p g č] verwandt sind; denn die ihnen gemeinsame Lauteigenschaft *scharfer Einsatz* kennzeichnet nicht nur diese drei schwedischen Elemente, sondern außerdem auch die Elemente [b t d ț d̦ k].

Ebenso folgt aus den Sätzen «Die Elemente *m* und *n* sind phonetisch verwandt» und «Die Elemente *n* und *p* sind phonetisch verwandt» nicht, daß auch *m* und *p* phonetisch verwandt sind. Nehmen wir die schon genannten schwedischen Vokale [a o u]. Schwed. [o] und [u] sind miteinander verwandt. Ihre ersten und zweiten Formanten liegen besonders eng zusammen und außerdem in tieferen Frequenzbereichen als für [a]. Sie sind also graver und diffuser als [a]. Auch schwed. [o] und [a] sind verwandt. Sie haben beide höhere erste und zweite Formanten als schwed. [u]. Sie sind also beide kompakter als [u]. Dagegen sind schwed. [a] und [u] im strengen, technischen Sinne nicht miteinander verwandt. Das ihnen gegenüber anderen schwedischen Tonspektren gemeinsame Merkmal *eng zusammenliegende erste und zweite Formanten* kommt nämlich nicht ausschließlich ihnen, sondern außerdem noch schwed. [o] zu.

Die phonetischen Parameter, die die Verwandtschaft ausmachen, können auf einem beliebigen phonetischen Beobachtungsfeld liegen – sei es artikulatorisch, akustisch oder auditiv. Phonetisch verwandt sind z. B. schwed. [p] und [b]. Ihre gemeinsamen Merkmale *scharfer Einsatz*, *Lippenverschluß* kennzeichnen im Schwedischen nur [p] und [b], aber kein anderes Lautelement. Ebenso sind schwed. [p] und [t] miteinander verwandt. Sie sind beide stimmlos, setzen scharf ein und werden weiter vorne artikuliert als alle übrigen schwedischen stimmlosen Lautelemente mit scharfem Einsatz, d. h. weiter vorne als schwed. [ț č] und [k].

Ebenso sind schwed. [p t ț č] miteinander verwandt. Es handelt sich um stimmlose Elemente mit scharfem Einsatz, die sämtlich weiter vorne gebildet werden als schwed. [k], das einzige weitere schwedische stimmlose Lautelement mit scharfem Einsatz. Verwandt sind auch schwed. [p] und [k]. Sie sind beide stimmlos, setzen scharf ein und klingen dumpfer als die drei anderen stimmlosen Verschlüsse [t č] und [ț].

Beschränkt man die Parameter dagegen (wie dies weithin geschieht) auf das artikulatorische Beobachtungsfeld, so ergeben sich Widersprüche. Bei Lautgesetzen der Form $e_1 > e_2$ (d. h., e_1 wird zu e_2) rechnet man mit «phonetischer Wahrscheinlichkeit» und versteht darunter in der Praxis, daß e_1 und e_2 phonetisch verwandt sein sollen [69]. In den meisten Spielarten des Hochdeutschen ist z.B. früheres [æ] mit [e] zusammengefallen (z.B. in *säen = sehen, gäbe = gebe, wäre = wehre*), also [æ] > [e]. Diese beiden Lautelemente sind miteinander verwandt als die einzigen vorderen, mittleren Vokale des Deutschen.

Nun gibt es Lautgesetze, bei denen die phonetische Verwandtschaft der Elemente nur im auditiven bzw. akustischen Beobachtungsfeld gilt, z.B. [l] > [r] bei der Entlehnung aus europäischen Sprachen ins Japanische (vgl. p. 39). Beim frühneuenglischen Spirantentausch springt, artikulatorisch gesehen, hinteres [χ] zu vorderem [f] (z.B. im Auslaut des Wortes *laugh*, mittelengl. [χ] > neuengl. [f]). Es überspringt dabei die dazwischenliegenden Spiranten [ç] und [þ]. Artikulatorisch sind die mittelenglischen Elemente [χ] und [f] nicht miteinander verwandt, weil die ihnen gemeinsamen Parameter *stimmlos, weicher Einsatz und Abglitt* außerdem auch den Elementen [ç þ] zukommen. Auditiv gesehen, klingen jedoch [χ] und [f] dumpf (akustisch grav) gegenüber hellem [ç þ] (akustisch akut) [70]. Das englische Lautgesetz [χ] > [f] widerspricht also der phonetischen Wahrscheinlichkeit nicht.

> Die gemeinsamen phonetischen Parameter, die laut Definition eine Klasse verwandter Lautelemente ausmachen, sind als Komplex von Parametern zu verstehen, nicht als einzelne Parameter.

Wenn jede Klasse A phonetisch verwandter Elemente bestimmte, gemeinsame Parameter *m* aufweisen soll, so steht *m* als Variable für in der betreffenden Sprache einmalige Komplexe von Parametern. In vielen Fällen ist ein solcher Komplex aus mehreren Einzelparametern zusammengesetzt. Die Parameter brauchen nicht eindeutig zählbar zu sein. Den Komplex m_1 von Parametern, die schwed. [p] und [b] gemeinsam kennzeichnen, können wir z.B. auflösen in die beiden Einzelparameter *scharfer Einsatz, an den Lippen gebildet*. Zwar

---

69 Vgl. Martinet, A.: Kaiser's Manual, pp. 252–273.
70 Vgl. Pilch, H.: Anglia *77:* 424 (1959).

nehmen diese beiden Einzelparameter jeder für sich auch an anderen Parameterkomplexen m$_i$ im Schwedischen teil, z.B. der Parameter *scharfer Einsatz* am Komplex *scharfer Einsatz, stimmlos* für [p t ṭ č k]. Der Komplex als ganzes ist jedoch im Schwedischen einmalig und kennzeichnet nur die Elemente [p] und [b]. Solche einmaligen Komplexe heißen in der Prager Theorie Merkmalbündel[71].

Die Zahl der Einzelparameter innerhalb eines Komplexes braucht nicht übereinzustimmen mit der Zahl der Ausdrücke, die wir im Einzelfall zur Benennung dieses Komplexes verwenden. Der Parameterkomplex *scharfer Einsatz, an den Lippen gebildet* ließe sich auch mit dem *einen* Wort *Lippenverschluß* benennen. Die Auffassung dieses Komplexes als bestehend aus gerade *zwei* Einzelparametern ergibt sich erst daraus, daß einerseits noch weitere schwedische Lautelemente außer [p b] an den Lippen gebildet werden, z.B. [m], und daß andrerseits noch weitere schwedische Elemente scharf einsetzen, z.B. [t d k g] (vgl. p. 59).

Sätze über phonetische Verwandtschaft gelten jeweils nur für eine bestimmte Sprache bzw. einen bestimmten Dialekt. Im Finnischen sind miteinander verwandt die Elemente mit scharfem Einsatz [p t d k] in *sopia* ‹passen›, *sota* ‹Krieg›, *sodan* ‹Krieg› (cas. obl.), *sokea* ‹blind›. Für das Schwedische gilt die Verwandtschaft von [p t d k] in *pängar, tänka, dänga, kalla* nicht. Hier gibt es nämlich außerdem noch andere Elemente mit scharfem Einsatz, und zwar [b] in *bank*, [č] in *kirurg*, [g] in *Gud*, [ṭ] in *fort*, [ḍ] in *hård*.

In der Phonemtheorie sprechen wir also von phonetischer Verwandtschaft bei Vorliegen ganz spezifischer Verhältnisse in bestimmten Sprachen. Unser Sprachgebrauch weicht von der normalen, außertechnischen Verwendung dieses Terminus wesentlich ab.

Syntaktische Transformationen, die bei anderen wahren Sätzen häufig wieder neue, wahre Sätze ergeben, führen bei Sätzen über phonetische Verwandtschaft oft zu neuen, falschen Sätzen. Die Sätze a) «Meyer ist größer als Schmidt» und b) «Krause ist größer als Meyer» lassen sich in der Weise transformieren, daß «Krause» aus b) die Stelle von «Meyer» in a) einnimmt. Der neue Satz c) «Krause ist größer als Schmidt» ist dann ebenso wahr wie a) und b) und gilt als «logischer Schluß» aus a) und b).

Bildet man die wahren Sätze α) «Schwed. [o] ist phonetisch verwandt mit schwed. [u]» und β) «Schwed. [a] ist phonetisch verwandt mit schwed. [o]» analog um zu γ) «Schwed. [a] ist phonetisch verwandt mit schwed. [u]», so ist der neue Satz, wie wir gesehen haben, sachlich unwahr.

Es bestehen gewichtige Gründe dafür, transitive Schlüsse aus Sätzen über phonetische Verwandtschaft zu verbieten. Wie wir in Kapitel I.1 gesehen haben, verteilen sich dt. [z] und [ŋ] komplementär. Außerdem haben sie das gemeinsame Merkmal *Stimmhaftigkeit*.

71 Engl. *bundle of distinctive features*, frz. *faisceau*, russ. *pučok*.

Ebenfalls komplementär verteilen sich dt. [h] und [ŋ]. Diese Elemente teilen das Merkmal *weicher Einsatz*. Wenn wir aus dem richtigen Satz «Alle deutschen Lautelemente mit dem gemeinsamen Merkmal *Stimmhaftigkeit* sind phonetisch verwandt» schließen dürften: «Also sind auch [z] und [ŋ] phonetisch verwandt», so würden [z] und [ŋ] (nach den im folgenden gegebenen Regeln) als phonematisch gleich gelten. Aus dem richtigen Satz «Alle deutschen Lautelemente mit weichem Einsatz sind phonetisch verwandt» würde dann ebenso phonetische Verwandtschaft für [h] und [ŋ] folgen. Da auch diese sich komplementär verteilen, wären auch sie als phonematisch gleich anzusehen. Nach den gleichen Regeln wären auch dt. [j] und [ŋ] (gemeinsames Merkmal *Stimmhaftigkeit*) und [j] und [β][72] (beide stimmhaft) phonematisch gleich.

Wenden wir auf diese «Ergebnisse über phonematische Gleichheit» nochmals die transitive Relation an, so folgt: Dt. [z h ŋ j β] sind phonematisch gleich;

denn a)	[z]	=	[ŋ][73]		b)	[j]	=	[ŋ]
	[ŋ]	=	[h]			[j]	=	[β]
also auch c):	[z]	=	[h]			[ŋ]	=	[β]
also:	[z]	=	[h]	=	[ŋ]	=	[j]	=	[β]».

Dieser Schluß widerspräche der Regel, nach der distinktiv verschiedene Elemente auch phonematisch verschieden sein müssen (vgl. p. 67). Dt. [z j h] sind aber distinktiv verschieden; vgl. die Opposition *setzt* [zɛct] ≠ *jetzt* [jɛct] ≠ *hetzt* [hɛct]. Transitivität bei Sätzen über phonetische Verwandtschaft würde innerhalb der Phonemtheorie also zu Widersprüchen führen und muß ausgeschlossen werden.

---

72 Das Zeichen [β] gibt den bilabialen Reibelaut wieder, der im Deutschen nach silbenanlautenden [d c k] vorkommt, z.B. in *quer* [kβeə], *dwars* [dβars], *Zwang* [cβaŋ].
73 Das Gleichheitszeichen = soll hier bedeuten ‹ist phonematisch gleich›.

III | Phonematische Gleichheit

1. Relevante und distinktive Merkmale

Die Definition der verschiedenen Verteilungsrelationen (Kap. I) und der phonetischen Verwandtschaft (Kap. II) führt uns zur Definition der phonematischen Äquivalenz bzw. phonematischen Gleichheit.

> Phonematisch äquivalent sind Lautelemente, die sich komplementär verteilen oder frei wechseln und die außerdem phonetisch verwandt sind. Phonematisch äquivalente Lautelemente sind phonematisch gleich.

Beispiel: Im Deutschen gibt es eine Gruppe verwandter Lautelemente mit den Merkmalen *Verschluß (scharfer Einsatz)*, stimmhaft *(kombiniertes Ton- und Geräuschspektrum)*, dental *(hoher zweiter Formant um 1750 Hz)*. Solche Lautelemente kommen vor:

1. silbenanlautend in Wörtern wie
   a) *der, Dom,*
   b) *Debakel;*

2. silbenauslautend in Wörtern wie *Grad, mild, auffindbar* (nordostdt.), *Rad* (oberrheinisch) [1].

3. silbeninlautend
   a) einfach in Wörtern wie *Kladde, maddern* ‹hantieren›, *schwaddern* ‹hochtrabend reden›;

[1] In den meisten deutschen Dialekten fehlt [d] im Silbenauslaut und im Anlaut unbetonter Silben zwischen [n ... n]. In den hier genannten Wörtern erscheint in diesen Dialekten stattdessen [t]. Damit fallen die Wörter *finden = Finten, Enden = Enten, Grad = Grat* zusammen.
Auch im Nordostdeutschen entspricht das *d* der Rechtschreibung häufig gesprochenem, auslautendem [t]; z.B. gilt [t] im Auslaut der Wörter *Kind, Bad, lud, Lied*. Manche Dialekte unterscheiden *Enden* und *Enten*, aber nicht *Grad* und *Grat, Hemd* und *hemmt*.

b) in den Gruppen [dl nd ndl] in *Adler, Handlung* (nordostdt.), *finden*.

Die betreffenden Lautelemente hören wir nicht als einander gleich. Die Explosion ist bei Gruppe 1a stärker als anderwärts, bei 3a stärker als bei 2 und 3b. Der Verschluß wird bei Gruppen 1, 2, 3a oral gelöst, d.h., die Zunge gleitet vom Verschluß in die Stellung für einen Vokal. Bei Gruppe 3b wird der Verschluß teils lateral gelöst, d.h., im Augenblick der Lippenöffnung ist die Zunge bereits in der Stellung für [l], teils wird der Verschluß nasal gelöst, d.h. nicht durch eine Bewegung der Zunge, sondern durch Öffnung des Gaumensegels.

Diese hörbar verschiedenen Lautelemente stehen in komplementärer Verteilung. Vor [l] wird der Verschluß lateral gelöst, vor [n] nasal, sonst oral. Die Explosion ist am stärksten im Silbenanlaut vor betontem Vokal, weniger stark im Inlaut, am schwächsten im Auslaut.

Die genannten Lautelemente sind demnach phonematisch gleich; denn sie stehen in komplementärer Verteilung und sind phonetisch verwandt. Bei der Notierung setzen wir Zeichen für Klassen phonematisch gleicher Lautelemente zwischen schräge Striche, z.B. dt. /d/.

Phonematische Gleichheit gilt nur innerhalb bestimmter Sprachen. Dies folgt daraus, daß komplementäre Verteilung und phonetische Verwandtschaft nur innerhalb bestimmter Sprachen definiert sind. Aussagen der Form dt. [p] = engl. [p] (wie sie in Lehrbüchern zu finden sind) sind per definitionem keine Aussagen über phonematische Gleichheit, sondern über (grob beurteilte) hörbare Ähnlichkeit (vgl. p. 148).

Die phonematische Gleichheit ist als Relation zwischen Lautelementen beliebiger Beschaffenheit definiert, nicht nur zwischen einzelnen Segmenten (Kap. IV). Komplementäre Verteilung besteht z.B. im Deutschen zwischen anlautendem [šp] in *Spalt* und in- und auslautendem [sp] in *Wespe, Visp* (Ortsname im Wallis). Die beiden Elemente sind außerdem verwandt als die einzigen deutschen stimmlosen Zischlaute mit weichem Einsatz und hartem, dumpfem (labialem) Abglitt. Sie sind folglich phonematisch gleich.

Ein Typ sprachgeschichtlichen Wandels besteht in der phonetischen Angleichung phonematisch gleicher Elemente aneinander. Zum Beispiel klingen die eben genannten Elemente in vielen deutschen Mundarten gleich. Im Südwesten steht [šp] sowohl im Anlaut wie im In- und Auslaut, im Nordwesten [sp].

Phonematisch gleich sind weiter die Tonhöhenführungen in dt. *Bombenpaket* ‹Paket mit Bombe› und *Rotkäppchen*. Sie verteilen sich komplementär insofern, als sie sich mit

Silben verschiedenen Baus und verschiedener Zahl verbinden. Sie sind verwandt insofern, als die Tonhöhe auf dem jeweils ersten morphologischen Element fällt (vgl. p. 113). Phonematisch gleich sind auch die Tonhöhenführungen auf den Wörtern *Igel* und *Hase* (Abb. 1). Der starke Abfall (*fadeaway;* vgl. p. 113) bei *Hase* ist durch die Endstellung bedingt, verteilt sich also komplementär mit der ebenen Tonhöhenführung bei *Igel*. Beide Tonhöhenführungen sind fallend.

Die einzelnen Parameter, die die Verwandtschaft einer Klasse phonematisch gleicher Lautelemente ausmachen, nennen wir **phonematische** oder **relevante Merkmale**[2]. Relevante Merkmale von dt. /d/ sind also *stimmhaft, dental, scharfer Einsatz*. Dies ist die konventionelle Kennzeichnung der relevanten Merkmale von dt. /d/. Tatsächlich gehören zum vorliegenden Merkmalkomplex noch weitere Parameter wie *oral* und *egressiv*. Laut Definition sind auch diese relevant.

Von den relevanten scheiden wir die **distinktiven Merkmale**[3]. Distinktiv sind nicht *sämtliche* Merkmale, die die Verwandtschaft phonematisch gleicher Elemente ausmachen, sondern nur jenes *Mindestmaß* relevanter Merkmale, das für sich allein eine gegebene Klasse phonematisch gleicher Elemente gegenüber sämtlichen übrigen Lautelementen der gleichen Sprache abgrenzt. Alle distinktiven Merkmale sind also gleichzeitig relevant, aber nicht alle relevanten Merkmale auch distinktiv.

Die relevanten Merkmale von dt. /k/ (im Inlaut von *Laken*) sind unter anderem *stimmlos, dorsal, scharfer Einsatz*. Diese Merkmale sind in manchen deutschen Dialekten auch distinktiv für /k/. Fehlender Stimmton unterscheidet /k/ vom stimmhaften /g/ im Inlaut von *Lagen*. Dorsale Artikulation unterscheidet /k/ vom inlautenden /t/ in *Latten, waten*. Scharfer Einsatz grenzt /k/ ab vom weich einsetzenden /χ/ in *Lachen*. Diese drei Eigenschaften genügen allein schon, um dt. /k/ gegen alle übrigen deutschen Lautelemente abzugrenzen. Nur zwei dieser Eigenschaften würden diese Aufgabe nicht erfüllen. Stimmlos und dorsal ist im Deutschen außer /k/ auch /χ/. Stimmlos und scharf setzen außer dt. /k/ auch dt. /t p/ ein. Dorsal und scharf setzt außer dt. /k/ noch dt. /g/ ein.

In denjenigen (norddeutschen) Dialekten, die kein dorsales, scharf einsetzendes /g/ kennen, sondern statt dessen ein weich ein-

---

2 Engl. *phonemic, relevant features*, frz. *traits pertinents*, schwed. *relevanta drag*, russ. *relevantnyje priznaki*.
3 Engl. *distinctive features*, frz. *traits distinctifs*, schwed. *distinktiva drag*, russ. *differencial'nyje, različitel'nyje priznaki*.

setzendes /ɣ/ sprechen, ist dagegen der scharfe Einsatz für /k/ wohl relevant, aber nicht distinktiv. Hier würden nämlich die beiden Eigenschaften *dorsal* und *scharfer Einsatz* allein schon die Klasse /k/ gegenüber allen übrigen Elementen des gleichen Dialektes auszeichnen. In diesen Dialekten ist /χ/ distinktiv stimmlos (im Gegensatz zu /ɣ/). In den übrigen Dialekten, in denen kein /ɣ/ vorkommt, ist die Stimmlosigkeit für /χ/ nur relevant, aber nicht distinktiv.

Alle nicht phonematischen (nicht relevanten) Merkmale heißen i r r e l e v a n t (phonematisch irrelevant oder phonematisch belanglos). Nicht distinktive Merkmale heißen r e d u n d a n t [1].

Die Unterscheidung zwischen phonematischer Relevanz und Distinktivität ist in der Literatur nicht üblich. Sie ist in der Praxis erforderlich. Für engl. und russ. /r l m n/ ist z. B. der Stimmton relevant, aber nicht distinktiv. Von der mangelnden Distinktivität her interpretieren wir ihr Auftreten in Konsonantenverbindungen (vgl. p. 131). Umgekehrt verbindet die Relevanz des Merkmals *stimmlos* dt. /k/ mit /t/ und /p/ auch in denjenigen Dialekten, in denen diesem Merkmal für /k/ die Distinktivität fehlt, weil es keinen stimmhaften Verschluß /g/ gibt. Gruppierungen von der Relevanz her ohne Rücksicht auf mangelnde Distinktivität empfehlen sich besonders bei der Aufstellung von Lautsystemen und bei historischen und vergleichenden Untersuchungen [5]. Diejenigen deutschen Dialekte, die die distinktiv stimmlosen Verschlüsse /p t/ nicht aspirieren, lassen z. B. auch /k/ unaspiriert, selbst wenn dieses nur relevant stimmlos, aber nicht distinktiv stimmlos sein sollte. Dies gilt z. B. für Kölner Sprecher.

Phonematisch verschiedene Einheiten müssen immer auch verschiedene distinktive Merkmale besitzen, da sie laut Definition durch einmalige Merkmalkomplexe gekennzeichnet sind. Unterschiede zwischen solchen verschiedenen distinktiven Merkmalen heißen d i s t i n k t i v e Unterschiede.

Beispiel: Die Klasse phonematisch gleicher Lautelemente /d/ in dt. *der, Grad, Kladde* hat die distinktiven Merkmale *dental, stimmhaft, scharfer Einsatz*. Die deutsche Klasse /b/ in *Bär, herb, sabbeln* ‹bei übermäßiger Speichelabsonderung reden› ist durch die Merkmale *labial (niedriger zweiter Formant), stimmhaft, scharfer Einsatz* gekennzeichnet. Der Unterschied zwischen dentaler und labialer Artikulation (bzw. hohem und niedrigem zweitem Formanten) ist also im Deutschen distinktiv. Wir sagen auch, dt. /d/ ist distinktiv dental (im Gegensatz zu distinktiv labialem /b/) oder distinktiv akut (im Gegensatz zu distinktiv gravem /b/).

[4] Engl. *irrelevant, non-phonemic, non-distinctive, redundant,* frz. *non-pertinent, redondant,* schwed. *irrelevant, ickedistinktiv, redundant,* russ. *nerazličitel'no, nedifferencial'no, izbytočno.*
[5] Vgl. dazu Martinet: Economie, pp. 70f.; Gamkrelidze und Ivanov: Phonetica *27:* 150–156 (1973).

Komplizierter ist die phonematische Beurteilung von phonetisch verwandten Elementen, die nicht in komplementärer, sondern in teilkomplementärer Verteilung stehen. Nehmen wir zwei phonetisch verwandte Lautelemente *a* und *b* an, die in der Klasse von Umgebungen *u* ... *v* vorkommen, also in der Klasse von Äußerungen *uav*, *ubv*. Wir setzen voraus, daß *u* ... *v* die einzige den Elementen *a* und *b* gemeinsame Klasse von Umgebungen in der betreffenden Sprache ist und legen dann fest:

> Stehen *a* und *b* in der Umgebung *u* ... *v* in freiem Wechsel, so sind sie phonematisch gleich. Andernfalls sind sie phonematisch verschieden.

Ersteres wäre der Fall bei den stimmlosen, dorsalen Verschlüssen [k] des Englischen. Im Auslaut nach Vokal stehen Elemente mit und ohne Verschlußlösung in freiem Wechsel. In anderen Umgebungen stehen dagegen gelöste und ungelöste [k] in komplementärer Verteilung. Im Anlaut und Inlaut gibt es nur gelöste [k], vor folgendem, auslautendem Konsonanten nur ungelöste [k] (vgl. p. 14).

Verwandte, aber phonematisch verschiedene Elemente sind dt. [e] und [ɛ]. Beiden gemeinsam sind Umgebungen vor silbenauslautendem Konsonanten, z.B. die Umgebung /b ... t/ in *Beet* [bet] und *Bett* [bɛt], die Umgebung /p ... st/ in *pest* [pest] (zu *pesen* ‹eilen›), *Pest* [pɛst], die Umgebung /d ... n/ in *den* [den], *denn* [dɛn]. In diesen Umgebungen stehen [e] und [ɛ] in Opposition. In betontem Silbenauslaut ohne folgenden, silbenauslautenden Konsonanten steht dagegen nur dt. [e], aber nicht [ɛ], z.B. in *See*, *Tee*, *Zeh*, *Fee*. Vor silbenauslautendem und silbeninlautendem [nc md] steht dagegen nur [ɛ], aber nicht [e], z.B. in *Lenz*, *Hemd*, *Grenze*, *lambda*. Wir sagen, die Opposition /e/ ≠ /ɛ/ ist in diesen Umgebungen aufgehoben oder neutralisiert[6]. Die wesentlichen Bedingungen für die Aufhebung der Opposition *a* ≠ *b* sind folgende:

1. Die Elemente *a* und *b* müssen phonetisch miteinander verwandt sein.
2. Beide kommen in der Klasse von Umgebungen /u ... v/ vor,

---

6 Terminologie der Prager Schule; vgl. Trubeckoj: Grundzüge, p. 70; Pilch, H.: La notion de neutralisation en morphologie, Travaux de l'Institut de linguistique de Paris 2, pp. 82 f. (1957). Engl. *neutralized*, frz. *neutralisée*, schwed. *upphävd*, russ. *nejtralizujetsja*, engl., frz. *neutralisation*, schwed. *upphävande*, russ. *nejtralizacija*.

weisen aber keine weiteren, gemeinsamen Umgebungen auf. In /u ... v/ sollen sie nicht frei wechseln.

3. *a* oder *b* oder beide kommen auch in anderen Umgebungen als /u ... v/ vor.

4. *a* und *b* bilden eine Serie innerhalb einer phonematischen Korrelation (vgl. p. 141 f.).

Wenn diese Bedingungen erfüllt sind, bezeichnen wir den Unterschied zwischen *a* und *b* in allen Umgebungen außer /u ... v/ als aufgehoben und die Opposition *a* ≠ *b* als aufhebbar oder **neutralisierbar**.

Beispiel: Im Deutschen verteilen sich teilkomplementär die Elemente /s/ und /z/. Das sind die Elemente, die den hörbaren Unterschied von *reißen* ≠ *reisen* ausmachen. Im Silbenanlaut unmittelbar vor betontem Vokal steht je nach Dialekt entweder nur /z/ (aber nicht /s/)[7] oder umgekehrt, z.B. in *sehen, Seil, Sauce*. Im Silbenanlaut unmittelbar vor Konsonant und (in einigen Dialekten) auch im Silbenauslaut und im Silbeninlaut nach betontem, scharf abgleitendem Vokal steht nur /s/ (aber nicht /z/), z.B. anlautend *Skorbut, Struktur*, auslautend *Maus, weiß*, inlautend *quasseln, hassen*. Gemeinsam ist den Elementen /s/ und /z/ dagegen (in vielen Dialekten) die Stellung im Inlaut nach weich abgleitendem Tonvokal. Hier stehen sie in Opposition (vor allem norddt.), z.B. *weiße* ≠ *weise*, *Muße* ≠ *Muse*, *kreißen* ≠ *kreisen*.

Die deutschen Elemente /s/ und /z/ sind außerdem phonetisch miteinander verwandt als die einzigen Zischlaute des Deutschen mit hohem Reibegeräusch (vgl. p. 52). Die Opposition /s ≠ z/ ist also im Deutschen aufhebbar. Die Aufhebung findet statt in allen jenen Stellungen, in denen /s/ und /z/ sich komplementär verteilen.

Aus dem Satz «Phonetisch verwandte Elemente in freiem Wechsel sind phonematisch äquivalent» folgt, daß (innerhalb einer gegebenen Sprache) auch alle phonetisch gleichen (d.h. nicht hörbar verschiedenen) Elemente phonematisch äquivalent sein müssen. Die Tatsache, daß mehrere Elemente *a, b* nicht hörbar verschieden sind, muß nämlich auf bestimmten auditiven Parametern beruhen, die keinem anderen, von *a* und *b* hörbar ungleichen Element *c* der gleichen Sprache zukommen. Laut Definition sind *a* und *b* also phonetisch verwandt. Da sie sich nicht hörbar unterscheiden, kann nie ein morphologischer Unterschied davon abhängen, ob in einer Äußerung an gleicher Stelle *a* oder *b* auftritt. Die Elemente *a* und *b* stehen demnach in freiem Wechsel.

Manche verwandten Lautelemente durchbrechen ihre komplementäre Verteilung nur in ganz wenigen Fällen. Im Deutschen verteilen sich komplementär z.B. weiter hinten artikuliertes [g] vor hinteren Vokalen und weiter vorne artikuliertes [g̊] vor vorderen Vo-

---

[7] Abgesehen vom Wort *Szene*; vgl. p. 156.

kalen, z. B. [g] in *galt*, [g̊] in *gilt*. In der silbenanlautenden Verbindung mit /l r n/ stehen [g] und [g̊] in manchen Dialekten in Opposition, z. B.

Grade (Pl. von *Grad*) /gradɪ/ ≠ *gerade* /g̊radɪ/
gleiß (imp. von *gleißen*) /glais/ ≠ *Gleis* ‹Bahnschiene› /g̊lais/
gnatzig /gnacɪç/ ≠ *Gnade* /g̊nadɪ/

Außer in diesen Wörtern stehen die Gruppen [g̊l g̊r g̊n] nur vor vorderen Vokalen und verteilen sich komplementär mit [gl gr gn] vor hinteren Vokalen.

Die verwandten deutschen Elemente [χ] und [ç] durchbrechen ihre komplementäre Verteilung nur insofern, als im Suffix *-chen* stets [ç] erscheint – ungeachtet der phonetischen Umgebung (vgl. p. 24).

Man hat sich sehr gegen den (theoretisch unausweichlichen) Schluß gewehrt, daß dt. [g] und [g̊], [χ] und [ç] phonematisch verschieden sind[8]. Ist doch ihre Distinktivität an sehr spezielle phonetische bzw. morphologische Bedingungen geknüpft und gibt es doch zahlreiche Dialekte, in denen die genannten Oppositionen völlig fehlen. Es sei unwirtschaftlich, wegen der wenigen abweichenden Fälle /g/ und /g̊/, /χ/ und /ç/ jeweils als zwei Klassen phonematisch verschiedener Lautelemente zu schreiben. Wirtschaftlicher sei es, bei *gerade*, *Gleis* von der ebenfalls vorhandenen Aussprache [g̊ɪˈradɪ g̊ɪˈlais] auszugehen und die umgangssprachlichen Formen [ˈg̊radɪ ˈg̊lais] davon als **Allegroformen** (vgl. p. 134 f.) abzuleiten. Bei *-chen* genüge es, die Morphemgrenze zu notieren oder eine Junktur (vgl. p. 162) anzusetzen (notiert [+]), um in der Transkription *Tau-chen* /tau+χn̩/ von *tauchen* /tauχn̩/ zu unterscheiden.

Diesen Überlegungen stimmen wir zu, was die Wirtschaftlichkeit der Transkription angeht (vgl. p. 129). Daraus folgt jedoch nicht, daß es die in Frage stehenden phonematischen Unterschiede nicht gäbe. Sie lassen sich aus dem Deutschen nicht hinwegphilosophieren, und hätten wir noch so ausgezeichnete Umschriftkonventionen. Der Streit erübrigt sich, wenn wir Umschrift und phonematische Struktur unterscheiden. Den wirtschaftlichen Gesichtspunkt geben wir für die (von uns erfundene) Umschrift zu, nicht jedoch für die phonematischen Strukturen (die wir nicht frei erfinden). Letztere sind manchmal weni-

---

8 Zu [ç] und [χ] vgl. jetzt Zacher, O. und Griščenko, N.: Hauchlaut, Achlaut, Ichlaut der hochdeutschen Gegenwartssprache in phonologischer Sicht, Folia linguist. *5*: 109–116 (1971).

ger wirtschaftlich, als wir sie gerne hätten[9]. Darauf beruht unter anderem ihre historische Veränderlichkeit. Im vorliegenden Fall bestätigt sie sich daran, daß zahlreiche Spielarten des Deutschen die Unterscheidungen [ǵ] ≠ [g], [χ] ≠ [ç] aufgegeben haben. Sie sprechen die Wörter *gerade*, *Gleis* mit [g], und ihnen fehlt das Morphem *-chen*.

2. Opposition als Kriterium

Wir unterscheiden bislang drei Klassen von phonematisch gleichen Elementen:
1. Elemente in komplementärer Verteilung;
2. Elemente in freiem Wechsel;
3. Elemente in teilkomplementärer Verteilung, die in sämtlichen, ihnen gemeinsamen Umgebungen frei wechseln.

Methodologisch erscheint es unbefriedigend, drei ganz verschiedene, teils durch distributionelle und teils durch morphologische Kriterien bestimmte Klassen einfach unter dem Namen *phonematisch gleich* zu einer neuen Klasse zusammenzufassen. Tatsächlich mangelt die Homogenität unseren drei Klassen nur scheinbar. Was sie zusammenhält, ist die dritte der oben definierten Distributionsrelationen, nämlich die Opposition:

> Opposition zwischen phonematisch gleichen Elementen ist per definitionem ausgeschlossen.

Als Terme von Oppositionen treten nur phonematisch verschiedene Einheiten auf, niemals phonematisch gleiche. Dies folgt aus der Definition der phonematischen Gleichheit. Entscheidend für eine Opposition ist nämlich ein hörbarer Unterschied, und die hörbar verschiedenen Elemente, die die Opposition bilden, müssen in gleicher Umgebung stehen. Komplementäre Verteilung zwischen ihnen ist also ausgeschlossen. Weiter müssen in Opposition stehende Elemente morphologisch verschieden sein[10]. Sie dürfen also miteinander nicht frei wechseln.

---

9 Vgl. Pilch, H.: Montreal Proceedings, p. 159; Adamus, p. 116.
10 Dieser Satz ist nicht umkehrbar. Morphologisch verschiedene Äußerungen können hörbar verschieden sein, brauchen es aber nicht. Morphologisch verschieden und hörbar gleich sind die Homonyme, z. B. dt. *Geld* = *gellt*; «*weiß*» *sagen* = *weissagen*.

Umgekehrt bilden nicht alle phonematisch verschiedenen Einheiten auch Oppositionen. Zum Beispiel sind dt. /p/ und /a/ in *Pacht* phonematisch verschieden. Trotzdem verteilen sie sich komplementär: /a/ steht nur im Silbenkern, /p/ steht nie im Silbenkern. Wegen ihrer unterschiedlichen Stellung können sie allein keine Opposition bilden[11]. Die komplementäre Verteilung ändert nichts an der phonematischen Verschiedenheit zwischen dt. /p/ und /a/. Ihnen fehlen gemeinsame, nur ihnen und keinem anderen deutschen Lautelement zukommende phonetische Parameter. Deshalb können sie nicht als phonematisch gleich gelten.

Der auf /s/ folgende unaspirierte, stimmlose, alveolare Verschluß [t] in engl. *steer* ist phonematisch verschieden vom anlautenden, aspirierten, stimmlosen, labialen Verschluß [pʰ] in engl. *peer*. Beide stehen zwar in komplementärer Verteilung: [t] kommt nur nach /s/ vor, [pʰ] nie nach /s/. Daher können sie allein nie Oppositionen bilden. Sie sind trotzdem phonematisch verschieden; denn sie sind nicht phonetisch verwandt. Gleiches gilt für schwed. [t] in *stå* und [pʰ] in *på*[12].

Fehlende Opposition braucht nicht auf komplementärer Verteilung zu beruhen. Manche englischen Sprecher gebrauchen z. B. nasaliertes [ã] in dem französischen Lehnwort *genre* [žãrə], nasaliertes [õ] in *almost* [õmoust], nasaliertes [ẽ] in *dauphin* [doufẽ][13]. Diese nasalierten Vokale sind alle drei phonetisch miteinander verwandt. Sie sind nämlich die einzigen nasalierten Vokale des betreffenden Dialektes. Sie bilden untereinander keine Oppositionen. Neben engl. *genre* /žãrə/ steht keine englische Lautfolge */žõrə/ oder */žẽrə/. Trotzdem sind sie phonematisch verschieden. Es läßt sich nämlich nicht *nachweisen*, daß sie sich komplementär verteilen. Es gibt im Englischen nicht drei verschiedene *Klassen* von lautlichen Umgebungen, in denen jeweils nur /ã õ/ bzw. /ẽ/ aufträten.

11 Dt. *Eile* [ailı] und *Pille* [pılı] sind zwar distinktiv verschieden. Terme der Opposition sind hier aber nicht allein /a/ und [p], sondern auch ihre verschiedene Stellung in der Silbe; vgl. Pilch, H.: Phonetica *14:* 228f. (1966).
12 Die eben genannten Beispiele zeigen wieder, daß das Kriterium *phonetische Verwandtschaft* (mit mangelnder Transitivität) unentbehrlich ist. Ohne dieses Kriterium hätten wir keine Handhabe, anlautendes dt. [p] in *Pille* eher mit auslautendem dt. [p] in *Reep* als z. B. mit auslautendem dt. [k] in *Wrack* oder [s] in *Haß* phonematisch gleichzusetzen oder auch (ebenfalls wegen komplementärer Verteilung) mit irgendeinem deutschen Vokal.
13 Sprecher: John V. Hagopian, New York. Morciniec, der eine der unseren entgegengesetzte Auffassung vertritt, stellt sich solchen Problemen unserem Eindruck nach nicht; vgl.: «Phonetisch verwandte Elemente, welche keine Opposition bilden, sind *eben phonologisch gleich*, unabhängig davon, ob sie komplementär, teilkomplementär oder im freien Wechsel vorkommen» [p. 32] (Auszeichnung vom Verfasser). Auch unabhängig davon, ob sie in keiner dieser drei Distributionsrelationen stehen?

Im Englischen bilden /š/ und /ž/ ganz selten Oppositionen, und zwar nur im Inlaut in Paaren wie *Aleutian* /ə'lušn/ ≠ *allusion* /ə'lužn/, *ashery* /'æšṛi/ ≠ *azury* /'æžṛi/, *glacier* /'gleišɚ/ ≠ *glazier* /'gleižɚ/, *dilution* /dɪ'lušn/ ≠ *delusion* /dɪ'lužn/ sowie im Auslaut *rushe* /ruš/ ≠ *rouge* /ruž/. Anlautendem /ž/ in *genre* steht dagegen kein */'šãrə/ gegenüber, auslautendem /ž/ in *garage* /'gæraž/ kein */'gæraš/. Darüber hinaus kennen zahlreiche englische Sprecher die Wörter *Aleutian, ashery, azury* überhaupt nicht und sprechen die Wörter *glacier, glazier, dilution* als /'glæsjə 'gleizjə dai'lušn/. Diese Mehrzahl kennt also auch inlautend keine Opposition zwischen /š/ und /ž/. Trotzdem stehen /š/ und /ž/ bei keinem englischen Sprecher in komplementärer Verteilung. Es gibt nämlich im Englischen bestimmte Klassen von Umgebungen, in denen sowohl /š/ wie /ž/ auftreten, nämlich den Inlaut:

/š/	/ž/
accretion	lesion
mission	vision
pressure	measure
operation	persuasion
kosher	hosier
rasher	azure

Wir sehen also, in gleicher vokalischer Umgebung steht sowohl /š/ als auch /ž/. Auch vom vor dem Tonvokal stehenden Konsonanten kann die Wahl von /š/ oder /ž/ nicht abhängen. In *ocean* /'oušn/, *azure* /'æžə/ steht nämlich einmal /š/, das andere Mal /ž/ ohne jeden Anlautkonsonanten der Tonsilbe, in *Hessian* and *hosier, operation* und *erosion* stehen /š/ und /ž/ nach /h r + Vokal/. Man könnte also als verschiedene Umgebungen für /š/ und /ž/ jeweils nur die gesamten Wörter angeben, in denen diese Elemente stehen, abzüglich der Elemente /š/ und /ž/ selbst. Wir kämen also auf eine Wortliste hinaus etwa von der Form /ž/ in *derision, leisure, adhesion,* /š/ in *mission, discretion, perdition* usw. Solche Wortlisten reichen zur Begründung komplementärer Verteilung nicht aus. Hierzu brauchen wir verschiedene *phonetische* Umgebungen (vgl. p. 16f.).

Die Opposition gibt daher wohl ein positives Kriterium ab, um phonematische Verschiedenheit zu erweisen. Aus Opposition zwischen den Elementen *a* und *b* folgt die phonematische Verschiedenheit von *a* und *b*. Dieser Satz ist aber nicht negierbar. Aus fehlender Opposition folgt weder phonematische Gleichheit noch phonematische Verschiedenheit. Das gemeinsame Merkmal unserer drei Klassen phonematisch gleicher Elemente liegt nicht darin, daß sie keine Opposition bilden, sondern daß sie *a structura phonetica* keine Oppositionen bilden *können*. In tatsächlichen Sprachen bilden manchmal auch phonematisch verschiedene Elemente keine Opposition (z. B. engl. /ō ē ã/). Ihre fehlende Oppositionsbildung läßt sich jedoch nicht schon aus Komplementarität bzw. freiem Wechsel ableiten. Sie kann erst durch Einzeluntersuchung am Material festgestellt werden.

In der Praxis ist das Kriterium *Opposition* zwar sehr nützlich, weil es auf einen Blick zeigt, daß mehrere Elemente voneinander phonematisch verschieden sind, z. B. dt. /s z t c m n b ç f g/ in *reißen, reisen, reiten, reizen, reimen, reinen, reiben, reichen, reifen, Reigen*. Man braucht dann erst gar nicht zu prüfen, ob die betreffenden Elemente vielleicht in komplementärer Verteilung oder in freiem Wechsel stehen, und man darf sogar mit seltenen, vielen Sprechern ungeläufigen Wörtern arbeiten (wie dt. *Tau-chen*, engl. *Aleutian*). Um zu entscheiden, *welchen* anderen Lautelementen der betreffenden Sprache ein bestimmtes Element *a* phonematisch gleich und von welchen es phonematisch verschieden ist, reicht das Kriterium *Opposition* jedoch nicht aus. Es muß zumindest ergänzt werden durch die Kriterien *komplementäre Verteilung* und *phonetische Verwandtschaft*.

Aus Opposition zwischen dt. explosivem [p ≠ k] in *Pate* ≠ *Kate* und zwischen dt. implosivem [p ≠ k] in *webt* [vept] ≠ *wägt* [vekt] folgt noch nicht die phonematische Gleichheit zwischen explosivem [p] und implosivem [p] einerseits und zwischen explosivem [k] und implosivem [k] andrerseits. Dazu müssen außerdem die phonetische Verwandtschaft und die komplementäre Verteilung der betreffenden Elemente erwiesen werden. Die beiden letzten Kriterien genügen jedoch schon allein ohne die Opposition, um die Frage nach der phonematischen Gleichheit oder Verschiedenheit der genannten Elemente zu entscheiden.

In der Praxis empfiehlt es sich, mehrere Elemente so lange als phonematisch verschieden zu betrachten, bis sich ihre phonematische Gleichheit mit den Kriterien komplementäre Verteilung und phonetische Verwandtschaft zeigen läßt. Das umgekehrte Vorgehen, bei dem alle hörbar verschiedenen Lautelemente als phonematisch gleich verdächtig bleiben, ehe nicht ihre mangelnde komplementäre Verteilung (oder fehlender freier Wechsel) durch das Kriterium Opposition erwiesen ist, führt immer wieder auf unlösbare Probleme, weil nicht alle phonematisch verschiedenen Einheiten im Einzelfall auch Oppositionen bilden. Der Versuch, Oppositionen zwischen allen phonematisch verschiedenen Einheiten innerhalb einer Sprache zu finden, ist in der Praxis immer aussichtslos. In obiger Liste haben wir zwar durch Opposition die phonematische Verschiedenheit von dt. /s z t c m n b ç f g/ nachgewiesen. Die Liste reicht aber nicht mehr aus, um die phonematische Verschiedenheit der genannten Elemente auch von dt. /š l r ŋ p d k v/ zu prüfen. Deutsche Wörter wie *reischen, *reilen, *reiren sind nämlich nicht belegt.

Eine «Patentlösung» dieses Problems würde einen transitiven Schluß folgender Form verwenden:

dt. [s] ≠ [f], vgl. *reißen* ≠ *Reifen*,
dt. [f] ≠ [k], vgl. *Hafen* ≠ *Haken*;
folglich: dt. [s] ≠ [k].

Solche Schlüsse sind unzulässig. Sie führen innerhalb der Phonemtheorie zu Widersprüchen (vgl. pp. 60–63). Nach genau derselben Methode wäre zu schließen:

dt. [k] ≠ [r], vgl. *Kuh* ≠ *Ruh*,
dt. [r] ≠ [k̥], vgl. *Rind* ≠ *Kind*;
folglich: dt. [k] ≠ [k̥].

Nach den Kriterien *komplementäre Verteilung* und *phonetische Verwandtschaft* sind dt. [k] und [k̥] jedoch phonematisch gleich und bilden per definitionem keine Oppositionen.

Die nur begrenzte Verwendbarkeit der Opposition als Kriterium läßt sich auch aus noch allgemeineren, theoretischen Erwägungen begründen. Wir haben auf Seite 20 gesehen, daß man für manche Sprachen die vorkommenden Folgen von Lautelementen beschreiben kann als Liste der vorkommenden Silbenanlaute, Silbenkerne und Silbenauslaute zuzüglich einiger weiterer Einschränkungen. Mit Hilfe solcher Listen könnte man alle überhaupt in der betreffenden Sprache möglichen Silben festlegen. Gäbe es z.B. u verschiedene Anlaute, v Kerne und z Auslaute, so erhielten wir $u \cdot v \cdot z$ verschiedene mögliche Silben des Baus *Anlaut + Kern + Auslaut*. Setzen wir $u = 100$, $v = 12$, $z = 100$, so erhalten wir 120000 verschiedene Silben. In der Praxis kommt immer nur ein Teil dieser phonematisch zugelassenen Silben tatsächlich vor.

Die Aufstellung der phonematisch zugelassenen Silben hat trotzdem ihren guten Sinn. Mit ihr geben wir nämlich die Strukturen an, nach denen alle überhaupt möglichen Silben in der betreffenden Sprache gebaut sind. Die einzige andere Möglichkeit wäre eine Liste nur der tatsächlich in unserem Material belegten Silben. Diese wäre jedoch einem allgemeinen Strukturgesetz über den Silbenbau nicht gleichwertig. Im Deutschen gibt es z.B. den Silbenanlaut /gr/ und den Silbenauslaut /l/, z.B. in *grell, Gral, gröhl* (imp. zu *gröhlen*), *Groll, graul* (imp. zu *graulen*). Der Satz «Im Deutschen sind Silben der Struktur /gr/ + *Vokal* + /l/ zugelassen» deckt diese Beispiele und besagt außerdem, daß weitere Silben dieser Struktur im Deutschen bildbar und bei Erweiterung des Untersuchungsmaterials zu *erwarten* sind. Diesen Satz bestätigt das kürzlich in den allgemeinen Sprachgebrauch eingegangene englische Lehnwort *Grill*. Eine bloße Liste der tatsächlich belegten Silben hätte dagegen diese Möglichkeit nicht voraussehen lassen. Sie hätte uns keinen Anhalt zu der Erwartung gegeben, daß das Deutsche eher ein neues Wort *Grill* aufnehmen würde als etwa ein Wort **Gtill* oder **Gngill*. Wenn man deutsche Eigennamen durchsieht, so wird man auf Grund des gleichen Strukturgesetzes von Formen wie *Gralka, Grehl, Greil, Griehl, Groll, Grüll, Gruhl, Gruel*[14] nicht überrascht sein, aber kaum die Typen **Gngill* oder **Gtill* finden.

Die Struktur phonematisch zugelassener, aber üblicherweise nicht vorkommender Silben erfüllen auch ad hoc gebildete, sinnlose Wörter (engl. *nonsense words*), wie sie oft als literarische Kunstgriffe und im Kinderspiel verwendet werden. *Alice* findet z. B. ein Gedicht voller solcher Wörter:

«'Twas brillig, and the slithy toves
Did gyre and gimble in the wabe.
All mimey were the borogroves
And the Mome raths outgrabe.»

Viele dieser Wörter kommen im Englischen sonst nicht vor. Sie bestehen aber ausschließlich aus im Englischen zugelassenen Phonemfolgen: "It seems very pretty", she (Alice) said when she finished it (reading the poem), "but it's *rather* hard to understand"[15].

Auch manche (sensorischen) Aphasiepatienten gebrauchen Wörter, die die phonematischen Strukturgesetze der betreffenden Sprache erfüllen, aber nicht ihrem Wortschatz angehören, z. B. *Mengkel* ‹Gürtel›, *Giltkittel, Holbleck*. In der medizinischen Fachsprache heißen solche Wörter Neologismen.

Welche zugelassenen Silben in unserem Material tatsächlich belegt sind, hängt per definitionem vom Zufall ab. Man muß nur allgemein damit rechnen, daß nicht *alle* belegt sein werden. Suchen wir z. B. für den Silbenanlaut von dt. *grell* nach einer Opposition zum Silbenanlaut von dt. *Kohl*, so werden wir sie nur dann finden, wenn entweder **kell* oder **Grohl* oder beide Silben in unserem stets begrenzten Material ebenfalls belegt sind[16]. Unsere Liste der Oppositionen ist von dem Zufall abhängig, ob eine ganz bestimmte, zuge-

---

14 Sämtlich im Hamburger Telephonbuch verzeichnet (Ausgabe 1959/60).
15 Carroll, L.: Alice in Wonderland, pp. 178, 180 (Modern Library, New York).
16 Das Hamburger Telephonbuch verzeichnet den Namen *Kell*, aber nicht *Grohl*. Der dort aufgeführte Teilnehmer *Grolmann* spricht die erste Silbe seines Namens mit [ɔ] wie in *voll*, nicht [o] wie in *wohl*.

lassene Form tatsächlich vorkommt. Wir können deshalb wohl zufällig vorhandene Oppositionen zum Nachweis phonematischer Verschiedenheit benutzen, dürfen aber nicht erwarten, daß alle phonematisch verschiedenen Elemente auch (in unserem Material belegte) Oppositionen bilden.

3. Ähnliche Umgebung

Mit der Erkenntnis vom Unterschied zwischen ihrer phonematischen Struktur nach zugelassenen und tatsächlich belegten Silben greifen wir die drei englischen Nasalvokale in *genre, almost, dauphin* noch einmal auf. Gegen unsere obige Behauptung auf Seite 72, sie stünden nicht in komplementärer Verteilung, ließen sich folgende Klassen von Umgebungen für engl. [ã, õ, ẽ] aufstellen:

[õ] steht nie nach silbenanlautendem Konsonanten, vgl. *almost* ['õmoust]; [ã] steht nur nach silbenanlautendem [ž], vgl. *genre* [žãrə]; [ẽ] steht nur nach silbenanlautendem /f/ (vgl. *dauphin* ['doufẽ]). Da phonetische Verwandtschaft gegeben ist – [ã õ ẽ] sind die einzigen Nasalvokale des vorliegenden Dialektes –, müßte folgen, sie seien phonematisch gleich.

Gründet sich dieser Schluß tatsächlich auf die phonematische Struktur des Englischen oder nur auf Lücken in den Belegen? Das heißt, sind die Folgen [žõ žẽ] im Englischen a structura phonetica nicht zugelassen, oder kommen sie nur zufällig nicht im Wortmaterial vor? Wie entscheiden nach dem Kriterium ähnliche Umgebung:

Nehmen wir zwei phonetisch verwandte Elemente *a, b* an. In der Umgebung *u ... v* soll nur *a* vorkommen, aber nicht *b*, in der Umgebung *w ... z* umgekehrt nur *b*, aber nicht *a*. Es sind also belegt die Äußerungen *uav, wbz*. Wir untersuchen jetzt *a* und *b* auf phonetische Parameter, in denen sie sich voneinander unterscheiden, die aber phonematische Merkmale ihrer jeweiligen Umgebung sind. Die Umgebung braucht dabei nur aus *einem* benachbarten Element zu bestehen (nicht immer aus zwei oder mehreren). Gibt es solche Merkmale bei *a* und bei *b*, so stehen *a* und *b* in komplementärer Verteilung und sind phonematisch gleich. Gibt es sie nicht, so halten wir das Fehlen der Folgen *ubv, waz* für *zufällig*, d.h. durch Lücken im Material bedingt.

Bei unserem Beispiel von *genre, dauphin, almost* ist die Antwort negativ, d.h., hier liegt keine komplementäre Verteilung vor. Ebenso negativ wäre sie bei denjenigen englischen Sprechern, die keine Opposition zwischen /š/ und /ž/ kennen. Positiv wäre die Antwort dagegen für die Spiranten des Altenglischen. Im Altenglischen stehen im Inlaut in stimmhafter Umgebung die stimmhaften Spiranten [v ð z γ], aber niemals die stimmlosen [f þ s χ]. Die Stimmhaftigkeit haben [v ð z γ] mit ihrer Umgebung gemein. Die Umgebung der stimmlosen [f þ s χ] ist dagegen weniger stimmhaft. Sie stehen im Anlaut und Auslaut und im Inlaut in den Folgen [ff þþ χχ ss], z.B. *offrian, sceppan, hliehhan, blisse*[17].

Im Finnischen stehen die verschiedenen stimmlosen Vokoide nur nach oder vor einem sonst gleichen, stimmhaften Vokal derselben Silbe, also stimmloses [hᵃ] nach und vor gleichsilbigem, stimmhaftem [a], stimmloses [hᵘ] nach und vor gleichsilbigem, stimmhaftem [ü] usw., z.B. in *Lahti* [lahᵃti] (Ortsname), *hyvä* [hᵘüvä] ‹gut›. Jeder einzelne stimmlose Vokoid teilt also seine besondere vokalische Qualität immer mit seiner Umgebung. Die komplementäre Verteilung zwischen den verschiedenen stimmlosen Vokoiden ist also echt und beruht nicht etwa auf Lücken im Material. Sie sind phonetisch verwandt kraft des Merkmals Reibegeräusch (Geräuschspektrum) bei vokoider Stellung des Artikulationskanals (Intensitätsmaxima im gleichen Frequenzbereich wie bei den Vokalformanten). Wir fassen sie daher zu einer Klasse phonematisch gleicher Elemente zusammen. Ebenso wie die finnische Rechtschreibung notieren wir sie als /h/.

Kehren wir zu unserem Beispiel mit den phonetisch verwandten Elementen *a, b* zurück, die sich in den Umgebungen *u...v, w...z* komplementär verteilen. Wir wollen jetzt annehmen, daß der Parameter *m*, den *a* mit *u...v* teilt, auch der Umgebung *w...z* zukommt, aber nicht dem Element *b*. Auch in diesem Falle sehen wir das Kriterium ähnliche Umgebung als erfüllt an, vorausgesetzt, daß der Parameter *m* für *u...v* distinktiv ist, für *w...z* aber nicht.

Beispiel: Im Finnischen steht stimmhaftes [ɦ] (Vokal mit glottaler Reibung) nur vor folgendem /d/. Stimmloses [h] steht dagegen nie vor folgendem /d/, z.B. stimmhaftes [ɦ] in *kahdeksan* ‹acht›, *ühdeksän* ‹neun›, aber stimmloses [h] in *vihteen* ‹fünf› (cas. obl.), *kuhteen* ‹sechs› (cas. obl.). Das Element [ɦ] teilt also seine Stimmhaftigkeit mit dem folgenden /d/. Auf stimmloses [h] folgen aber außer stimmlosen Konsonanten auch die stimmhaften /v l n/, z.B. in *kahvia* ‹Kaffee›, *pihlaja* ‹Eberesche›, *tehnyt* ‹getan›. Die stimmhafte Qualität ist im Finnischen für /d/ distinktiv, vgl. finn. *soidin* ‹Balzschrei der Vögel› ≠ *soitin* (Musikinstrument), aber nicht für /v l n/. Das Finnische kennt nämlich keine von /v l n/ phonematisch verschiedenen,

---

17 Vgl. Pilch, H.: Altenglische Grammatik, § 6.3 (Hueber, München 1970).

stimmlosen Elemente /f[18] l n/. Das Kriterium *ähnliche Umgebung* ist also für finn. [ɦ h] erfüllt.

In der Praxis arbeitet man dauernd mit dem Kriterium *ähnliche Umgebung*. Besonders in den ersten Stadien der Arbeit mit einer neuen Sprache können wir mit seiner Hilfe oft «über den Daumen peilen», ob die Untersuchung mehrerer Elemente auf phonematische Gleichheit lohnt. Kennen wir z.B. nur die drei lappischen Wörter [19]

tjåkko [čohk:a] ‹Gipfel›,
muohtapiila [m_wotapi:li] ‹Schneeauto›,
njatso [n,a·tʃua] ‹Tauwetter›,

so werden wir trotz der verschiedenen Vokale der drei Silben [čoh pi : n,a·] in den jeweils vorangehenden Silbenanlauten kaum drei phonematisch gleiche Elemente vermuten, und zwar deshalb, weil offenbar keine besondere Ähnlichkeit zwischen den jeweiligen Konsonanten und Vokalen vorliegt.

Mit aus dem gleichen Grunde setzen wir auch Elemente in komplementärer Verteilung nur dann phonematisch gleich, wenn sie miteinander verwandt sind. Andernfalls ließe sich ihr Unterschied nach dem Kriterium *ähnliche Umgebung* nicht deuten.

Vergleichen wir dagegen die lappischen Elemente:

[jaure] ‹See›   [p_woris] ‹alt›
[wa:rin] ‹im Gebirge› [m_wota] ‹Schnee›
[čačai] ‹Wasser›   [t_wolpagorni] (Bergname)
                      [č_woikan] ‹Ski›

Hier sehen wir die labialisierten Konsonanten [m_w, p_w, t_w, č_w] nur vor folgendem, gerundetem [o]. Vor [a] erscheinen dagegen keine labialisierten Konsonanten. Die labialisierten Konsonanten und der Vokal [o] haben das gemeinsame Merkmal *Rundung*. Der Vokal [a] wird mit weniger gerundeten Lippen gesprochen und ist im vorliegenden Material nicht nach labialisiertem Konsonanten belegt. Auf Grund der ähnlichen Umgebung werden wir komplementäre Verteilung zwischen labialisierten und nichtlabialisierten Konsonanten bzw. zwischen gerundeten und ungerundeten Vokalen vermuten. Diese Vermutung wäre an weiterem Material zu prüfen.

Dank des Kriteriums *ähnliche Umgebung* können wir auch mit der Opposition geschmeidiger arbeiten als bisher. Um die distinktive Ver-

---

18 Wir sehen hier von einigen peripheren Wörtern mit [f] wie *professori* ab.
19 Lappische Orthographie nach Harald Grundström [Lulelapsk Ordbok, Uppsala 1946–1954]. Transkript nach eigenen Aufzeichnungen im Gebiet von Nikkaluokta (Gällivare).

schiedenheit zweier Elemente *a* und *b* zu erweisen, brauchen wir sie nicht mehr in völlig gleicher Umgebung zu belegen. Es genügt, daß die jeweiligen Umgebungen den zu prüfenden Elementen *a* und *b* nicht im Sinne unseres Kriteriums ähneln. In der Praxis kann man deshalb z.B. schon aus der Opposition von dt. *reißen* ≠ *teilen* auf phonematische Verschiedenheit von [s] und [l] einerseits und [r] und [t] andrerseits schließen. Weder ist nämlich [s] dem vorangehenden Anlaut [r] besonders ähnlich noch [l] dem vorangehenden Anlaut [t]. Komplementäre Verteilung wird man deshalb nicht vermuten. Wir sprechen daher von jetzt an von *Opposition* im strengen Sinne als einer Relation zwischen phonematisch verschiedenen Elementen in gleicher Umgebung ohne Rücksicht darauf, ob sie im Einzelfall morphologisch verschiedene Äußerungen ineinander überführen oder nicht[20].

Es ist jedoch fraglich, ob das Kriterium *ähnliche Umgebung* mehr liefert als eine nützliche Faustregel. Bedeutet es eine notwendige Bedingung phonematischer Gleichheit? Beruht z.B. der Unterschied zwischen hellem, anlautendem [l] und dunklem, auslautendem [ł] im Englischen und Niederländischen auf phonetischer Ähnlichkeit mit der jeweiligen Umgebung? Oder der Gebrauch von unilateralem [l] nach gleichsilbigem /t d k g/, aber bilateralem [l] nach gleichsilbigem /p b/ im Kymrischen[21]? Oder die phonematische Äquivalenz von [šp] und [sp] im Deutschen (vgl. p. 65)? Dürfen wir a priori die Möglichkeit ausschließen, daß eine Sprache, sagen wir, im Anlaut nur stimmhafte, im Inlaut zwischen Vokalen nur stimmlose Konsonanten kennt? Wir könnten durch die Erfahrung widerlegt werden. Oder sollten wir in solchem Falle trotz komplementärer Verteilung und phonetischer Verwandtschaft die phonetische Gleichsetzung beider Konsonantenklassen verweigern?

<small>Ch. Hockett legt sich bei der Beurteilung einer solchen hypothetischen Situation nicht genau fest: "If the distribution of the two allophones were reversed, then the complementation would not be supported by phonetic realism and the identification would *probably* be rejected (I know of no language where such a peculiar distribution occurs)"[22].</small>

---

20 Trubeckoj [Grundzüge, p. 32] unterscheidet *direkte Opposition* zwischen miteinander vertauschbaren Elementen (z.B. /g/ ≠ /m/ in dt. *gähne* ≠ *Mähne*) von *indirekter Opposition* zwischen phonematisch verschiedenen Elementen, die niemals allein Wortpaare ineinander überführen (z.B. dt. /h/ ≠ /ŋ/). Wir haben hier nur die direkte Opposition im Auge; vgl.: "I should redefine contrast as the relation between phonemically different members of a given class of constituents" [Pilch, H.: Phonetica *14:* 249, 1966].
21 Vgl. Pilch, H.: Das kymrische Lautsystem, Kuhns Z. *75:* 41 (1957).
22 Manual, p. 156 (Auszeichnung vom Verfasser).

Obgleich es wohl keinen Forscher gibt, der nicht wenigstens stillschweigend mit dem Kriterium *ähnliche Umgebung* arbeitete, wird es nur selten verbindlich ausgesprochen.

Hockett drückt sich sehr vorsichtig aus: "Segments which are in complementation are nevertheless phonetically[23] distinct unless they resemble each other phonetically in such a way that the differences can be extracted from the segments themselves and assigned, instead, to the environments, in *some phonetically realistic way* ... there are two 'phonetic similarities' in the picture: (1) the phonetic similarity between the sounds which are in complementary distribution; (2) the phonetic similarity of each of the sounds to the environment in which it occurs"[24].

A. Martinet lehnt die phonematische Gleichsetzung von span. [š] und [s] wegen Fehlens ähnlicher Umgebung ab (span. [š] steht nur in der Affrikata [tš], span. [s] steht nie nach [t]): «Mais il faudrait pour cela que le voisinage de [t] *justifie* le caractère proprement chuintant de [š], caractère qui le distingue de [s], ce qui n'est pas le cas»[25]. Wie weit die Verbindlichkeit des Kriteriums *ähnliche Umgebung* gehen sollte, sagt aber auch er nicht ganz klar: «Une variation combinatoire ne peut, bien entendu, être le fait du hasard. Elle doit s'expliquer, *au moins partiellement*, en référence au contexte phonique»[26].

K. L. Pike, der das Kriterium *ähnliche Umgebung* ausführlich darlegt, betont, es sei "not as an essential phonemic criterion or prerequisite" anzusehen: "One must also be ready to find modifications of sounds in environments where it is less easy, or impossible, to show a reason for this change in the phonetic characteristic of the pertinent environment"[27].

Nur S. K. Šaumjan baut seine gesamte phonematische «Zweistufentheorie» auf der Voraussetzung auf, daß hörbare Unterschiede zwischen phonematisch gleichen Elementen immer und in jedem Falle auf Ähnlichkeit mit ihrer jeweiligen Umgebung beruhen: «Meždu fonemoidami, služaščimi reprezentantami toždestvennych konkretnych fonem [d. h. zwischen phonematisch gleichen Elementen; Verf.], suščestvujut opredeljonnyje fizičeskije različija, *celikom svodimyje* k vlijaniju raznych pozicionnych uslovij»[28].

Wir halten die ähnliche Umgebung für keine unbedingt notwendige Bedingung phonematischer Gleichheit[29]. H. M. Truby setzt neben den primären (durch Ähnlichkeit mit der Umgebung bedingten) weitere sogenannte sekundäre Unterschiede zwischen phonematisch gleichen Elementen an[30]. Sekundäre Unterschiede treten z. B. bei

23 Offenbar Druckfehler für *phonologically*.
24 Loc. cit.
25 Un ou deux phonèmes, Acta linguist. hafn. *1:* 97, Anm. (1939; Auszeichnung vom Verfasser).
26 Eléments, p. 69 (Auszeichnung vom Verfasser).
27 Phonemics, pp. 86b, Anm. 1, 87b (University of Michigan Press, Ann Arbor 1947).
28 Dvuchstepenčatja teorija fonemy i differencial'nych elementov, Vopr. Jaz., Heft 5, pp. 18–34, Zitat, p. 26 (1960; Auszeichnung vom Verfasser).
29 So auch Sivertsen, E.: Cockney phonology, p. 190 (Universitätsverlag, Oslo 1960).
30 *Primary* and *secondary allophones* [Acoustico-cineradiographic analysis considerations, p. 126].

wiederholter Aussprache des gleichen Wortes auf. Zwei konkrete, gesprochene Lautelemente sind einander niemals *völlig* gleich, aber diese Unterschiede sind nicht im Sinne unseres Kriteriums umgebungsbedingt. Die historische Grammatik arbeitet mit weder durch ähnliche Umgebung noch durch Wiederholung bedingten Unterschieden zwischen phonematisch gleichen Elementen. Solche Unterschiede bestehen, aber sie sind wenig stabil und verschwinden rasch im Fortgang der Sprachgeschichte. In den nördlichen Dialekten des Altenglischen verteilen sich vorne artikuliertes [k̊] und hinten artikuliertes [k] komplementär. Das Element [k̊] steht vor vorderen, entrundeten Vokalen, das Element [k] vor vorderen, gerundeten und vor hinteren Vokalen sowie vor den Konsonanten /r l n/, z. B. [k̊] im Anlaut der Wörter *cild* ‹Kind›, *cest* ‹Kiste›, dagegen [k] in *cȳ* ‹Kühe›, *cœlan* ‹kühlen›[31]. Die Eigenschaft *vordere Artikulation* teilt [k̊] mit seiner Umgebung. Die gleiche Eigenschaft kommt aber auch den vorderen, gerundeten Vokalen zu, vor denen das hinten artikulierte [k] steht. Die vordere Artikulation ist für die vorderen, gerundeten Vokale sicher distinktiv, da sie in Opposition zu hinteren, gerundeten Vokalen stehen. Das Kriterium *ähnliche Umgebung* ist demnach für altengl. [k : k̊] nicht erfüllt. Alle übrigen Bedingungen phonematischer Gleichheit liegen jedoch vor.

Für ein bestimmtes Stadium des Urslavischen setzt A. Martinet[32] eine Klasse phonematisch gleicher Elemente /s/ an. Zwischen /i u/ und Vokal werden diese dem vorangehenden /i u/ ähnlicher artikuliert als zwischen /i u/ und Konsonant. Die Eigenschaft *hohe Artikulation*, die die zwischen /i u/ und Vokal stehenden Elemente [ś] mit ihrer Umgebung teilen, kommt auch der Umgebung /i u ... Kons./ zu. Für beide Umgebungen ist die hohe Artikulation in gleicher Weise distinktiv, da /i u/ in Opposition zu tiefen Vokalen wie /a o e ě/ stehen und die auf /s/ folgenden Elemente weder im einen noch im anderen Fall einheitlich hohe Artikulation aufweisen. Die schwankende Aussprache der Elemente /s/ ist demnach nicht durch Ähnlichkeit mit der jeweiligen Umgebung bedingt. Martinet spricht in solchen Fällen von zwei neuromuskularen Einheiten innerhalb der größeren, phone-

---

31 Beispiele aus dem mercischen Vespasianpsalter.
32 Economie, p. 241.

matischen Einheit[33], d.h., innerhalb der phonematisch einheitlichen Klasse /s/ gibt es die beiden neuromuskularen Unterklassen [ś] und [s]. Zu den primären und sekundären Unterschieden zwischen phonematisch gleichen Elementen kommen also als drittes neuromuskulare oder tertiäre Unterschiede.

Mit tertiären Unterschieden rechnet man als typisch für ein Übergangsstadium vor der Neuentstehung von Oppositionen. In einem jüngeren Stadium des Altenglischen entsteht durch Zusammenfall von /ö/ und /e/ eine Opposition zwischen vorderem /č/ (</k̊/) und hinterem /k/, z.B. čēne ‹Kien› ≠ cēne ‹kühn›). Im Urslavischen entwickelt sich aus früherem /k/ über /č/ und /ts/ ein niedrig artikuliertes /s/, das auch zwischen /i u/ und Vokal steht und in dieser Stellung in Opposition zu hochartikuliertem /ś/ tritt.

Gäbe es keine phonematische Gleichheit ohne ähnliche Umgebung, so müßte man solche Rekonstruktionen grundsätzlich verwerfen. Einen solchen, von a priori erfundenen Voraussetzungen ausgehenden Angriff auf die anerkannten Methoden der lautgeschichtlichen Deutung können wir nicht anerkennen, zumal da tertiäre Unterschiede zwischen phonematisch gleichen Elementen auch in lebenden Sprachen vorkommen. Zwar gehen wir bei der Bildung phonematischer Äquivalenzklassen in der Weise vor, daß sich möglichst wenig tertiäre Unterschiede zwischen phonematisch gleichen Elementen ergeben (vgl. p. 150). Verbieten lassen sie sich jedoch nicht. In ihrer (wenig stabilen) Existenz liegt eine wesentliche Voraussetzung sprachgeschichtlicher Prozesse. Scheinbar macht es Schwierigkeiten, daß das Kriterium *ähnliche Umgebung* uns einerseits bei der Analyse so sehr nützt, es andrerseits aber nicht *alle* hörbaren Unterschiede zwischen phonematisch gleichen Elementen erklärt. Die Schwierigkeit löst sich auf höherem theoretischem Niveau. Hier bildet die ähnliche Umgebung eine *Voraussetzung* der phonematischen Analyse. Die Phonemtheorie postuliert sowohl primäre (im Sinne Trubys) als auch tertiäre Unterschiede innerhalb phonematischer Äquivalenzklassen und hält erstere für stabiler als letztere. Damit gewinnt sie gleichzeitig ein Prinzip zur Deutung sprachhistorischer und dialektologischer Variabilität – gilt doch die komplementäre Verteilung zwischen hellem und dunklem [l] im Englischen z.B. nur für ein relativ kleines Dialektgebiet. Sie gilt nicht in Schottland, Irland und Nordamerika.

---

[33] Deux unités neuro-musculaires; vgl. Economie, pp. 178f., 241, Anm. 11.

4. Expressive und rhetorische Merkmale

Hören wir zwei Sprechern zu, die das gleiche sagen, etwa mehreren Schulkindern, die das gleiche Gedicht aufsagen [34]. Häufig erleben wir, daß das eine Kind leiert, das andere ausdrucksvoll spricht. Die beiden Vorträge stehen nicht in gleicher Weise in Opposition zueinander wie die beiden Zollerklärungen mit den Wörtern *Apfelwein* und *Abfüllwein* (s. p. 5f.). Sie enthalten nämlich die gleichen morphologischen Einheiten (Wörter) in gleicher Reihenfolge. Wir sagen, sie sind expressiv verschieden, nicht distinktiv verschieden. Den Terminus *Opposition* schränken wir ein auf distinktive Verschiedenheit. Dagegen begründet expressive Verschiedenheit keine Opposition.

In Opposition stehende Ausdrücke brauchen nicht bedeutungsverschieden zu sein. Es genügt ihre *morphologische* Verschiedenheit (vgl. p. 71). Synonyme Wörter können in Opposition stehen, z.B. dt. *Gaupe* ≠ *Gauge* ‹gerades Fenster im schrägen Dach›, *Taxi* ≠ *Taxe* ‹Autodroschke›. Ein ausdrucksvoll vorgetragenes Gedicht steht dagegen (in unserem technischen Sinn) nicht in Opposition zu einem geleierten Gedicht, obschon der gute Vortrag dem Hörer beim Verständnis wesentlich weiterhelfen mag.

Die hörbaren Eigenschaften, die an expressiven Unterschieden beteiligt sind, nennen wir expressive Merkmale. Je nachdem, was sie dem Hörer mitteilen, schälen sich verschiedene Klassen expressiver Merkmale heraus [35].

1. Haltung des Sprechers zum Mitgeteilten: Die gleiche Anrede *Herr Meyer* kann z.B. routinemäßig (beim Aufruf von Patienten im Wartezimmer), freundlich, ironisch, verärgert usw. klingen.

Die routinemäßige Anrede unterscheidet sich von der ironischen im Deutschen unter anderem durch folgende Lauteigenschaften:
a) Das Element *Herr* wird bei Ironie langsamer und höher gesprochen.
b) Die Stimme klingt bei Ironie metallischer und durchdringender.
Bei Verärgerung tritt an Stelle der metallischen häufig eine «kratzige» Stimme mit im Rachen erzeugten Reibegeräuschen.

34 I. Fónagy und E. Bérard untersuchen vergleichend 26 verschiedene Aussprachen des französischen Ausdrucks *il est huit heures* [Phonetica 26: 157–192, 1972].
35 Wir schließen uns an G. Hammarström [Linguistische Einheiten im Rahmen der modernen Sprachwissenschaft, pp. 8–13; Springer, Berlin 1966] an. K. L. Pike [Blue Book, § 8.441] unterscheidet nach verschiedenen Vortragsarten (wie Gesang, Geflüster) und spricht dabei von *systemically conditioned variation* bei *topological sameness* (d.h. phonematischer Äquivalenz) der betreffenden Lauteinheiten. Die Prager Schule unterschied im Anschluß an K. Bühler zwischen intellektueller Bedeutung oder Darstellungsfunktion einerseits und emotionaler Bedeutung oder Kundgabe- und Appellfunktion andrerseits. Als phonematisches Kriterium betrachtete man zunächst nur die intellektuelle Bedeutung. Schon Trubeckoj selbst sah dies als einen Mangel an, den man beheben müsse [Grundzüge, p. 18]. Die jetzige Abgrenzung von Distinktivität und Expressivität ersetzt die Bühlersche Dreiteilung durch eine neue Zweiteilung, die sich auf genauere analytische Erfahrung gründet.

Solche expressiven Merkmale sind mehr oder minder stark an einer gegebenen Äußerung beteiligt. Das Gesagte klingt mehr oder minder ärgerlich, ironisch bzw. routinemäßig. Dieses Mehr oder Minder unterscheidet expressive Merkmale grundsätzlich von distinktiven. Ein gesprochenes Wort ist z.B. entweder *finden* mit anlautendem /f/ oder *winden* mit anlautendem /v/. Es kann nicht «mehr oder weniger *finden* bzw. *winden*» sein. Technisch sagen wir, expressive Merkmale sind (im allgemeinen) kontinuierlich, distinktive Merkmale sind (im allgemeinen) diskret[36].

2. Ständige Sprechereigenschaften: Dazu gehören etwa die piepsige Stimme des Kindes gegenüber der vollen Stimme des Erwachsenen (biologische Gruppenmerkmale), die harte, metallische Stimmqualität des Yankee aus New York oder Connecticut gegenüber der weichen Stimme des Engländers der höheren Gesellschaft (regionale bzw. soziale Merkmale) und schließlich die typische Einzelstimme, an der wir die Person des Sprechers erkennen, wenn wir ihn nur hören (z.B. am Telefon), ohne daß wir ihn sehen oder er seinen Namen nennt (individuelle Merkmale).

Auf einer Reise im englischsprachigen Kanada im Sommer 1972 ahmte der Verfasser versuchsweise die eben genannte «New Yorker Stimmqualität» nach, ohne sonst etwas an seiner britisch-englischen Aussprache zu ändern. Die mitreisenden Kanadier und Amerikaner hielten ihn einhellig für einen «Connecticut Yankee».

Es gibt expressive, diskrete Merkmale. Diese stehen an der Grenze zwischen Expressivität und Distinktivität. In einem Freiburger Bäckerladen fragt die Bedienung die Kunden häufig: «Kriegen Sie schon?» und benutzt dabei wahlweise eine von zwei verschiedenen Melodien. Bei Melodie 1 fällt die Tonhöhe auf *krie-* und wird dann eben. Bei Melodie 2 steigt die Tonhöhe auf *krie-* und fällt dann bis zum Schluß. Die Kunden antworten (z.B. «vier Wasserweckle») ebenfalls wahlweise mit einer von zwei verschiedenen Melodien, und zwar entweder fallend am Schluß oder leicht steigend. Letztere Tonhöhenführung klingt verbindlicher, erstere sehr sachlich.

Ähnlich wirkt im Englischen eine hohe, fallende Vorkontur im Gegensatz zu einer tiefen. Zum Beispiel klingt *there might be some up in the dráwer* mit hohem Ton auf *might* verbindlicher als dasselbe mit durchgehend tiefem Ton bis zum Kern *drawer*. Solche gleichzeitig expressiven und diskreten Merkmale spielen häufig für den positiv beur-

---

36 Vgl. p. 15. Engl. *continuous, discrete*, frz. *continu, discret*.

teilten Vortrag eine wichtige Rolle. Wir nennen sie daher rhetorische Merkmale.

Umgekehrt gibt es auch distinktive, kontinuierliche Merkmale[37]. Dazu gehört die Unterscheidung /ĝ/ ≠ /g/ im Deutschen (vgl. pp. 69–71). Manchmal sind wir beim Hören nicht sicher, ob *gerade* sich von *Grade* unterscheidet oder ob beide gleich klingen. Im gesprochenen Moskauer Russisch ist der Vokal /ə/ (außer in letzter vortoniger Silbe) kontinuierlich reduzierbar auf Null. Unterschiede wie *choronit'* /χ°rən,ít,/ ‹begraben› ≠ *chranit'* /χrən,ít,/ ‹aufbewahren› sind manchmal hörbar, manchmal nicht. Häufig weiß man nicht, ob man das hörbare Element [ə] als phonematisches Segment oder als automatischen Übergangslaut zwischen /χ/ und /r/ deuten soll.

Das Wort *Intonation* (vgl. p. 112) bezeichnet in einem verbreiteten Sprachgebrauch ausschließlich expressive bzw. rhetorische Merkmale:

«Les variations de la courbe d'intonation exercent, en fait, des fonctions mal différenciées, fonction directement significative comme dans *il pleut?*, mais, le plus souvent, fonction du type de celle que nous avons appelée expressive. Ce qu'il faut surtout noter au sujet de la mélodie du discours, dans une langue comme le français, c'est que les variations de sa courbe ne sont pas susceptibles de changer l'identité d'un monème ou d'un mot: le *pleut* de *il pleut?*, sur une mélodie montante, n'est pas un autre mot que le *pleut* de l'affirmation *il pleut*, avec sa mélodie descendante»[38].

Für uns gehört auch der Unterschied zwischen fragendem und aussagendem *il pleut* zu den expressiven Merkmalen, da die beiden Ausdrücke morphologisch und syntaktisch gleich sind. Von solchen expressiven «Intonationen» unterscheiden wir sorgfältig die distinktiven Intonationen, d.h. Intonationsunterschiede zwischen hörbar verschiedenen und gleichzeitig morphologisch bzw. syntaktisch verschiedenen Ausdrücken, z.B.

deshalb sind wir nicht dazú gekommen ‹deshalb haben wir uns der Gruppe nicht angeschlossen›
≠ *deshalb sind wir nicht dazu gekómmen* ‹deshalb haben wir keine Zeit dazu gehabt›
ließen es zu keiner Zeit, zu große Programme zu entwickeln ‹sie entwickelten dauernd zu große Programme›
≠ *ließen es zu keiner Zeit zú, große Programme zu entwickeln* ‹gestatteten es nie, große Programme zu entwickeln›

Hier handelt es sich um je zwei verschiedene Syntagmata. Der hörbare Unterschied liegt im ersten Paar in hohem, fallendem Ton und Länge auf *-zú* bzw. *-kóm*, im zweiten Paar im Fehlen bzw. Vorhandensein von hohem, fallendem Ton und Länge auf *zu*. Wir ordnen

---

37 Vgl. Pilch, H.: Montreal Proceedings, p. 162.
38 Martinet: Eléments, p. 79.

diese Unterschiede der Kategorie *Intonation* zu. Sie sind zweifellos distinktiv, nicht expressiv.

Mancherorts wird gelehrt, bestimmte phonetische Parameter (z.B. Tonhöhe, Stimmqualität, Lautstärke) seien stets expressiv, andere Parameter (z.B. Klingen gegenüber Rauschen) stets distinktiv. Unsere Beispiele widerlegen diese Lehrmeinung (vgl. p. 129 zu expressiver Stimmlosigkeit bei englischen Vokalen).

Die Suche nach einer Korrelation zwischen bestimmten phonetischen Parametern und bestimmten expressiven Mitteilungswerten (Frage, Ärger) usw. ist weit verbreitet. Sie ist ergebnislos geblieben. Ein steigender Ton kann fragend verstanden werden, aber auch auf alle mögliche andere Weise, und umgekehrt enden viele Fragen (im Deutschen, Englischen, Französischen, Russischen und Kymrischen) nicht auf steigenden Ton. Einer verbreiteten Lehrmeinung zufolge enden Entscheidungsfragen (d.h. Fragen, die mit *ja* oder *nein* beantwortet werden sollen; z.B. *haben Sie Fieber?*) mit steigendem Ton, Fragen mit Fragepartikeln (wie *wann, wo;* z.B. *wohin gehst du?*) auf fallenden Ton. Diese Lehrmeinung entstammt jahrhundertelanger Schultradition. Sie gründet sich nicht auf Beobachtung tatsächlicher Fragen[39].

---

39 Vgl. Pilch, H.: La mélodie dans les structures linguistiques, Bull. Audiophon. *3:* 43–64 (1973).

IV | Segmentierung

1. Theorien über natürliche Segmente

Wir haben bisher über Relationen zwischen phonematischen Elementen bzw. Lautelementen oder diskreten Teilgeräuschen gesprochen. Als solche erkennen konnten wir diese Elemente nur dank der zwischen ihnen bestehenden Relationen wie Gleichheit oder Ungleichheit (vgl. p. 2). Im Gegensatz zu einer außerhalb der phonetischen Fachwelt verbreiteten, irrigen Lehrmeinung haben wir nicht vorausgesetzt, uns seien zunächst (aphonematische) Lautelemente wie «der *th*-Laut» oder «der Vokal *a*» gegeben. Wir könnten solche «Laute» zunächst als solche isolieren bzw. «naturwissenschaftlich beschreiben» und brauchten erst hinterher nach den zwischen ihnen (innerhalb einer gegebenen Sprache) gültigen Relationen zu fragen.

Die phonematischen Relationen gelten nicht nur zwischen einzelnen Lautelementen, sondern zwischen Lautelementen von beliebiger Komplexität. Wir haben in diesem Sinne von phonematischen Elementen größeren und kleineren Umfanges gesprochen, von Silben, Anlaut- und Auslautgruppen, von lateralisierten, scharf und weich einsetzenden Konsonanten, von Tonhöhenbewegungen und dergleichen. Manche dieser Elemente entsprachen je einem Buchstaben des lateinischen Alphabets (z.B. *a* oder *s*), andere taten es nicht (z.B. das retroflexe /o^r/ im englischen Wort *oar* oder die Tonhöhenbewegung auf den beiden deutschen Wörtern *bombensicher;* vgl. p. 113).

Wie viele phonematische Elemente enthält eine gegebene Äußerung? In welcher Anordnung stehen sie in dieser Äußerung? Diese Frage stellen wir im vorliegenden Kapitel. Die Zerlegung von Äußerungen in zeitlich aufeinanderfolgende Elemente (Segmente) heißt Segmentierung. Zur phonematischen Segmentierung schlagen wir hier bestimmte Verfahren vor. Diese Verfahren führen uns auf phonematische Segmente in der Weise, daß jede Äußerung aus einer lückenlosen Folge phonematischer Segmente besteht, z.B. das deutsche Wort

Grad aus den vier Segmenten (g+r+*a*+d). Welche Voraussetzungen machen dieses Verfahren möglich? Die oben genannte irrige Lehrmeinung glaubt an den «einzelnen» Laut als «natürliches Segment». Solche natürlichen Segmente sollen allein von ihren (artikulatorisch, akustisch oder auditiv analysierbaren) Geräuscheigenschaften her bestimmt sein, z.B. «der Laut *s*», und zu ihrer Begründung keiner speziellen linguistischen (d.h. an die Struktur der jeweiligen Sprache geknüpften) Voraussetzungen bedürfen: «Es existiert eine natürliche Segmentierung des Redestroms in Laute», wie ein angesehener, neuerer Sprachtheoretiker es ausspricht[1].

Diese Lehrmeinung hat die Phonetik längst als falsch erwiesen. Sie beruht, wie H. Lüdtke erneut dargelegt hat, auf der Buchstabenschrift des lateinischen Alphabets[2]. Wir haben es auf der Grundschule gelernt, Wörter in «Laute» zu zerlegen. Wie vieles, was wir in früher Jugend gelernt haben, halten wir diese Segmentierung im erwachsenen Alter für die natürlichste Sache der Welt: «Am Anfang schuf Gott Himmel und Erde und den Einzellaut», so können wir diese Lehrmeinung spöttisch umschreiben.

«Der Einzellaut» existiert jedoch nur als Einzellaut einer bestimmten Sprache, nicht als ein von dieser Sprache unabhängiges, diskretes Element des Redestroms. Die Segmentierung ist ein spezifisch linguistisches Verfahren, d.h., jede Segmentierung gilt speziell für eine gegebene Sprache und innerhalb der Struktur dieser Sprache. Das «natürliche Segment» gibt es nicht. Phonematische Segmente (wie das deutsche Segment [s] in *heißen* ≠ [c] in *heizen*) sind abstrakte, keine konkreten Einheiten. Sie entstehen auf Grund eines spezifisch linguistischen (d.h. an die Struktur der jeweiligen Sprache geknüpften) Abstraktionsverfahrens. Dieses Abstraktionsverfahren ist die phonematische Segmentierung.

Selbstverständlich ist es möglich, den Redestrom nach außerphonematischen und außerlinguistischen Gesichtspunkten zu segmentieren, z.B. in die Perioden des Oszillogramms oder in Phonette (vgl. p. 93), aber die so aufgestellten, außerlinguistischen Segmente entsprechen grundsätzlich weder den «Lauten» unserer Schultradition noch überhaupt irgendwelchen linguistischen Einheiten.

Die von uns bekämpfte, irrige Lehrmeinung ist bei der «klassischen Phonetik» aus der Zeit um die Jahrhundertwende stehengeblieben. Die ältere Phonetik stellte sich die Rede als analog zur latei-

---

1 Šaumjan, S. K.: Problemy teoretičeskoj fonologiji, p. 30.
2 Phonetica *20:* 147–176 (1969). Vgl. Zitat auf Seite 163.

nischen Buchstabenschrift gebaut vor. Schriftlich wiedergegebene Wörter und Sätze sind analysierbar als Folge von einzelnen, diskreten Buchstaben und Zwischenräumen, z.B. die gedruckten Wörter *der Käse* als Folge der sieben Buchstaben d+e+r+K+ä+s+e mit einem Zwischenraum zwischen *r* und *K*. Analog glaubte man, bei der Aussprache dieser Wörter die sieben einzelnen Laute [d+e+ə+k^h+e+z+ı] wahrzunehmen, und bestimmte für jeden dieser einzelnen Laute die Stellung der Artikulationswerkzeuge. Wie nun bei der Schreibschrift (im Gegensatz zur Druckschrift) die einzelnen Buchstaben durch weitere Striche miteinander verbunden werden, also *der Käse*, so setzte man ein Gleiten der Artikulationswerkzeuge aus der Stellung von [k] in die Stellung für [e] an, dann weiteres Gleiten zu [z] und danach zu [ı]. Man interpretierte also die Rede als Folge diskreter Einzellaute in bestimmter Anordnung, sogenannter **Stellungslaute**, verbunden durch Übergänge oder **Gleitlaute**[3].

Diese Vorstellung beherrscht alle älteren und noch einen Teil der neueren Lehrbücher. Felix Trojan[4] sprach sie in Form von drei Grundaxiomen aus:

1. das Axiom von den ruhenden Lautstellungen,

2. das Axiom der Verbindung dieser Lautstellungen durch Gleitlaute,

3. das Axiom der eindeutigen Beziehungen zwischen den artikulatorischen Bewegungsvorgängen und ihren akustischen[5] Wirkungen.

Wir finden in diesen Lehrbüchern Palatogramme oder Röntgenaufnahmen über die Artikulation *der* Laute [k l] oder [i]. Die Dauer dieser «Stellungslaute» hält man dabei für meßbar. Man setzt nämlich voraus, daß die Artikulationswerkzeuge jeweils eine gewisse Zeit t in der Stellung für jeden der drei Laute [k i l] verharren. Diese Zeit t bemesse die «Ruhephase» oder «Klarphase» jedes Lautes. Davor liege der «Anglitt», danach der «Abglitt»[6]. Als Sondergruppe räumt man allenfalls die Diphthonge und Affrikaten ein, bei denen die Artikulationswerkzeuge nicht still ständen, sondern sich in bestimmter

---

3 Engl. *steady-state sounds, glides*, frz. *articulations stables, transitions*, schwed. *ställningsljud, glidljud*, russ. *ustanovočnyje zvuki, perechodnyje, skol'zjaščije zvuki*.

4 Der Ausdruck von Stimme und Sprache, Wien. Beitr. Hals-Nas.-Ohrenheilk. *1:* 61 (1948); zitiert von Malmberg, B.: Studia linguist. *6:* 42 (1952).

5 Gemeint sind offenbar *auditive* Wirkungen (vgl. p. 41).

6 Engl. *articulary position, on-glide, off-glide*, frz. *phase typique, catastase, métastase (Grammont)* oder *tension, tenue, détente*, russ. *vyderžka, ekskursija* oder *pristup, rekursija* oder *otstup*.

Weise bewegten, z. B. den Anlaut und Silbenkern des Wortes *Zeit* [cait]. Die Gleitlaute sollen im allgemeinen kürzere Zeit beanspruchen als die Stellungslaute. Sie seien deshalb schwer oder gar nicht hörbar: «Die Gleitlaute werden erst dann wahrgenommen, wenn sie ...eine gewisse Dauer erreichen»[7].

"Spoken language consists of successions of sounds emitted by the organs of speech. These successions of sounds are composed of (1) speech-sounds proper, and (2) glides. Speech-sounds are certain acoustic effects voluntarily produced by the organs of speech; they are the result of definite actions performed by these organs. A glide is the incidental transitory sound produced when the organs of speech are passing from the position for one speech-sound to that of another by the most direct route ... glides occur as the natural and inevitable result of pronouncing two speech-sounds one after the other. Most glides are inaudible or hardly audible even to the most practised ear"[8].

Diese Vorstellung wurde endgültig 1933 von dem Bonner Phonetiker Paul Menzerath in Zusammenarbeit mit seinem portugiesischen Kollegen Lacerda als falsch erwiesen[9], nachdem schon F. de Saussure (1909), Hermann Paul (1920) und E. W. Scripture (1930) sie durchschaut hatten[10]. Die Artikulationswerkzeuge befinden sich beim Sprechen in *dauernder* Bewegung und verharren höchstens ausnahmsweise irgendeine meßbare Zeit t in gleicher Stellung: «Sprechen ist Dauerbewegung. Das Dogma von Anglitt, Stellung und Abglitt muß fallen.» Statische Röntgenaufnahmen etwa von der Artikulation *der* Laute [k] oder [i] geben nur einen Augenblick von der Dauer Δt aus der artikulatorischen Dauerbewegung wieder: "So-called 'phonetic observations'", bemerkt ein jüngerer Phonetiker[11], "are based almost entirely on cross-sectionally viewed (i. e. perpendicular to the time axis) *single instants* (Δt durations) of articulatory continua rather than on the entire relevant continuum in each instance."

7 Dieth, E.: Vademekum der Phonetik, p. 226.
8 Jones, D.: Outline of English phonetics; 7. Aufl., p. 1 (Heffer, Cambridge 1950).
9 Koartikulation, Steuerung und Lautabgrenzung, Phonetische Studien 1, Zitat, p. 58 (Bonn 1933).
10 Vgl.: «Si l'on pouvait reproduire au moyen d'un cinématographe tous les mouvements de la bouche et du larynx exécutant une chaîne de sons, il serait impossible de découvrir des subdivisions dans cette suite de mouvements articulatoires» [de Saussure: Cours de linguistique générale; 4. Aufl., p. 64; Payot, Paris 1949].
«Das Wort ist nicht eine Aneinandersetzung einer bestimmten Zahl selbständiger Laute, von denen jeder durch ein Zeichen des Alphabets ausgedrückt werden könnte, sondern es ist im Grunde immer eine *kontinuierliche Reihe von unendlich vielen Lauten*» [Paul, H.: Prinzipien der Sprachgeschichte; 5. Aufl., p. 51; Niemeyer, Halle 1920]. Zu *Scripture:* vgl. Zitat p. XV.
11 Truby, H. M.: Acoustico-cineradiographic analysis considerations, p. 5.

Den gleichen Standpunkt nicht nur für die artikulatorische, sondern gleichzeitig auch für die akustische und auditive Seite der sprachlichen Rede vertraten 1936 E. und K. Zwirner: «Weder die Betrachtung dieser [d. h. experimentalphonetischer; Verf.] Kurven noch ihre mathematische Analyse gestattet ... den Übergang von ihrer Kontinuität zu einer Abfolge abgrenzbarer Segmente, die die Existenz diskreter Sprachlaute, welche wir zu sprechen und zu hören glauben, begründen.» Der diskrete «Laut» ist für Zwirner nicht ein naturgegebenes «ens», sondern eine Voraussetzung der Linguistik. Die Vorstellung, daß gesprochene Rede sich in eine endliche Zahl naturgegebener, zeitlich aufeinanderfolgender «Laute» zerlegen lasse, sei in sich widersprüchlich: «Solche Fragen können daher nicht lauten: Läßt sich und wie läßt sich der Begriff des Sprachlautes durch den der Lautkurve oder der Artikulationsstellung begründen, widerlegen oder auch nur modifizieren? Sondern sie haben zu lauten: Welche physiologisch zu definierende Artikulationsstellung oder Artikulationsbewegung ... ist diesem oder jenem linguistisch definierten Laut, dieser oder jener Sprachkurve bzw. dieser oder jener Lautwahrnehmung zuzuordnen?»[12] Jede sprachliche Verständigung setze eine endliche Zahl diskreter Laute und Lautklassen voraus. Solche diskreten Laute seien daher abstrakte, linguistische und nicht natürliche, konkrete Einheiten.

Die Phonetik versuchte zunächst, die alte Segmentierung den Ergebnissen Menzerath und Lacerdas anzupassen (von Zwirner nahm man ohnehin wenig Notiz) und sie so im wesentlichen zu retten. K. L. Pike deutet die alte Zweiteilung in Stellungs- und Gleitlaute in entscheidenden Punkten um. Er nennt als artikulatorische Entsprechung je eines Segmentes ein Maximum oder Minimum von Enge im Artikulationskanal (vermutlich von der Dauer Δt): "A segment is a sound (or lack of sound) having indefinite borders but with a center that is produced by a crest or trough of stricture during the even motion or pressure of an initiator[13]". Die Bewegung von einem Maximum zum nächsten Minimum oder umgekehrt heißt Gleitlaut *(glide)*. Pikes Gleitlaute dauern also im allgemeinen länger als Δt und auch länger als die Segmente. Die Gleitlaute können für das richtige Hören sogar wichtiger sein als die Segmente. Zum Beispiel ist der Unterschied zwischen den nasalen Konsonanten [m n ŋ] schwer hör-

---

12 Grundfragen, pp. 112–158 (1. Aufl., pp. 66–95); Zitate, pp. 113, 145.
13 Phonetics, p. 107; ähnlich Blue Book, § 8.42.

bar ohne vorangehenden bzw. folgenden «Gleitlaut». Die seltenen ebenen Segmente[14], bei denen die Artikulationswerkzeuge länger als Δt in gleicher Stellung verharren, bilden bei Pike eine Sonderklasse. Pike läßt damit das Axiom von den ruhenden Lautstellungen fallen und trägt der Dauerbewegung der Artikulationswerkzeuge Rechnung: "The sound-producing movements are not separated one from another, but slur into each other with indeterminate borders"[15]. Ein Segment ist für Pike nicht mehr durch die angebliche Ruhestellung der Artikulationsorgane gegeben, sondern dadurch, daß diese ihre Bewegungsrichtung ändern, und zwar in der senkrechten Dimension zum Luftstrom. Pike räumt ein, daß nicht alle solche Änderungen hörbar sind, und empfiehlt als Arbeitsgrundlage nur die hörbaren Segmente.

Scheinbar neue Stütze boten der alten Vorstellung von Stellungs- und Gleitlauten zunächst die Ergebnisse der akustischen Phonetik. Auf dem Sonagramm lassen sich sehr oft mehr oder weniger deutlich in sich homogene Spektren von gewisser Dauer erkennen. Truby nennt solche für das Auge homogenen Einheiten auf dem Sonagramm Phonette[16]. Zwischen den Phonetten liegen oft sehr abrupte Übergänge. Man vergleiche etwa die Sonagramme mit dt. *Tee, Zeh, See* (Abb. 2). Für jedes Wort erkennt man deutlich je zwei Phonette. Ein Rauschspektrum (bzw. ein Mischspektrum bei *See*) ist scharf geschieden von einem folgenden Linienspektrum. Nichts liegt näher, als in den ersten Phonetten der drei Wörter eindeutige, akustische Entsprechungen eines gehörten Anlautes [t c] bzw. [z] zu sehen und in den folgenden Tonspektren eindeutige akustische Entsprechungen des Vokals [e]. Damit schien die alte Theorie von Stellungs- und Gleitlaut zwar nicht in der Artikulation, aber in der Schallwelle ihre Bestätigung zu finden:

«Ce serait pour la phonétique linguistique une catastrophe si tout se dissolvait dans une masse amorphe, sur le plan acoustique aussi bien que sur le plan articulatoire, les articulations stables de jadis se transformant en une série incessant de ‹on-glides› et de ‹off-glides›. Le danger n'est pas très grand. Les spectrogrammes du Visible Speech[17] peuvent nous rassurer», schreibt B. Malmberg im Jahre 1952[18].

Vor diesem übereilten Schluß hatte M. Joos bereits 1948 gewarnt: "But this does not mean that each acoustic segment belongs to only one phonemic segment or even only

14 "... a *level segment* if there is no movement whatever of the vocal apparatus apart from that of some initiator; [s] and [f] might at times be level units" [Phonetics, p. 110].
15 Blue Book, § 8.442.
16 Op. cit., pp. 135–138.
17 Titel des Werkes von Potter, Kopp und Green (New York 1947).
18 Studia linguist. 6: 47 (1952).

to one phone. Instead, an acoustic segment generally exhibits features belonging to two or more phonemes, showing how illusory resegmentation is[19]."

Im Jahre 1957 zeigte H. M. Truby in seinem Vortrag vor dem Osloer Linguistenkongreß, daß die sichtbaren Phonette des Sonagrammes in keiner eindeutigen Beziehung zu unseren üblichen, gehörten Segmenten stehen: "The apparent (on sound spectrograms, for example) divisibility among acoustic segments is only a half-truth and cannot be supported unequivocally on the perceptual level[20]". Truby nahm die Silbe [ti] auf Tonband auf und versuchte durch einen mechanischen Schnitt die beiden Segmente [t] und [i] voneinander zu trennen. Dabei stellte sich heraus, daß nach einem Schnitt an der Grenze der beiden Phonette jedes der zerschnittenen Bandteile einzeln noch als [ti] hörbar war. Um nur noch [i] zu hören, mußte Truby weit über die Grenze der beiden Phonette in das [i] schneiden. Um den Konsonanten allein ohne Vokal zu hören, mußte er den größten Teil des Phonetts [t] mit entfernen. Das Phonett als Teil eines sichtbaren Spektrums hat also nicht die zeitliche Ausdehnung eines gehörten Segments. Vom Phonett [t] klingt nur der Anfang konsonantisch. Der Rest enthält gleichzeitig die auditiven Segmente [t] und [i]. "But it must never be forgotten that a *specifically identified phonette is more likely than not referable to two phonemes simultaneously*, just as *a given phoneme can embrace more than one, only one, but never less than one phonette*[21]." Was man gemeinhin als Länge eines Lautes oder Phonems mißt, ist meist nicht die Länge des gehörten Segmentes, sondern die Länge eines Phonetts.

Auch die artikulatorischen Segmente Pikes dürften kaum eindeutig den gehörten Segmenten entsprechen. Pike selbst deutet dies an: "Even if the real segments in an utterance could be determined by controlled experimental conditions, phoneticians would not hear the same number of real segments under normal conditions of transcription[22]." Röntgenfilme zeigen das gleiche Bild. Bei der Artikulation der Gruppe [pl] in engl. *plotch* befindet sich die Zunge schon während der gesamten Artikulation des Verschlusses in der Stellung für [l]:

19 Acoustic phonetics, p. 121. Unter *acoustic segment* versteht Joos dasselbe wie Truby unter Phonett, unter *re-segmentation* die Einteilung in Phonette.
20 Oslo Proceedings, p. 399. Über ähnliche Ergebnisse bei der Trennung der Segmente [t e] und [l] in dem englischen Wort *hotel* berichtet bereits Martin Joos [Acoustic phonetics, pp. 121 f.].
21 Acoustico-cineradiographic analysis considerations, p. 138.
22 Phonetics, pp. 109 f.

"At least, such complexes are simultaneities first, and successivities only in that the so-called *second* element of the complex has greater duration[23]." Statische Röntgenaufnahmen zeigen eine Artikulation von der Dauer Δt, die sehr oft zu mehr als einem gehörten Segment gleichzeitig gehört. In Palatogrammen können sich leicht mehrere, zeitlich verschiedene Berührungen von Zunge und Gaumen überlagern. Sie sind deshalb noch schwieriger zu interpretieren als Röntgenaufnahmen[24].

B. Bloch hatte es schon 1948 auf Grund der Ergebnisse von Menzerath und Lacerda und M. Joos[25] aufgegeben, die alte Stellungs- und Gleitlauttheorie artikulatorisch oder akustisch zu begründen. Wie vor ihm F. de Saussure[26] suchte er aber, sie wenigstens als Bestandteil des Gehörserlebnisses zu retten:

"Phoneticians have long known that the movements of the vocal organs from one 'position' to another proceed by continuous, uninterrupted flux; that in fact the concept of 'position' has no basis in physiological reality, and that each movement of an organ flows imperceptibly into the next ... Such instrumental data, however, need not be taken as evidence that speech as PERCEIVED cannot be segmented; every phonetician has had the experience of breaking up the smooth flow of speech into perceptibly discrete successive parts. In Postulate 11 we do not imply that the vocal organs assume static positions or move in unidirectional ways at constant acceleration; rather, we imply that a phonetically

---

23 Truby: Oslo Proceedings, p. 400.

24 Vgl. Hammarström, G.: Über die Anwendungsmöglichkeiten der Palatographie, Z. Phonetik *10:* 323–336, bes. 331 (1957).

25 Vgl.: "In short, neither in the acoustic aspect nor presumably in the articulatory aspect can speech be cut into sequent pieces, no matter how brief, such that every phone will be the only perceptible contributor to at least one such piece" [Acoustic phonetics, pp. 105f.]. "The glides as intercalated articulations between the phone articulations are a myth" [ibid., p. 107]. M. Joos verweist die phonematischen Segmente aus der Artikulation, Schallwelle und dem Gehör in das Nervensystem des Sprechers und Hörers. Er spricht spekulativ von einer (eindeutigen?) Beziehung zwischen Phonemen und Neuremen, wobei als segmentiert nur die vom Gehirn ausgehenden Impulse (Neureme) erscheinen [op. cit., pp. 109–112].

Truby geht noch einen Schritt weiter aus der Neurologie in die Psychologie: "A phoneme itself is a minimal psychic organization of information which may be transmitted from sender to receiver. This is the phoneme concept as I see it today" [Acoustico-cineradiographic analysis considerations, p. 125]. Er kehrt damit zurück zur Stellung von Baudouin de Courtenay, der das Phonem als «das psychische Äquivalent des Sprachlautes» definierte [nach Trubeckoj, p. 37].

Die wichtigsten Gründe gegen diese Auffassung faßt A. Martinet zusammen [Economie, § 1.22]. Aus solchen «Lösungen» spricht Ratlosigkeit. Wie kann der Phonetiker die spezifischen Begriffe seiner Fachdisziplin vom Neurologen bzw. Psychologen fordern?

26 Vgl.: «La délimitation des sons de la chaîne parlée ne peut donc reposer que sur l'impression acoustique» (gemeint ist *auditive*) [op. cit., p. 65].

trained observer can interpret the auditory fractions of an utterance in terms of articulations that seem (to his perception) to be static or unidirectional"[27].

Da wir die Rede nun einmal als Folge von diskreten Segmenten von gewisser Zeitdauer hörten, gebe es diese Segmente für Sprecher und Hörer. Sie seien also auditiv vorhanden. Dabei spiele es keine Rolle, daß ähnliche Segmente weder in der Artikulation noch in der Schallwelle zu finden seien.

Daniel Jones und Eberhard Zwirner verlegen den «Laut» noch weiter aus dem Gehör in die Psyche:

"The conception (of the chain of speech-sounds) would appear to be also justifiable on psychological grounds: when we speak, we think we utter successions of sounds most of which *are held on for an appreciable time;* and when we listen to speech, we think we hear similar successions of sounds. The effect is so definite to us that we have as a rule no particular difficulty in saying what the sounds in the words are, or in assigning letters to them in alphabetic writing"[28].

«Etwas anders liegen ... nun allerdings die psychologischen Verhältnisse: hört man auch nur einige wenige Sätze der eigenen oder auch einer völlig fremden Sprache, so hat man durchaus den Eindruck, daß sich Laute und darüber hinaus ganze Lautgruppen wiederholen, und zwar in der Regel sehr oft wiederholen. Wir können uns sogar diesem Eindruck ‹identischer› Segmente, die sich nicht nur zählen, sondern durchaus auch in Klassen ordnen, also verteilen lassen, gar nicht entziehen[29]».

In der laufenden Fachdiskussion hört man eine Vulgärform dieser Beweisführung, die etwa lautet: Wenn der «Laut» auch phonetisch nicht zu begründen sein sollte, so bilde er doch eine «psychische Realität». Der normale Sprecher und Hörer kenne ihn bewußt oder unbewußt. Er existiere also «im Bewußtsein», sei als «psycholinguistische» Einheit gegeben und durch fachgerechte Tests an einem repräsentativen Querschnitt von Sprechern und Hörern zu begründen. Solche Tests müßten zwar der Zukunft vorbehalten bleiben, aber der «Laut» sei schon jetzt durch sie gesichert.

Daß wir gehörte Rede in vielen Fällen als Folge von bestimmten, diskreten Segmenten interpretieren können, ist unbestreitbar. Ist diese Art des Hörens durch den Bau des Gehörs oder die physikalische Natur des Gehörten bedingt? Oder ist sie erlernt, ebenso erlernt wie die visuelle Interpretation zusammenhängender Schriftsätze als Folge von diskreten Einzelbuchstaben[30]? Wenn wir unbekannte Sprachen hören, so segmentieren wir zunächst impressionistisch in der Weise, wie wir ähnliche Gehörseindrücke in uns bekannten Sprachen zu segmentieren gelernt haben. Deutsche, die zum ersten Mal russische palatalisierte

27 Language *24:* 12 (1949).
28 The phoneme: its nature and use, p. 2 (Heffer, Cambridge 1950; Auszeichnung vom Verfasser). Vgl. dazu auch Fußnote 25.
29 Grundfragen, p. 118.
30 Nach der sogenannten Ganzheitsmethode (engl. *global method,* frz. *méthode globale*) lernen Kinder im Grundschulunterricht zunächst die Schriftsätze ganzer Wörter unsegmentiert auffassen. Erst in einem zweiten Stadium zerlegen sie diese in einzelne Buchstaben.

Konsonanten hören, interpretieren diese regelmäßig als Folgen *Konsonant+j* und sprechen sie selbst auch so nach. Wer es am Russischen oder Irischen gelernt hat, die Elemente [t,i t,a t,o t,e] in nur je zwei Segmente statt in drei zu zerlegen, ist beim ersten Hören geneigt, auch die ähnlich klingenden Anlaute von lappischen Wörtern wie *mielkkē* [m,elkie] ‹Milch›, *liekkas* [l,ek:as] ‹warm›, *piebmo* [p,epm_wo] ‹Frühstück› als *palatalisierten Konsonanten + e* aufzufassen[31].

Als Anfänger kann man im Kern der russischen Tonsilben von Wörtern wie *vot*, *rabota* deutlich zwei Segmente [u+o] hören. Nachdem man von seinem Lehrer erfahren hat, daß es sich um nur *einen* «Laut» handle, glaubt man diese Interpretation. Kommt man dann vom Russischen wieder zum Lappischen, so wird man auch dort den Anlaut [t_wo] in *Tuolpagorni* [t_wolpagorni] (Bergname) zunächst als nur zwei Segmente interpretieren. Erst wenn man Oppositionen [t_wo ≠ to] entdeckt, muß man mißtrauisch werden; z.B. [tol:a] ‹Feuer› (≠ [t_wolpagorni]).

In schwed. *sju* /ʃʉ/ ‹sieben› hörte ich früher deutlich drei verschiedene Geräusche, einen Konsonanten [ʃ] und einen Diphthong [ə+ʉ]. Schwedische Phonetiker haben mich schnell von meinem Irrtum überzeugt, und ich habe mich längst an die Einteilung in nur zwei Segmente [ʃ+ʉ] gewöhnt. Falls wegen des gehörten [ə] noch Skrupel bestehen sollten, läßt es sich zum Gleitlaut erklären und als solcher aus dem Wege räumen.

Diese Beobachtungen sprechen gegen die Annahme «natürlicher», auditiver Segmente. Sie lassen vermuten, diese Art von auditiver Segmentierung sei eine erlernte Fertigkeit. Für die Schulsprachen lernten wir sie als Kinder im Rahmen des Schreibunterrichts. Psychologische Tests, die ermitteln wollen, welche Segmente der «naive Hörer» wahrnimmt, fördern diese Schulkenntnis als «psycholinguistische Realität» wieder zutage. Sie können den «natürlichen Laut» nicht begründen.

Ein wesentlicher Teil der Hörausbildung des Sprachforschers besteht darin, daß man ihm bisher unbekannte Redegeräusche vorführt und ihn für diese eine bestimmte Segmentierung lehrt. Geht man zu einer unbekannten Sprache, die man nicht ohne weiteres nach dem Vorbild ähnlicher Teilgeräusche aus schon bekannten Sprachen segmentieren kann, so erlebt man oft das Umgekehrte dessen, was B. Bloch und E. Zwirner schildern – man ist unsicher, wie viele Segmente man hört. Laien haben im Gegensatz zum Phonetiker meist nur gelernt, Rede in ihrer Muttersprache als Segmentfolge zu hören. Fremde Sprachen

---

31 Die gängige Auffassung ist dagegen Zerlegung in die drei Segmente *Konsonant + i + e*. Zum lappischen Material vgl. Fußnote 19, p. 79.

erleben sie deshalb zunächst als unsegmentiert. Sie klingen ihnen wie «unartikuliertes Geräusch»[32].

Die Elemente, die wir als Segmente aufzufassen gelernt haben, stehen in keiner eindeutigen Beziehung zu Einheiten, die wir als in sich homogen hören. Wenn wir bei jeder Änderung in der Qualität des Gehörseindruckes ein neues Segment ansetzten, so erhielten wir sehr viel mehr und kürzere Segmente, als wir üblicherweise aufstellen. Bei [l] in engl. *play* könnten wir z.̇B. nicht nur *ein* Segment unterscheiden, sondern mindestens fünf [pʰl̥l̥l̥le][33]. Den Vokal in engl. *don, bomb* müßten wir als mindestens je zwei Segmente behandeln, nämlich je ein orales und je ein nasaliertes [daãn, baãm]. Ähnlich nld. *klontje, traantje* als [klɔĩɲtʃə traĩɲtʃə], poln. *państwo* [paĩɲstwo] (vgl. p. 53). Tatsächlich segmentieren wir in dieser Weise nach dem Gehörseindruck nur in Ausnahmefällen: «On a trop de tendance, en ces matières, à se fonder sur une analyse phonétique un peu naïve, dont le degré de finesse varie d'ailleurs d'un linguiste à un autre», bemerkt dazu Martinet, «et qui est sous l'étroite dépendance des traditions que les nécessités de la pratique, aussi bien à l'imprimerie qu'à l'école, ont imposées aux transcripteurs[34]».

Ein Schulbeispiel dafür ist der alte Streit um die mono- oder biphonematische Auffassung der Diphthonge und Affrikaten, d.h. die Frage, ob diese aus je einem oder je zwei Segmenten bzw. Phonemen bestehen. Nach der Stellungs- und Gleitlauttheorie sind sie artikula-

---

32 Der Verfasser entsinnt sich dieses Erlebnisses in seiner Schulzeit; vgl. auch: "Indeed, in some cases (perhaps not all) a new language sounds to an investigator for the first few hours or days like a completely confused and continuous flow of sound, entirely free of any segmentation" [Hockett: Manual, p. 148].

33 Zeichenerklärung: [ʰ] laterale Verschlußlösung, [l̥] laterale Resonanz, stimmlos, [l̥] lateraler Zungenschlag, stimmloser Teil, [l̥] lateraler Zungenschlag, stimmhafter Teil, [l] laterale Resonanz, stimmhaft [im Anschluß an Truby: Acoustico-cineradiographic analysis considerations, p. 161].

In der Literatur stößt man immer wieder auf die irrtümliche Vorstellung, die «Sprachlaute» seien sich auditiv homogen: «C'est dans la chaîne de la parole *entendue* que l'on peut percevoir *immédiatement* si un son reste ou non semblable à lui même; tant qu'on a l'impression de quelque chose *d'homogène*, ce son est unique ... A cet égard l'alphabet grec primitif mérite notre admiration. Chaque son simple y est représenté par un seule signe graphique, et réciproquement» [de Saussure: op. cit., p. 64] (Auszeichnung vom Verfasser).

Auch für B. Bloch fällt das Segment zeitlich mit "any *aurally distinguishable single component* of the total auditory impression" zusammen [Language 26: 89] (Auszeichnung vom Verfasser). Noch Lüdtke will die Trägerinformation der Schallwelle aus der jeweiligen «Anzahl auditiv unterscheidbarer möglicher Zustände, unter denen einer zu realisieren ist,» ableiten [Folia linguist. 5: 3, 1972].

34 Acta linguist. 1: 101 (1939).

torisch und akustisch als einheitliche Segmente anzusehen. Sie werden artikuliert als gesteuerte Zungenbewegung in bestimmter Richtung, z.B. vom Rachen zum harten Gaumen [ai ɔi ui]. Auf dem Sonagramm ändert sich der Frequenzwert der Formanten fortlaufend. Artikulatorisch und akustisch erfüllen die Diphthonge und Affrikaten also die Definition des Einzellautes und des Phonetts. Mit dem Ohr nehmen wir dagegen kein in sich homogenes Segment wahr, sondern eine Verbindung zweier Einzellaute, z.B. [a+i ɔ+i u+i]. Nach der auditiven Fassung der Stellungs- und Gleitlauttheorie, die homogenen Klang jedes Segmentes verlangt, bestehen die Diphthonge (und Affrikaten) demnach aus je zwei Segmenten.

Die «klassische», wesentlich artikulatorisch bestimmte Phonetik behandelt die Diphthonge und Affrikaten folgerichtig als je einen und nicht als je zwei Laute. Genau wie den «monophthongischen» Vokalen und Konsonanten widmen die Handbücher jedem Diphthong und jeder Affrikata je einen Abschnitt. Genau so verfahren neuere akustische Abhandlungen. Die wesentlich auditiv arbeitenden (aber artikulatorisch explizierenden) Analysen neuerer amerikanischer Forscher teilen die Diphthonge und Affrikaten dagegen ebenso folgerichtig in je zwei heterogene Segmente ein[35]. Einige Phonetiker gehen einen Kompromiß ein und behandeln die Diphthonge und Affrikaten als besonders enge, artikulatorische Verbindung zweier Einzellaute – analog zur Ligatur im Schriftsatz[36].

Nachdem wir die Stellungs- und Gleitlauttheorie in allen drei Formen (artikulatorisch, akustisch, auditiv) aufgegeben haben, sehen wir weder die eine noch die andere Begründung als zwingend an. Beide setzen nämlich eine unmittelbar durch die Natur des Redegeräusches bedingte Segmentierung voraus, sei es in der Aussprache, in der Schallwelle oder im Gehörseindruck. Sonst könnte man mit den gleichen Argumenten auch jeden «Monophthong» oder «Einzelkonsonanten» in mehrere Segmente unterteilen, und die Diphthonge und Affrikaten ließen sich ebenso gut in drei oder fünf wie gerade in zwei Segmente zerlegen.

Aus dem gleichen Grunde ist die Frage «Monophthong oder Diphthong» weder mit experimentellen Hilfsmitteln noch durch bloßes Hören zu entscheiden. Sie ist in diesem Zusammenhang überhaupt nicht sinnvoll[37]. Engl. [i] in *meat* oder dt. [e] in *Met* ist «an

---

35 Man vergleiche die Beschreibung des Englischen bei D. Jones, J. S. Kenyon [American pronunciation; 10. Aufl.; George Wahr, Ann Arbor 1951] (artikulatorisch), Potter, Kopp und Green, Truby (akustisch), B. Bloch und G. L. Trager [The syllabic phonemes of English, Language *17:* 223–246, 1941], G. L. Trager und H. L. Smith [An outline of English structure; Battenburg Press, Norman 1951], N. Chomsky und M. Halle [Sound pattern, pp. 183–188] (auditiv).

36 Vgl. Dieth, E.: Vademekum der Phonetik, p. 235.

37 Wir stellen die Frage auf Seite 160 neu.

sich» weder ein Monophthong (Artikulationswerkzeuge in ruhender Stellung) noch ein Diphthong (Artikulationswerkzeuge gleiten in bestimmter Richtung). Genau wie sonst befinden sich auch bei diesen Segmenten die Artikulationswerkzeuge in Dauerbewegung, und das Schallspektrum ändert sich fortlaufend. Ob der Gehörseindruck als homogen oder heterogen gewertet wird, hängt lediglich von der Genauigkeit des Hörens ab. Bei genauem Hinhören klingt nicht nur jeder Diphthong, sondern auch jeder Monophthong heterogen.

2. Segmentierungsverfahren

Wie können wir nun den Redestrom segmentieren, ohne eine natürliche, schon in der Artikulation, dem Schall oder dem Gehörseindruck angelegte Gliederung vorauszusetzen? Das gängige Verfahren arbeitet mit dem Vergleich von Äußerungen bzw. Wörtern einer gegebenen Sprache, die teils gleich, teils verschieden klingen [38], z. B.

a)	b)	c)	d)
lies	*wies*	*Maus*	*Haus*
leben	*weben*		
laben	*Waben*		
Lob	*wob*		
List	*wißt*		
lachen	*wachen*		

[38] Unser Verfahren ist grundsätzlich nicht neu. Es wird beschrieben unter anderem bei Zwirner [Grundfragen, pp. 131 f.], Trubeckoj [Grundzüge, pp. 32–34], Bloomfield [Language, pp. 78 f.; Henry Holt, New York 1933], Harris [Methods in structural linguistics, pp. 25–28; University of Chicago Press, Chicago 1951], Heffner [General phonetics, p. 2], Borgstrøm [Innføring i sprogvidenskap, p. 20; Universitätsverlag, Oslo 1958], Martinet [Eléments, pp. 58 f.] und Adamus [pp. 30–48].

Ein anderes mögliches Verfahren deutet M. Joos an. Er möchte die Zahl der phonematisch verschiedenen Segmente, die in einer gegebenen Äußerung aufeinander folgen, möglichst gering halten, "and by trial and error set up rules for segmentation accordingly, rules which would yield just the right number of segments" [Acoustic phonetics, p. 114]. Die «richtige Zahl von Segmenten» setzt M. Joos aus perzeptionstheoretischen Gründen als etwa 20 pro Sekunde bei raschem Sprechtempo an: "Possibly the answer is simply that DISCRIMINATIONS can be managed by a listener at a maximum rate of 20 per second, therefore no more than 20 discriminations per second can be incorporated into the phonology of a language; on the other hand, economy calls for making as near the maximum number of discriminations per second as can be managed" [ibid., p. 79].

Statt auf die kleinstmöglichen Segmente zielen auch wir auf "the right number of segments" und meinen, die richtige Anzahl sei dann gefunden, wenn wir jedem gegebenen Gehörseindruck eine konstante Feinsegmentierung zuweisen können, d.h., jedesmal wenn der gegebene Gehörseindruck (in einer gegebenen Sprache) auftaucht, soll er in gleicher Weise segmentiert werden.

Die in den beiden Spalten a) und b) waagrecht nebeneinander stehenden Wörter klingen am Anfang jedesmal verschieden, am Ende gleich. Wir wollen sie deshalb interpretieren als bestehend aus je einem ungleichen Segment [C] + je einem gleichen Segment [x], also als [Cx]. Wir setzen dabei keine zeitlich festlegbare Grenze zwischen [C] und [x] voraus. Zur Unterscheidung nennen wir in Spalte a) das erste Element [C_a], in Spalte b) nennen wir es [C_b].

Vergleichen wir weiter die ersten Eintragungen in den Spalten a) und c) oder b) und c), also *lies* und *Maus* oder *wies* und *Maus*, so klingen auch diese jeweils am Ende gleich, am Anfang verschieden. Wir zerlegen sie also analog wie oben in je zwei aufeinanderfolgende Segmente. Diese nennen wir [y] und [K] und schreiben sie aufeinanderfolgend als [yK].

Wie verhält sich nun [yK] zu [Cx]? Für *lies*, *wies* gilt per definitionem [Cx] = [yK]. Die Segmente [C] in *lies*, *wies* klingen dem Segment [y] in *Maus* ungleich. Die Teile [x] aus *lies*, *wies* klingen dem Teil [K] aus *Maus* am Anfang verschieden, am Ende gleich. Wir unterteilen [x] daher in zwei weitere Segmente, deren erstes dem Element [K] ungleich und deren zweites dem Element [K] gleich ist. Wir wollen diese beiden Segmente notieren als [V] und [K]. Unsere Unterteilung können wir also schreiben als [x ➔ VK]. Die Notierung [Cx] für *lies*, *wies* können wir jetzt entsprechend ändern in [CVK].

Vergleichen wir nun noch *Maus* und *Haus* in Spalten c) und d). Diese unterscheiden sich am Anfang und klingen danach gleich. Wir können sie analog zu *lies*, *wies* notieren als [$C_c x_c$] und [$C_d x_c$]. Außerdem haben wir oben *Maus* in die Segmente [yK] eingeteilt. Für *Maus* gilt also [Cx = yK]. Das Segment [y] aus *Maus* ist nun am Anfang gleich [C_c], dauert aber über [C_c] hinaus an. Wir wollen es daher seinerseits auffassen als [C_c] + einem weiteren Segment [V_c], also [y_c ➔ $C_c V_c$]. *Maus* besteht demnach aus den drei Segmenten [$C_c V_c K_c$], *Haus* entsprechend aus [$C_d V_c K_c$].

Wir gehen also bei der Segmentierung aus von Äußerungen einer gegebenen Sprache, die wir als teilweise – und zwar nur teilweise – einander gleich hören. Innerhalb jeder Äußerung sollen die verglichenen, gleichen und ungleichen Teile nicht gleichzeitig einsetzen *und* gleichzeitig aufhören. Die zeitlich aufeinanderfolgenden Teilgeräusche interpretieren wir als Segmente. Die betreffenden Äußerungen bestehen nach dieser Deutung aus gleichen und ungleichen Segmenten in bestimmter, zeitlicher Anordnung. Die so gefundenen Segmente unterteilen wir durch Vergleich mit weiteren teils gleichen, teils verschiedenen Äußerungen derselben Sprache weiter in immer kürzere, teils gleiche, teils ungleiche Segmente, bis wir für jeden gegebenen Gehörseindruck eine konstante Feinsegmentierung gefunden haben. Die kleinsten, nach dem gegebenen Verfahren nicht weiter zu unterteilenden Segmente nennen wir minimale Segmente.

Das Verfahren beruht also nicht auf (vermeintlicher) Homogenität eines bestimmten Gehörseindrucks, sondern auf der Vergleichbarkeit verschiedener Gehörseindrücke. Es setzt kontinuierliche Veränderung des Gehörseindrucks in der Zeitdimension voraus. Wird ein bestimmter Gehörseindruck P bei Vergleich mit Q als [Cx] segmentiert, bei Vergleich mit R als [yK], so setzen wir [Cx] = [yK] = [$s_1 \ldots s_n$] (s_i steht für ein minimales Segment). Das heißt, wir segmentieren den Ausdruck P letztlich in immer gleicher Weise. Technisch gesprochen, setzen wir voraus, daß es für P eine Einteilung in minimale Segmente [$s_1 \ldots s_n$] gibt in der Weise, daß [C] = [$s_1 \ldots s_m$], [x] = [$s_{m+1} \ldots s_n$], [y] = [$s_1 \ldots s_k$], [K] = [$s_{k+1} \ldots s_n$]. Die minimalen Segmente sind immer nur vorläufig minimal, nämlich solange, bis wir uns für eine noch feinere Unterteilung entscheiden.

<small>Wir können bei *einer* Gegenüberstellung auch mehr als je zwei Segmente gewinnen. Die Opposition dt. *Licht* ≠ *lacht* liefert uns z.B. am Anfang und am Ende je ein gleiches (und in einem späteren Schritt nochmals unterteilbares) Segment, die voneinander durch je ein verschiedenes Segment getrennt sind. Ein Vergleich der deutschen Wörter *Truthahn* ≠ *Brathuhn* gibt uns Anlaß, sogar je sechs Segmente in jedem der beiden Wörter anzusetzen, je ein ungleiches [t b] + je ein gleiches [r] + je ein ungleiches [u a] + je ein gleiches [t] + je ein ungleiches [ha hu] + je ein gleiches [n].</small>

Die Segmente, die wir auf diesem Wege aufstellen, heißen phonematische Segmente. Es sind abstrakte Einheiten. Sie sind aus unserem Gehörseindruck abstrahiert, und zwar durch Vergleich mehrerer Äußerungen, die in der zu analysierenden Sprache in Opposition stehen. Phonematische Segmente sind nicht zeitlich diskrete Einheiten der Schallwelle, der Artikulationsbewegung oder des Gehörseindruckes. Sie lassen sich auch nicht durch irgendeine «natürliche» Einteilung der Schallwelle, der Artikulationsbewegung oder des Höreindruckes gewinnen. Sowohl die Form des Artikulationskanals als auch die Schallwelle und der Gehörseindruck verändern sich während einer Äußerung *fortlaufend*. Es ist nicht möglich, irgendeinen Augenblick dieser Dauerbewegung als *das* phonematische Segment *x, y* oder *z* im konkreten Sinne herauszugreifen und festzulegen:

"One must not be misled by references to the 'steady state' of a vowel, for example, or by sketches stemming from X-ray photographs (or even the photographs themselves) entitled 'the vowel [i] as in *eat*' or even 'X-ray tracing of a bilabial nasal continuant', for these are severely delimited, specialized, esoteric references. For example, the 'steady state' of a vowel is descriptive only of that temporal phase of the production of a qualifying vowel during which the articulators, having assumed a certain position, maintain that position long enough to satisfy a (usually visible) static condition or criterion ... Thus it is dangerous to absolutely identify a vowel or a continuant in terms of some definable 'steady state'[39]."

Die phonematischen Umschriften, die wir am unteren Rand von Sonagrammen lesen, sind nicht etwa durch akustische Untersuchungen gewonnen, sondern durch Vergleich des Sonagramms mit den phonematischen Segmenten der wiedergegebenen Äußerung.

Da die phonematische Segmentierung sich auf den Bau einer bestimmten Sprache und nicht auf die physikalische Struktur von «Lauten» gründet, kann es durchaus vorkommen, daß wir akustisch, artikulatorisch und auditiv gleiche oder ähnliche Geräusche in verschiedenen Sprachen verschieden segmentieren. Die erste Silbe des finnischen Wortes *lääkäri* ‹Arzt› zerlegen wir in drei Segmente, die wir als [læǣ] notieren, und zwar kraft der Oppositionen *lää-* ≠ *pää* ‹Kopf› *lää-* ≠ *läh(teä)* ‹weggehen› ≠ *pähkinä* ‹Nuß›. Das englische Wort *last* (westliche Aussprache der Vereinigten Staaten) können wir durch Vergleich mit *laugh* zunächst in zwei Segmente einteilen, deren erstes der ersten Silbe von finn. *lääkäri* sehr ähnlich klingt. Dieses erste Element aus engl. *laugh* unterteilen wir aber nur noch in zwei Segmente [læ], nicht mehr wie das ähnlich lautende finnische Element *lää-* in drei Segmente; vgl. engl. *last* ≠ *least*, *last* ≠ *past*.

Die Segmenteinteilung läßt uns häufig Ermessensspielraum offen. Vergleichen wir engl. *ticket* und *ticked*. Wir können den hörbaren Unterschied einem [ə] zuschreiben, das in *ticket* (aber nicht in *ticked*) zwischen den Segmenten [k] und [t] steht. Wir können auch den Unterschied darin sehen, daß der Verschluß [k'] in *ticket* gelöst ist, der Verschluß [k)] in *ticked* ungelöst. Letztere Segmentierung liefert ein Segment weniger als erstere. Richtig sind beide.

Die Anlaute [č] und [š] im englischen Wortpaar *choose* ≠ *shoes* kann man so beurteilen, daß dem Reibegeräusch in *choose* ein weiteres Segment [t] vorangeht, in *shoes* nicht. Man kann es auch umgekehrt in der Weise beurteilen, daß sich das Reibegeräusch in *shoes* langsam aufbaue, in *choose* aber das Segment *langsamer Aufbau* fehle (vgl. p. 48), oder auch so, daß in *choose* das anlautende Segment scharf einsetze, in *shoes* weich. Je nach Wahl erhält man damit für *choose* ein Segment

---

39 Truby: op. cit., p. 151.

mehr als für *shoes* oder umgekehrt oder auch für beide Wörter die gleiche Zahl von Segmenten.

Die in der Praxis üblichen Segmentierungen stehen meist, wie Martinet treffend formuliert, «sous l'étroite dépendance des traditions» (vgl. Zitat, p. 98) und verschlüsseln die *hörbaren* Unterschiede bis zur Unkenntlichkeit (vgl. p. 113).

H. Lüdtke[40] und J. Chew[41] haben darauf hingewiesen, daß die Segmentierungskonventionen anderer Kulturen, z.B. bei chinesischen und indischen Grammatikern, wesentlich von unseren abweichen. Mit Lüdtke lehnen wir in diesem Sinne «das Präjudiz einer spezifischen Segmentierung des Sprachschalls» ab[42]. Wir halten fest, daß für jede gegebene Sprache zumindest *eine* Segmentierung (im Sinne unseres Verfahrens) existiert. Existieren mehrere, so sind sie einander formal gleichwertig.

Entscheiden wir uns z.B. bei engl. *ticket* für die Segmentierung [tɪkˀt], so werden wir analog auch bei den übrigen Auslautgruppen zweier Verschlüsse verfahren, also z.B. *rabid* [ræbˀd] ≠ *grabbed* [græb)d], möglicherweise auch bei Auslautgruppen *Reibelaut + Verschluß*, z.B. *buffet* [bəfˀt] ≠ *puffed* [pəf)t], *lattice* [letˀs] ≠ *lets* [let)s]. Gelöste und ungelöste Konsonanten wären demzufolge phonematisch verschieden in Auslautgruppen vor Verschlüssen und vor /s/, an Morphemgrenzen vor beliebigen anderen Konsonanten, z.B. *better them* /betˀðm/ ≠ *bet them* /bet)ðm/. In allen anderen Stellungen wäre der Unterschied neutralisiert. Diese Segmentierung widerspricht unseren orthographischen Konventionen, ist aber der uns vertrauten völlig gleichwertig. Eine Regel der Form

[Kˀ] ←→ [Kᵊ]

würde die beiden Segmentierungen ineinander überführen.

Extreme Fälle von tradierter Segmentierung, die nicht auf gehörten Unterschieden, sondern auf der Schreibweise beruhen, finden wir in den unbetonten Bestandteilen englischer Wörter. Das Wort *Quechuan* (Adjektiv zu *Quechua*, Indianerstamm in Peru) klingt genauso wie der zweite Teil des kanadischen Provinznamens *Saskatchewan* (örtliche Aussprache mit Tonvokal [e], überregional mit Tonvokal [æ]). Die Aussprachewörterbücher geben für das letzte Teilstück in *Saskatchewan* sechs Segmente [tʃəwən] an, für das gleichlautende Teilstück in *Quechuan* ein Segment weniger [tʃwən][43]. Eine ohne Rücksicht auf die Schreibtradition vorgehende Segmentierung würde für beide

40 Phonetica *20:* 165f.
41 Persönliche Mitteilung.
42 Folia linguist. *5:* 344.
43 Kenyon und Knott: A pronouncing dictionary of American English; 4. Aufl., und in Webster's New International Dictionary; 2. Aufl. (Merriam, Springfield 1953/1957).

Teilstücke nur zwei Segmente ansetzen, und zwar [uṇ]. Das Segment [ṇ] ergibt sich aus Oppositionen wie *Quechuan* [uṇ] ≠ *continuum* [um̩], das Segment [u] aus Oppositionen wie *Quechuan* [uṇ] ≠ *Latvian* [iṇ].

Die mittelenglischen Vokale vor [ç] und [χ], z. B. in *seigh*, *saugh* ‹sah› werden von den Grammatiken wie in der Schreibung in je zwei Segmente unterteilt, die Wörter also phonetisch als [seiç sauχ] gedeutet. Phonematisch können wir nur bis zu [seç saχ] segmentieren. Keine mittelenglische Opposition gibt Anlaß zur tradierten Segmentierung.

Aus dem gleichen Grunde beanstanden wir auch die tradierten Segmentierungen am Schluß von engl. *tedious* [iəs], *tedium* [iəm], *medial* [iəl], *intermediate* [iət]. Der angegebene Vokal [ə] bildet hier kein phonematisches Segment. Er stammt offensichtlich aus der Schreibtradition. Innerhalb des Englischen unterscheidet sich zwar der Vokal [i] in der Nachkontur vom Vokal [u], z. B. in *tedious* [dis] ≠ *arduous* [dus], *medial* [dil] ≠ *residual* [dul], aber [dis] läßt sich (in der vorliegenden Umgebung) nicht weiter segmentieren.

Wohl segmentieren läßt sich dagegen der ähnlich klingende Kern in betonten englischen Silben wie *see it* [siət], und zwar durch Vergleich mit *seat* [sit]. In unser Ermessen gestellt bleibt dabei eine Reihe von Einzelheiten. Werten wir den Beginn der beiden Nuklei als hörbar gleich [i]? Sie klingen zwar fast gleich, aber bei genauem Hinhören lassen sich immer kleine Unterschiede feststellen. Wollen wir das Ende der beiden Nuklei als zwei verschiedene Segmente behandeln – [ɪ] in *seat* [siɪt], [ə] in *see it* [siət] – oder (wie oben) den Nukleus von *seat* als nur ein Segment [sit]? Oder werten wir die beiden Nuklei als insgesamt hörbar verschieden? Dann bilden sie als ganzes nur je ein Segment, also auch in *see it* [sɪːt].

<small>Man hat viel um solche und ähnliche «Lösungen» gestritten. Der Streit lohnt sich nicht. Alle genannten Formulierungen decken den gleichen Tatbestand. Insofern sagen sie dasselbe aus und sind alle gleich richtig. Welches ist die beste Formulierung? Wir fragen dagegen: Warum sollte es nur eine, «beste Formulierung» geben? Eine gegebene Sachlage läßt sich immer auf mancherlei verschiedene Weise gut formulieren[44].</small>

Unser Ermessensspielraum betrifft häufig die *Reihenfolge* der gefundenen Segmente. Die labialisierten Konsonanten [lʷ rʷ nʷ ðʷ] des Kymrischen werden im Anlaut in der Reihenfolge *w* + Konsonant geschrieben, z. B. in *wlad* ‹Land›, *wraig* ‹Frau›, im Inlaut in der Reihenfolge Konsonant + *w*, z. B. in *marwnad* ‹Totenklage›, *meddwdod* ‹Trunkenheit›. Da wir die Labialisierung gleichzeitig mit dem Kon-

---

[44] Vgl. Pilch, H.: Montreal Proceedings, p. 160.

sonanten *hören*, kann die Reihenfolge nur konventionell festgelegt werden.
Bei den retroflexen Vokalen des Englischen (z.B. in *fear, fair, fir* in der Aussprache der westlichen Vereinigten Staaten) hören wir den Vokal und die *r*-Farbe ebenfalls gleichzeitig. Konventionell segmentieren wir in der Reihenfolge Vokal + [r]. Die umgekehrte Reihenfolge geht deshalb nicht, weil wir sie für Wörter wie *roar* /ro^r/, *freer* /fri^r/ brauchen. In diesem Falle wählen wir die Reihenfolge der eingängigeren Formulierung wegen, nicht aus sachlichen Gründen.

Die Änderung der konventionellen Reihenfolge zweier Elemente führt in der Sprachgeschichte den Namen Metathese. Sie kommt häufig vor, z.B. altengl. *bridd* > neuengl. *bird*.

3. Das Phonem

Segmente lassen sich – wie alle phonematischen Elemente – zu phonematisch äquivalenten Klassen ordnen (vgl. Kap. III). Das minimale Segment und die phonematische Äquivalenz liefern uns die Begriffe Phonem[45] und Phonemvariante[46].

> Das Phonem ist eine Klasse minimaler, phonematisch äquivalenter Segmente.

Beispiele: Das deutsche Phonem /d/ in *das, maddern, finden* usw. (vgl. p. 66). Das deutsche Phonem /h/ (auf Seite 101 als /C$_c$/ geschrieben) in *Haus, hoch, Hauch* usw. Das englische Phonem /i/ in *seat, seed, medial, tedious* usw. (vgl. p. 105). Das finnische Phonem /h/ in *Lahti, hyvä, kahdeksan* (vgl. p. 78).

> Innerhalb der Klasse minimaler, phonematisch äquivalenter Segmente, die ein Phonem bildet, erkennen wir häufig Teilklassen hörbar gleicher bzw. hörbar fast gleicher Segmente. Solche Teilklassen nennen wir Varianten des betreffenden Phonems.

Beispiele: Explosives [d] in Anlaut des deutschen Wortes *das*, implosives [d] im Auslaut des deutschen Wortes *Grad*, im- und explosives [d] im Inlaut des deutschen Wortes *maddern* sind drei ver-

---

45 Engl. *phoneme*, frz. *phonème*, schwed. *fonem*, russ. *fonema*.
46 Engl. *allophones*, frz. *variantes*, schwed. *varianter*, russ. *ottenki, varianty*. Zwirners *Lautklassen* sind im wesentlichen Klassen von Phonemvarianten.

schiedene Varianten des deutschen Phonems /d/. Stimmloses finnisches [hᵃ] in *kahti*, stimmloses finnisches [hᵘ] in *hyvä* und stimmhaftes finnisches [ɦ] in *kahdeksan* sind drei verschiedene Varianten des finnischen Phonems /h/ (vgl. p. 78f.). Kurzes englisches [i] in *seat* [sit], langes englisches [i:] in *seed* [si:d], gesenktes englisches [i̞] in *real* [ri̞l] und in der zweiten Silbe von *medial* [midi̞l], *tedious* [tidi̞s] sind drei verschiedene Varianten des englischen Phonems /i/.

Wir schreiben verschiedene Varianten eines gegebenen Phonems in eckigen Klammern und mit dazwischen gesetzter Tilde, z. B. engl. [i] ∽ [i:] ∽ [i̞].

Je nach den distributionellen Relationen der verschiedenen Varianten unterscheidet die Prager Theorie zwischen **kombinatorischen** und **freien** Varianten[47]. Die kombinatorischen Varianten eines Phonems stehen in komplementärer Verteilung, z. B. im Deutschen explosives [d] im Anlaut, implosives [d] im Auslaut, im- und explosives [d] im Inlaut; im Schwedischen und Norwegischen [ɛ] vor /r/, [e] vor anderen Konsonanten (vgl. p. 11); im Englischen relativ kurzes [i] in betonter Silbe vor distinktiv stimmlosem Auslaut (z. B. in *seat*), relativ langes [i:] in betonter Silbe vor distinktiv stimmhaftem Auslaut (z. B. in *seed*) und in Nachtonsilben vor /z/, z. B. in *rabies* [reibi:z], gesenktes [i̞] in betonter Silbe vor Sonanten, z. B. in *real*, *Behan* und in Nachtonsilben vor /l n m s t/, z. B. in *cordial* [ˈkoʳdi̞l], *Israel* [ˈɪzri̞l].

Die freien Varianten stehen in freiem Wechsel, z. B. gelöste und ungelöste auslautende Verschlüsse im Englischen (vgl. p. 14), sofern wir bei der üblichen Segmentierung bleiben (vgl. p. 103).

Die Sprachgeschichte spricht von **kombinatorischem Lautwandel**, wenn kombinatorische Varianten (infolge irgendwelcher anderweitiger Veränderungen) ihre phonematische Äquivalenz verlieren und zu verschiedenen Phonemen (bzw. zu sonstigen phonematisch verschiedenen Einheiten) werden. Zum Beispiel besteht der germanische *i*-Umlaut (vgl. pp. 24, 30) darin, daß die kombinatorischen Varianten der Vokale vor /i/ zu selbständigen Phonemen werden. Genauer: In einem ersten Stadium haben gewisse Vokale verschiedene Varianten je nachdem, ob die folgende Wortsilbe ein /i/ enthält oder nicht; z. B. hat das Phonem /ō/ die Variante [ȫ] vor /i/, die Variante [ō] in anderen Stellungen. In einem zweiten Stadium verschwindet

---

[47] Engl. *locally conditioned, free allophones* [Pike: Blue Book, § 8.442, 8.444], frz. *variantes combinatoires, facultatives*, russ. *kombinatornyje, svobodnyje varianty*.

das /i/, das im Sinne des Prinzips *ähnliche Umgebung* (vgl. Kap. III.3) die Variation «verursacht» hatte, ohne daß sich die Aussprache der vorangehenden Vokale ändert. Damit werden [ö] und [ō] von kombinatorischen Varianten zu verschiedenen Phonemen; vgl.[48] germ. *[wōp-i] (Imp.) ‹weine› ∾ [*wōp-] ‹Geheul› > ae. [wōp] ≠ [wōp].

Die Phonemtheorie setzt voraus, daß die Menge der minimalen Segmente sich für jede Sprache (bzw. jeden Dialekt) zu phonematischen Äquivalenzklassen ordnen läßt in der Weise, daß jedes Segment grundsätzlich genau *einem* Phonem zugehört. In der Praxis führt diese Voraussetzung oft zu Schwierigkeiten. Es gibt nämlich Fälle, in denen sich die grundsätzlichen Kriterien *komplementäre Verteilung, freier Wechsel* und *phonetische Verwandtschaft* in verschiedener Weise auslegen lassen. Es begegnen typische Fälle für die mehrdeutige Ordnung der Phonemvarianten zu Äquivalenzklassen (vgl. auch p. 149f.):

1. Ein gegebener Silbentyp, z.B. *KV* (vgl. p. 18), begegnet in zwei phonematisch verschiedenen Untertypen, z.B. /K₁V₁/ und /K₂V₂/. Hier verteilen sich [V₁] und [V₂] komplementär gegenüber [K₁] und [K₂] und umgekehrt. [V₁] kommt nur nach [K₁] vor, [V₂] nur nach [K₂] (und umgekehrt). Wir ordnen jetzt [K₁] ∾ [K₂] zu einer phonematischen Äquivalenzklasse /K/, [V₁] ∾ [V₂] zu einer Äquivalenzklasse /V/. Den phonematischen Unterschied zwischen den Silbentypen /K₁V₁/ und /K₂V₂/ ordnen wir damit nicht bestimmten Phonemen zu, sondern den Silbentypen als solchen. Tun wir das nicht, so können wir entweder nur /V₁/ ≠ /V₂/ und [K₁] ∾ [K₂] setzen oder umgekehrt [V₁] ∾ [V₂] und /K₁/ ≠ /K₂/. Beide Möglichkeiten sind gleich gut und richtig, schließen aber einander aus.

Beispiel: Das Schwedische, Norwegische und Mittelenglische haben zwei Untertypen des Silbentyps -*VK* bzw. -ʹ*VKV*, und zwar -*V̄K* und -*VK̄*, d.h., auf langen Vokal folgt kurzer Konsonant, auf kurzen Vokal langer Konsonant (bzw. mehrere Konsonanten), z.B. schwed. *tak* [ta:k] ‹Dach› ≠ *tack* [tak:] ‹danke›, me. *gōd* ‹gut› ≠ *godd* ‹Gott›.

Für die eine und gegen die andere Ordnung können wir uns sachlich entscheiden, wenn es zusätzlich andere Umgebungen gibt, in denen entweder /K₁/ ≠ /K₂/ oder /V₁/ ≠ /V₂/ (aber nicht beides) auftritt.

Beispiel: Die russischen Vokale haben nach palatalisierten Konsonanten vordere Varianten, nach velarisierten Konsonanten hintere Varianten (vgl. p. 54). Palatalisierte und velarisierte Konsonanten stehen im Silbenauslaut in Opposition ohne folgenden Vokal (z.B. /mas/ ‹Masse› [gen. pl.] ≠ /mas/ ‹Schuhwichse›), nicht jedoch vordere und hintere

---

[48] Vgl. Pilch, H.: Altenglische Grammatik, § 15.3 (Hueber, München 1970).

Vokale ohne vorangehenden Konsonanten. Daher behandeln wir letztere jeweils als Varianten des gleichen Phonems, palatalisierte und velarisierte Konsonanten jeweils als verschiedene Phoneme.

2. Zwei Klassen von Phonemvarianten P_1 und P_2 stehen in komplementärer Verteilung und sind phonetisch miteinander verwandt. P_1 enthält n phonematisch verschiedene Teilklassen, P_2 m phonematisch verschiedene Teilklassen (m ≠ n), und die phonetische Verwandtschaft zwischen ihnen ist mehrdeutig. In solchen Fällen empfiehlt es sich, auf weitere Ordnung zu Äquivalenzklassen zu verzichten, da sie keine zusätzliche Kenntnis über das Lautsystem der betreffenden Sprache bringt.

Beispiel: Die englischen betonten Vokale haben vor silbenauslautendem /r/ besondere Varianten. In einer weitverbreiteten Spielart des amerikanischen Englisch gibt es vor silbenauslautendem /r/ fünf verschiedene Vokale, vor /t/ sieben[49]:

Vr	Vt
	[ɪ] in *bit*
[ir] in *beer*	
	[ɛ] in *bet*
[er] in *bear*	
	[æ] in *bat*
[ar] in *bar*	
	[a] in *cot*
	[ɔ] in *caught*
[or] in *bore*	
	[ʊ] in *put*
[ur] in *boor*	
	[ə] in *putt*

Auf Grund phonetischer Verwandtschaft können wir jeden der Vokale vor /r/ entweder dem einen oder dem anderen der Vokale vor /t/ zuordnen, zwischen denen er in obiger Aufstellung erscheint, jedoch nicht beiden (da wir voraussetzen, jedes Segment gehöre grundsätzlich nur zu *einem* Phonem). Wir vermeiden willkürliche Zuordnungen, wenn wir *Vr* als eine eigene Klasse von retroflexen Vokalen behandeln.

3. Ein Sonderfall des eben behandelten Typs kommt bei der Neutralisierung vor (vgl. p. 68). In Umgebungen, in denen eine gegebene Opposition *a* ≠ *b* neutralisiert ist, stehen Varianten, die sich auf Grund phonetischer Verwandtschaft sowohl dem Phonem /a/ als auch dem Phonem /b/ zuordnen lassen.

Beispiel: Im Englischen und Kymrischen stehen in Konsonantengruppen nach /s/ labiale, alveolare und dorsale Verschlüsse, z.B. in den englischen Wörtern *spin, stint, skin*, den kymrischen Wörtern *ysbryd* (< lat. *spiritus*), *Ystrad* (< lat. *strata*), *ysgol* (< lat. *schola*).

49 Der Einfachheit halber sehen wir hier ab von den Vokalen in den Wörtern *beat, boot, burr*.

Diese Verschlüsse sind sowohl mit den Verschlüssen /p t k/ als auch mit den Verschlüssen /b d g/ verwandt und stehen mit beiden in komplementärer Verteilung. Mit /p t k/ sind sie verwandt als die stimmlosen Verschlüsse des Englischen bzw. Kymrischen, mit /b d g/ als die unaspirierten Verschlüsse des Englischen bzw. Kymrischen. Die englische Orthographie schreibt sie mit den Buchstaben *p t k*, die kymrische Orthographie mit den Buchstaben *b t g*. Die vorliegende Segmentklasse ist damit sowohl den stimmlosen Verschlüssen /p t k/ als auch den unaspirierten Verschlüssen /b d g/ der betreffenden Sprachen äquivalent. Sie kann nur willkürlich entweder der einen oder der anderen Klasse zugeordnet werden.

Die Prager Theorie spricht in solchen Fällen vom Archiphonem[50] und schreibt Archiphoneme mit Großbuchstaben.

Nach dieser Ausdrucksweise ist im Englischen und Kymrischen die Opposition zwischen stimmhaften und stimmlosen Verschlüssen aufgehoben unter den stimmlosen, unaspirierten Archiphonemen /P T K/.

Die theoretisch von Phonemvarianten ausgesagte *hörbare Gleichheit* wird in der Praxis stets so ausgelegt, daß wir gewisse hörbare Unterschiede vernachlässigen. Deshalb haben wir oben vorsichtig davon gesprochen, daß *wir* solche Teilklassen *erkennen* und daß es sich auch um hörbar *fast gleiche* Segmente handeln kann. Zum Beispiel sprechen wir von den beiden Varianten [k] und [k̊] im Deutschen. Das deutsche Phonem /k/ hat die vordere Variante [k̊] vor vorderen Vokalen (z. B. in *Kiel, Kehl, kühl, Köter*), die hintere Variante [k] vor hinteren Vokalen (z. B. in *Kuh, Kohl, kahl*). Wir vernachlässigen bei einer solchen Aussage die – bei genauem Hinhören unterscheidbaren – Unterschiede innerhalb der betreffenden Phonemvarianten, z. B. zwischen anlautendem [k̊] vor /i/ und vor /ü/ usw.

Wie viele und welche Varianten eines Phonems wir im Einzelfall unterscheiden, hängt von Zweckmäßigkeitserwägungen ab. Bei der Analyse eines kombinatorischen Lautwandels unterscheiden wir z. B. nur diejenigen Phonemvarianten, die später selbständige Phoneme werden. Untersuchen wir die stimmlosen und stimmhaften Varianten des Phonems /h/ im Finnischen, so sprechen wir von «zwei Varianten», der stimmhaften vor /d/, der stimmlosen in allen anderen Stellungen, und vernachlässigen die hörbar verschiedenen «Vokalqualitäten» dieser beiden Varianten. Bei der Analyse einer gegebenen Sprache nennen wir besonders diejenigen Varianten, die in den dem Leser bekannten Sprachen nicht vorkommen, z. B. [f] ∾ [h] als Varianten des gleichen Phonems im Japanischen (vgl. p. 14), [õ] ∾ [ö] als Varianten des gleichen Phonems im Gemeingermanischen, helles [l]

50 Engl. *archiphoneme*, frz. *archiphonème*, russ. *archifonema*.

und dunkles [ł] als Varianten des gleichen Phonems im Englischen. Dagegen nennen wir den Unterschied zwischen explosiven Verschlüssen im Anlaut und implosiven Verschlüssen im Auslaut häufig nicht extra, weil wir annehmen, er erscheine dem Leser vertraut und selbstverständlich, oder auch weil wir selbst ihn dafür halten. Überspitzt: Die Zahl der Varianten, die wir unterscheiden, hängt von unserer phonematischen Erfahrung ab. Englischen Phonetikern fallen die spanischen Varianten [d] ∾ [ð] als verschieden auf (vgl. p. 30), einem Spanier erscheinen sie ebenso natürlich wie uns die verschiedenen *k*-Varianten in *Kiel* und *Kohl:*

> «Dire qu'un phonème ne connaît pas de variantes, ou qu'il en a deux, trois ou plus, c'est commettre l'erreur de transposer dans le système de la langue à décrire des réactions propres au descripteurs»[51].

Phonem, Phonemvariante und Segment sind Abstraktionen. Wir haben bisher immer von Einheiten wie «dem Phonem /h/, der Variante [h]» bzw. «dem Segment [h]» im deutschen Wort *Haus* /haus/ und dergleichen gesprochen. Nun gibt es «das deutsche Wort *Haus*» nur als Abstraktion. Was wir beobachten können, sind bestimmte Sprecher, die zu einem gegebenen Zeitpunkt das Wort *Haus* (und damit das Phonem, die Variante, das Segment [h]) aussprechen. Zur deutlicheren Unterscheidung sprechen wir in diesem Falle von einem Exemplar oder einer Realisierung des Phonems /h/ (bzw. der Variante oder des Segmentes [h]). Genau genommen ist «das Segment [h] im deutschen Wort *Haus*» eine Klasse von Realisierungen, ebenso die Variante [h] oder das Phonem /h/. Unser tatsächlicher Sprachgebrauch vernachlässigt diese Unterscheidung, solange im Einzelfall keine Mißverständnisse zu befürchten sind. Wir sagen etwa, das Phonem /h/ in *Haus* sei hörbar verschieden vom Phonem /m/ in *Maus*, obwohl hörbar verschieden nur immer einzelne Exemplare dieser Phoneme sein können. Ebenso sprechen wir von «dem Phonem /h/ im Anlaut des deutschen Wortes *hetzen* auf Abbildung 7», obwohl hier nur ein einzelnes Exemplar des Phonems /h/ steht, nicht die Klasse aller Varianten. Dieser Sprachgebrauch läßt sich als wenig folgerichtig angreifen. In der Praxis geht aber aus dem Zusammenhang hervor, ob mit «dem Phonem /x/» die gesamte Klasse x, eine Teilklasse oder nur ein einzelnes Element aus der Klasse x gemeint ist.

51 Martinet: Eléments, pp. 68f.

4. Suprasegmentale Elemente

Bei der Segmentierung bleiben häufig hörbare Unterschiede übrig, die sich keinem bestimmten (minimalen) Segment zuordnen lassen – zumindest nicht ohne Willkür, sondern nur längeren Segmentfolgen. Vergleichen wir z. B. dt. *bombensicher* ‹ganz sicher› ≠ *bombensicher* ‹vor Bomben sicher› /bɔmbn̩zıçɛ/. In welchem Segment liegt der hörbare Unterschied? Oder liegt er in einem zusätzlichen, bisher noch nicht erkannten Segmentpaar /1/ ≠ /2/? An welcher Stelle der obigen Segmentfolge soll /1/ bzw. /2/ dann stehen? Zum Beispiel /bɔ1mbn̩zıçɛ/ oder /bɔm1bn̩zıçɛ/? Die Fragen lassen sich in dieser Form nicht beantworten. Der hörbare Unterschied ist nicht in einem bestimmten Segment der schon bekannten linearen Abfolge lokalisierbar. Wir setzen ihn daher außerhalb dieser Abfolge und ordnen die Elemente /1/ bzw. /2/ der Phonemfolge /bɔmbn̩zıçɛ/ als ganzer zu:

$$\overset{1}{/\text{bɔmbn̩zıçɛ}/} \neq \overset{2}{/\text{bɔmbn̩zıçɛ}/}.$$

> Solche einer längeren Segmentfolge ohne einen bestimmten Platz innerhalb dieser Folge zugeordneten phonematischen Elemente heißen **suprasegmental** im Gegensatz zu der schon bekannten **segmentalen**[52] Phonemfolge *bombensicher* /bɔmbn̩zıçɛ/. Die suprasegmentalen Elemente einer gegebenen Sprache bilden die **Intonation** dieser Sprache. Die segmentalen Gruppen, denen wir suprasegmentale Elemente zuordnen, nennen wir **Akzentgruppen**.

Diese Ausdrücke sind bildhaft zu verstehen, weil wir die suprasegmentalen Elemente (z. B. die Akzente) häufig über (manchmal auch unter) den segmentalen notieren.

Wir können über die globale Zuordnung der suprasegmentalen Elemente zu den beiden Phonemfolgen /bɔmbn̩zıçɛ/ hinausgehen und sie kleineren Akzentgruppen zuordnen, z. B. einem der beiden Wörter *bomben-* oder *-sicher* oder einer der vier Silben /bɔm-bn̩-zı-çɛ/. Bei genauem Hinhören zeigt es sich, daß der hörbare Unterschied im we-

---

52 Engl., frz., schwed. *segmental, suprasegmental*, russ. *segmentnyje, supersegmentnyje* oder *sverchsegmentnyje (fonemy)*.
Die Prager Schule unterscheidet entsprechend *phonologische* (segmentale) von *prosodischen* (suprasegmentalen) Eigenschaften und gebraucht Termini mit den Stämmen *phonem-, phonolog-* (phonologisch, Phonem usw.) nur von den segmentalen Eigenschaften.

sentlichen im Element *bomben-* liegt. Bei *bombensicher* ‹ganz sicher› fällt die Tonhöhe in *bomben-* nur ganz wenig, bei *bombensicher* ‹sicher vor Bomben› sinkt sie im Verlauf des Morphems *bomben-* stark und endet auf dem gleichen, tieferen Ton, auf dem das zweite Element *-sicher* anfängt (in norddeutscher Aussprache; in süddeutscher Aussprache setzt *-sicher* etwas höher ein und fällt langsam). Das Element *-sicher* hat in beiden Wörtern einen relativ tiefen Ton, der (außer am Ende der Äußerung) ebenfalls nur wenig abfällt.

Notieren wir den ebenen (d. h. geringfügig fallenden) hohen Ton als /⎺/, den ebenen tiefen Ton als /⎽/, den fallenden Ton als /\\/, so können wir umschreiben (wir umschreiben nur die Suprasegmentalia, die Segmentalia geben wir der Einfachheit halber orthographisch wieder):

⎺⎺⎺⎺⎺ ⎺⎺⎺⎺⎺ \\ ⎺⎺⎺⎺⎺
bomben - sicher ≠ *bombensicher*

Wir sprechen von einem **schwebenden** Akzent in *bombensicher* ‹ganz sicher› gegenüber einem **fallenden** Akzent[53] in *bombensicher* ‹vor Bomben sicher›.

Häufig wird dieser Unterschied in der Weise verschlüsselt, daß der schwebende Akzent als lineare Aufeinanderfolge zweier **Hauptakzente** (Hauptakzent notiert /ʹ/), der fallende Akzent als Folge eines Hauptakzents und eines **Nebenakzents** (notiert /ˋ/)[54] erscheint. Diese Akzente weist man entweder den morphologischen Elementen *bomben-* und *-sicher* zu und notiert dementsprechend ʹ*bomben*ʹ*sicher* ≠ ʹ*bomben*ˋ*sicher*. Oder man weist sie nur den Silben *bom-* und *si-* zu, den Silben *-ben* und *-cher* dagegen einen zusätzlichen *schwachen Akzent*[55] (notiert /˘/): ʹ*bom*˘*ben*ʹ*si*˘*cher* ≠ ʹ*bom*˘*ben*ˋ*si*˘*cher*.

Diese verschiedenen Silbenakzente bzw. Morphemakzente sind nicht als solche hörbar, sondern bilden lediglich eine (weithin übliche) Verschlüsselung für die verschiedene Tonhöhenführung auf dem Element *bomben-*. Auf dem zweiten Element *-sicher* ist kein Unterschied hörbar. Trotzdem schreiben wir diesem Element in der Verschlüsselung einmal einen Hauptakzent, das andere Mal einen Nebenakzent zu. Man hat diese «Akzente» vielfach mißverstanden, indem man sie als unmittelbar hörbare (nicht nur als verschlüsselte) phonematische Elemente ansah und nach den diesen Akzenten zugeordneten Schallmerkmalen suchte. Diese Suche ist (wie zu erwarten) vergeblich geblieben. Viele Lehrbücher ordnen dem Akzent die akustische Intensität als Schallmerkmal zu, aber diese Zuordnung ist falsch.

53 Engl. *level stress, forestress*.
54 Engl. *primary, secondary stress*, frz. *accent primaire, secondaire*, russ. *pervičnoje, vtoričnoje udarenije*.
55 Engl. *weak stress*, frz. *accent faible*, russ. *slaboje udarenije*.

Die Verschlüsselungen rechtfertigen sich daran, daß sie sich auf alle weiteren suprasegmentalen Unterschiede zwischen deutschen Wörtern übertragen lassen, z. B. auf die Opposition des Typs:

Brégènz ≠ Brégĕns (Gen. zu *Bregen*)
Stádt Hámburg ≠ stätt Hámburg
'August ≠ Augúst

Im zweiten minimalen Paar steht ein schwebender Akzent auf *Stadt Hamburg* einem steigenden Akzent auf *statt Hamburg* gegenüber. Im dritten Paar steht der starke Akzent auf der Silbe '*Au-* dem starken Akzent auf der Silbe *-gúst* gegenüber. Als allgemeine suprasegmentale Eigenschaften des (nicht zusammengesetzten) deutschen Wortes schälen sich damit heraus:
1. Jedes deutsche Wort hat genau einen (starken) Akzent. Er heißt Wortakzent.
2. Jeder starke Akzent liegt auf genau einer Silbe. Diese Silbe heißt betont.
3. Alle übrigen Wortsilben haben keinen starken Akzent. Sie heißen unbetont.

Diese Kennzeichnung gilt über das Deutsche hinaus für alle Akzentsprachen wie Russisch, Polnisch, Niederländisch, Englisch, Spanisch, Italienisch.

Der Wortakzent ist nicht im gleichen Sinne distinktiv wie der schwebende und der fallende Akzent und wie die segmentalen Phoneme, also z. B. wie /\/ ≠ /⌐/ auf dem Element *bomben-* in den beiden Wörtern *bombensicher* und /t/ ≠ /d/ dt. *waten* ≠ *Waden*. Niemals unterscheiden sich nämlich verschiedene Wörter allein dadurch, daß auf einer bestimmten Silbe das eine Mal ein starker, das andere Mal ein schwacher Akzent steht und sich sonst nichts ändert. Neben dem deutschen Wort *Augúst* steht z. B. kein anderes deutsches Wort ⌣*Augŭst* bzw. '*Augŭst*. Distinktiv ist lediglich die Akzent*stelle*, das eine Mal auf der ersten, das andere Mal auf der zweiten Wortsilbe. Trubeckoj und Martinet[56] kennzeichnen diesen Sachverhalt, indem sie den Wortakzent gipfelbildend (culminatif) nennen.

Wir unterscheiden demnach den kulminativen Wortakzent (Typ: '*August* ≠ *Augúst*) vom distinktiven Wortakzent (Typ: [1]*bombensicher* ≠ [2]*bombensicher*). Manche Sprachen kennen nur den kulminativen Ak-

---

56 Grundzüge, pp. 185 f.; Eléments, pp. 86 f.

zent, z. B. das Polnische, Russische und Japanische. Andere kennen außerdem einen distinktiven Akzent, z. B. das Deutsche, Englische, Schwedische, Norwegische und Serbokroatische. Noch andere Sprachen haben keinen Wortakzent, z. B. das Französische, Tschechische, Finnische, Ungarische, Georgische.

Eine Sprache ohne Wortakzent ist operationell dadurch definiert, daß sie keine Opposition zwischen linearen Abfolgen gleicher segmentaler Phoneme zuläßt, innerhalb derer die Wortgrenzen an verschiedenen Stellen liegen. Im Tschechischen ist z. B. *jeden* ‹eins› homonym mit *je den* ‹es ist Tag›, im Finnischen *juustoleipä ja maito* ‹das Käsebrot und die Milch› mit *juusto, leipä ja maito* ‹der Käse, das Brot und die Milch›, im Französischen *il a mis l'habit* mit *il a mille habits*. Paul Passy[57] zitiert das gleichlautende Verspaar:

«Gal, amant de la reine, alla, tour magnanime
galamment de l'Arène à la Tour Magne, à Nîmes»

Der Leser, der Schwierigkeiten hat, sich eine Sprache ohne Wortakzent vorzustellen, denke daran, daß das Französische auch keine akzentuierenden Versmaße kennt und daß Franzosen den Wortakzent anderer Sprachen zunächst nicht «hören» (vgl. p. 164).

In manchen Sprachen sind die betonten Silben phonologisch anders als die unbetonten in der Weise, daß in ersteren wesentlich mehr phonologische Unterscheidungen vorkommen als in letzteren. Das Russische unterscheidet z. B. in betonten Silben fünf verschiedene Vokale /i e a o u/, in unbetonten Silben kennt es – leicht vereinfacht – (vgl. p. 86) nur einen einzigen Stützvokal [ə], dessen Qualität sich nach der Palatalisierung des vorangehenden Konsonanten richtet. Wir sprechen in solchen Fällen von einer Reduktion der Vokale in unbetonten Silben und sagen, in betonter Silbe seien die Vokale voll, in unbetonter Silbe reduziert[58].

Die Vokalreduktion sieht man häufig als Wirkung des fehlenden Akzents an und sagt, die unbetonten Silben seien reduziert, *weil* sie keinen Akzent hätten. Diese Ausdrucksweise ist wenig glücklich, solange die reduzierte phonematische Form das entscheidende hörbare Kennzeichen des fehlenden Akzents ist (und umgekehrt). Hört man z. B. russische Rede zu, um die Akzentstellen zu bestimmen, so erkennt man sie am besten an den vollen Vokalen. Die Termini *starker* und *schwacher Akzent* verschlüsseln im Russischen Silbentypen verschiedenen phonematischen Baus. Dieser phonematische Bau ist nicht irgendetwas anderes, was erst seinerseits die Reduktion «verursacht».

Die gleichen Unterscheidungen, die wir als Wortakzent analysiert haben, bestehen auch zwischen größeren syntaktischen Gruppen, z. B. dt.

[57] Petite phonétique comparée des principales langues européennes; 2. Aufl., p. 22, Anm. (Teubner, Leipzig 1912).
[58] Engl. *full, reduced vowels*, frz. *voyelles pleines, reduites*, russ. *glasnyje polnogo obrazovanija, reducirovannyje glasnyje*.

deshalb sind wir nicht dazú gekommen. ≠ *deshalb sind wir nicht dazu gekómmen.*

Hier liegen zwei verschiedene syntaktische Gruppen vor. Die erste bedeutet ‹deshalb haben wir uns der Gruppe nicht angeschlossen›, die zweite ‹deshalb haben wir dazu keine Zeit gehabt›. Sie unterscheiden sich hörbar nur durch die Akzentstelle, also ebenso wie *'August* ≠ *Augúst.*

Auch die Unterscheidung zwischen schwebendem und fallendem Akzent finden wir in größeren syntaktischen Gruppen wieder, z. B.

Käse, Brot und Butter ≠ *Käsebrot und Butter*

wo bist du gewesen ≠ *wo bist du gewesen*

Die erste Frage ist unemphatisch, die zweite hebt *wo* hervor (d. h. nicht *wann, weshalb* usw., sondern *wo*). In solchen Fällen, in denen der Akzent nicht dem Wort, sondern der syntaktischen Gruppe zugeordnet ist, spricht man von Wortgruppenakzent oder Satzakzent. Der Wortakzent erweist sich von hierher als Sonderfall des Satzakzents, nämlich als Akzent eines Satzes, der nur ein einziges, isoliert gesprochenes Wort enthält. Nur für solche isoliert gesprochenen Wörter gilt obige Angabe, jedes deutsche Wort habe genau einen starken Akzent. Deshalb können einzelne Wörter und bestimmte Wortgruppen auch den gleichen Akzent haben, z. B. dt.:

Hérmann = *Hérr Mann (und Frau Mann)*,
Éhrgeiz = *ér geiz(t und síe geizt)*,
'Ahorn = *'A-Horn* ‹Horn in A›,
wéissagen = «*wéiß*» *sagen.*

Verschlüsseln wir die suprasegmentalen Merkmale dieser Gruppen nicht als kulminativen, sondern als fallenden bzw. steigenden Akzent, so teilen wir die ersten vier Beispiele in je zwei suprasegmentale Segmente, z. B. *'weis'sagen.*

In der Praxis bleibt uns häufig Spielraum bei der Entscheidung, ob wir gegebene phonematische Unterschiede der segmentalen oder suprasegmentalen Schicht zuordnen. Betrachten wir z. B. die unbetonten Silben in englischen minimalen Paaren wie

unéasy ≠ *an éasy (job)*
ínsult ≠ *dífficult*

Britische Phonetiker ordnen den hörbaren Unterschied der segmentalen Schicht zu und sprechen von den beiden Vokalen /ʌ/ ≠ /ə/:

/ʌnˈizɪ/ ≠ /ənˈizɪ/
/ˈɪnsʌlt/ ≠ /ˈdɪfɪkəlt/

Amerikanische Phonetiker ordnen den hörbaren Unterschied der suprasegmentalen Schicht zu, und zwar einem Nebenakzent gegenüber einem schwachen Akzent der betreffenden Silbe:

/ˈənˈizi/ ≠ /⌣ənˈizi/
/ˈɪnˈsəlt/ ≠ /ˈdɪ⌣fə⌣kəlt/

Das Deutsche unterscheidet die silbischen Sonanten /l̩ m̩ n̩/ von Folgen Vokal + /l m n/ in minimalen Paaren wie:

niesend /ˈniznt̩/ ≠ *Wisent* /ˈvizɛnt/
regnet es /ˈregn̩ts/ ≠ *Regens* /ˈregɛnts/
miesem /ˈmizm̩/ ≠ *Bisam* /ˈbizam/
nagelt /ˈnagl̩t/ ≠ *Nagold* /ˈnagɔlt/
Apfelwein /ˈapfl̩ -/ ≠ *Abfüllwein* /ˈapföl -/

Diese Oppositionen gibt es nur in unbetonten Silben. Man kann sie als suprasegmental behandeln, und zwar als Unterschied zwischen Nebenakzent und schwachem Akzent.

Häufig setzt man für die in diesem Sinne schwachtonigen Silben ein eigenes Vokalphonem /ə/ an und sagt, unter dem schwachen Akzent würden die vollen Vokale zu /ə/ reduziert:

/ˈni⌣zənt/ ≠ /ˈviˈzɛnt/
/ˈre⌣gənts/ ≠ /ˈreˈgɛnts/
/ˈmi⌣zəm/ ≠ /ˈbiˈzam/

Dehnen wir die suprasegmentale Analyse aus auf Oppositionen in unbetonten Silben wie:

Schluderns[59] /ˈšlu⌣dɛnts/ ≠ *Bludenz* /ˈbluˈdɛnts/
kleiner /ˈklai⌣nɛ/ ≠ *klein r* /ˈklainˈʔɛr/[60]
Mäderl /ˈme⌣dɛl/ ≠ *Schneekerl* /ˈšneˈkɛrl/

Bei norddeutschen Sprechern liegt der hörbare Unterschied des ersten Paares im auslautenden /ṇ/ (retroflex) ≠ /n/ (dental), beim zweiten und dritten Paar im Vorhandensein bzw. Fehlen eines [r-]artigen Abglitts. Bei süddeutschen Sprechern ist außerdem der unbetonte Vokal in den Wörtern der linken Spalte auf [ə] reduziert.

---

59 Genitiv zum substantivierten Infinitiv *Schludern*.
60 Im Ausdruck *klein r*, nicht groß *R*.

Dehnen wir die suprasegmentale Analyse noch weiter aus auf «fremde» morphonologische Typen, z. B. den italianisierenden *(futschikato)* und den latinisierenden *(Kukulorus, Papagei)*, so müssen wir in allen unbetonten Silben dieser Wörter Nebenakzente ansetzen, weil ihre Vokale nicht reduziert sind. Der Begriff *Nebenakzent* ist demnach auf das Deutsche nur in Wörtern eines ganz bestimmten morphonologischen Typs anwendbar, und auch hier nur in Nachtonsilben (d. h. auf den starken Akzent folgende Silben). Wir sprechen daher im Deutschen sachgerechter von verschiedenen morphonologischen Typen mit einem bzw. zwei vollen Vokalen statt von Nebenakzenten. Typologisch gehört das Deutsche zu den Sprachen ohne distinktiven Nebenakzent (wie Schwedisch, Norwegisch)[61], nicht zu denjenigen mit distinktivem Nebenakzent (wie Englisch).

Es gibt Aphasiepatienten, bei denen entweder die Suprasegmentalia ohne die Segmentalia gestört sind oder umgekehrt.

Der schon erwähnte deutschsprachige Patient, der nur einen bestimmten morphonologischen Typ des Deutschen beherrschte (vgl. p. 27), sprach mit völlig intakter Intonation. Solange er bei dem einen morphonologischen Typ blieb, konnte man ihn nicht von einem gesunden Sprecher unterscheiden.

Ein russischsprachiger Patient beherrschte nur den Wortakzent, aber nicht den Wortgruppenakzent des Russischen. Er sprach jedes Wort «einzeln», ohne die Wörter zu gruppieren. Außerdem gestört waren die Palatalisierungskorrelation und die Stimmhaftigkeitskorrelation (vgl. p. 153).

5. *Phonetik und Phonologie*

Wir haben im vorliegenden Kapitel den Redestrom in Segmente eingeteilt, ohne dabei mit vermeintlich von der jeweiligen Sprachstruktur unabhängigen, artikulatorisch, akustisch, auditiv oder psychologisch vorgegebenen «Einzellauten» zu rechnen. Dem Glauben an solche «Laute» mit Anglitt, Stellung und Abglitt ist durch die phonetische Forschung seit Menzerath und Lacerda und durch die methodologische Beweisführung Zwirners endgültig der Boden entzogen. Der *Laut*, mit dem die Phonetik tatsächlich arbeitet, ist grundsätzlich die Variante eines Phonems. Man kann zwar noch so tun, als ob es den «natürlichen Laut» gäbe. Wir halten es jedoch für sinnvoller, den geltenden Forschungsstand zur Kenntnis zu nehmen, auch wenn wir uns damit von vielen alten, liebgewordenen Vorstellungen lösen müssen.

61 Vgl. Pilch, H.: Phonetica *19:* 198 (1969).

Von diesem «Als ob» gehen ausdrücklich Chomsky und Halle aus: "*Suppose that universal phonetics establishes ... discrete segments ... Similarly, general linguistic theory might* propose ... a particular, fixed set of phonetic features." Sehr rasch ersetzen sie das «Als ob» durch ein «Ist»: "The phonetic representation of an utterance in a given language *is* a matrix with rows labeled by features of universal phonetics"[62].

Ein «Als ob» ist auch die alte Gleichsetzung der suprasegmentalen Kategorien *Ton*, *Akzent*, *Intonation* mit bestimmten artikulatorisch, akustisch oder auditiv vorgegebenen «prosodischen Merkmalen». Die in der Praxis wohlbewährte Scheidung der segmentalen von der suprasegmentalen Schicht begründen wir von den empirischen Erfordernissen des Segmentierungsverfahrens her, ohne sie an bestimmte Lauteigenschaften zu binden.

Lösen müssen wir uns vor allem von dem vielerörterten «Gegensatz» zwischen Phonetik und Phonologie. Solange man von «natürlichen» Segmenten ausging, verwies man die Aufstellung der «Laute» folgerichtig an eine rein «naturwissenschaftliche», d. h. alinguistisch arbeitende Phonetik oder an den im «natürlichen Hören» gründlich ausgebildeten Beobachter. Die «naturwissenschaftliche Phonetik» sollte die überhaupt möglichen «Laute» aufstellen und klassifizieren. Der Phonologie als linguistischer Analyse blieb es vorbehalten, festzustellen, welche dieser «Laute» in einer gegebenen Sprache vorkommen und diese «Laute» zu phonematischen Äquivalenzklassen zu gruppieren. Die «klassische Phonologie» klassifizierte im wesentlichen «naturgegebene» phonetische Einheiten («Laute»). In diesem theoretischen Rahmen konnte man «Phonetik» ohne «Phonologie» betreiben und umgekehrt Phonologie auf Grund einer radikal vereinfachten Art von «Phonetik», nämlich der eingebürgerten «phonetischen Kennzeichnung der distinktiven Merkmale»[63]. Alle darüber

---

62 Sound pattern, pp. 4f.

63 "A rough description of the action of the vocal organs" [Bloomfield: op. cit., p. 93], "a particular, fixed set of phonetic features" [Chomsky und Halle, p. 4]. Nach Trubeckoj [Grundzüge, p. 17] soll die Phonologie von gewissen phonetischen Begriffen «Gebrauch machen», z. B. stimmhaft, stimmlos, Geräuschlaut. Andrerseits scheinen sowohl Bloomfield [loc. cit.] wie Trubeckoj [op. cit., p. 16] die Segmentierung als Aufgabe der Phonologie (nicht der Phonetik) anzusehen.

Weder bei Bloomfield noch bei Trubeckoj wird die Abgrenzung von Phonetik und Phonologie ganz klar. Die Prager Theorie setzt sie gleich mit der Zweiheit von Naturwissenschaften (Phonetik) und Geisteswissenschaften (Phonologie) und mit der saussurianischen Dichotomie von Sprechakt oder *parole* (Phonetik) und Sprachgebilde oder *langue* (Phonologie). Nach Bloomfield [loc. cit.] untersucht die Phonetik die gesprochene Rede ohne Rücksicht auf ihre Bedeutung. Die Phonologie oder «praktische» Phonetik "involves the consideration of meaning".

Segmentierung als «phonetische» (nichtphonematische), Klassifizierung der Segmente als phonematische Operation implizieren die Formulierungen B. Blochs [Language 26: 89f.], G. Hammarströms [Etude de phonétique auditive sur les parlers d'Algarve, pp. 39f.; Almqvist & Wiksell, Uppsala 1953] und des Verfassers [Kuhns Z. 75: 26]. Hammarström überschreibt seine phonematischen Vorbemerkungen «classification des sons» und

hinausgehenden phonetischen Parameter konnte man vernachlässigen. Die «phonologische Beschreibung» wird damit zwar systematischer als die «phonetische Beschreibung» alten Stils, aber auch unvollständiger und unrealistischer. Systematischer ist sie insofern, als sie die vorgegebenen «Laute» auf ihre phonematischen Relationen hin untersucht; unvollständiger insofern, als sie auf eine genaue phonetische Beschreibung verzichtet; unrealistischer insofern, als sie mit Abstraktionen und nicht mit meßbaren Größen arbeitet; vgl.:

"Any account of a language which states simply the phonemic system is obviously *not as complete* as one which both states that and also gives a phonetic description of the actual sounds in different contexts"[64].

In diesem Sinne meint auch H. Lüdtke: «Die Phonemtheorie mag für bestimmte Zwecke, etwa der schriftlichen Massenkommunikation und der Neuverschriftung von Sprachen..., sehr angemessen sein» und fordert «andere Theorien, die in Konkurrenz zu ihr treten oder sie ergänzen. Solcher Pluralismus ist solange notwendig, wie keine umfassende phonetische Theorie vorliegt»[65].

Die neuerdings auch von Truby und Lüdtke[66] aufgegriffene Behauptung, das Phonem sei fiktiv, weil es abstrakt und nicht meßbar sei, stimmt nicht – es sei denn, im Rahmen eines primitiven Nominalismus, der jede Abstraktion per definitionem für fiktiv hält. Wir dürfen dazu auf Zwirners methodologische Ausführungen verweisen:

«Nun ist es freilich nicht so, daß es erstens wahrnehmbare Laute und zweitens nicht wahrnehmbare Lautnormen [d.h. Phoneme bzw. Phonemvarianten; Verf.] gäbe, sondern es ist so, daß *dieselben* sprachlichen Gebilde unter dem Gesichtspunkt ihrer unanschaulichen, normativen Struktur betrachtet werden können – das ist der Gesichtspunkt der Linguistik – sowie unter dem Gesichtspunkt ihrer Realisierung in einem bestimmten, unwiederholbaren Gespräch» (Auszeichnung vom Verfasser geändert)[67].

64 Ladefoged, P.: Language *36:* 388 (1960).
65 Folia linguist. *5:* 334.
66 Montreal Proceedings, pp. XIX; Phonetica *20:* 149.
67 Grundfragen, pp. 120–133; Zitat, p. 123.

---

führt aus: «Il est indispensable de prendre explicitement en considération la valeur fonctionnelle des sons *perçus*. Car si le dialectologue n'en tient pas compte, il ne lui est pas possible de *classer*, sans arbitraire, les nombreux sons phonétiques discernables par l'oreille. Théoriquement, le principe à suivre est simple: les variantes phonétiques de même valeur fonctionnelle distinctive sont groupées sous la même rubrique comme des réalisations du même phonème» (Auszeichnung vom Verfasser geändert).
S. K. Šaumjan [Vopr. Jaz., Heft 5, p. 20, 1960] unterscheidet den «Laut» als unmittelbar der Beobachtung zugänglich (sic!) vom «Phonem» als hypothetischem Element: «Itak, zvuk i fonema otnosjatsja k principial'no raznym stupenjam abstrakciji: zvuk dan nam v prjamom nabljudeniji, a fonema est' konstrukt obladajuščij opredeljonnoj eksplanatornoj funkcijej.»

Nachdem wir die Segmentierung als rein linguistische, d. h. abstrahierende Operation erkannt haben, die wesentlich mit dem Kriterium Opposition arbeitet, dreht sich die Abhängigkeit der Phonologie von der Phonetik um. Die phonematische Analyse gliedert den Redestrom in Segmente und ordnet diese Segmente zu Äquivalenzklassen. Die phonetische Analyse (im engeren Sinn) untersucht diese Äquivalenzklassen auf ihre phonetischen Parameter – seien sie artikulatorisch, akustisch oder auditiv. Da in die Äquivalenzklassen aber schon die (durch phonematische Parameter begründete) phonetische Verwandtschaft eingeht, sind phonetische und phonematische Analyse unauflöslich miteinander verquickt:

«Le son, en tant qu'objet de l'analyse des phonéticiens, est nécessairement et par définition secondaire par rapport au phonème sans lequelle le son comme élément linguistique n'existe pas»[68].

Die phonematische Analyse berücksichtigt grundsätzlich alle phonetischen Parameter, nicht nur die distinktiven. Sie schließt nämlich auch die Phonemvarianten ein und klassifiziert diese nach dem Kriterium *phonetische Verwandtschaft*, d. h. nach ihren «phonetischen Merkmalen». Sie ist also keine abgekürzte «phonetische Analyse».

Einer «reinen Phonetik», die unabhängig von der phonematischen Struktur von Sprachen arbeiten könnte, bleibt zwar die Aufgabe, die überhaupt möglichen Artikulationen, Schallwellen und Gehörseindrücke zu klassifizieren und damit die Arbeit der linguistischen Phonetik vorzubereiten. Diese «reine Phonetik» ist aber nicht mehr unterscheidbar von Physiologie, Neurophysiologie, Akustik bzw. Wahrnehmungspsychologie. In dem Augenblick, in dem die Phonetik das Inventar ihrer Parameter – wie es in der Praxis stets geschieht – an den in wirklichen Sprachen vorkommenden phonematischen Merkmalen orientiert, verliert sie ihren Charakter «reine Phonetik». Sie benutzt zwar einen den genannten «Naturwissenschaften» entnommenen kategoriellen Apparat, verwendet ihn aber zu einer eigenen Fragestellung, nämlich zur Analyse phonematischer Einheiten. Sonagramme, Röntgenfilme und gehörspsychologische Versuche lassen sich immer erst vom Bau der Sprache her interpretieren, die das Material liefert. Die Interpretation schließt nämlich die Zuweisung bestimmter Teile des experimentell aufgezeichneten Redestroms an die Segmente, Phonemvarianten und Phoneme einer bestimmten Sprache ein. Letz-

---

68 Malmberg: Montreal Proceedings, p. 176.

tere sind der «reinen Phonetik» durch linguistische Analysen vorgegeben.

Der «Laut», mit dem die klassische Phonetik arbeitete, war de facto dem Phonem sehr ähnlich. Es war ebenfalls eine phonematische Äquivalenzklasse, aber die Äquivalenzen wurden nicht systematisch überprüft, sondern im Gefolge der Schultradition «gefühlsmäßig» erkannt – «der Laut [s]» und dergleichen. Deshalb brauchte man über die der phonematischen Äquivalenz zugrundeliegenden Voraussetzungen nicht nachzudenken und kam ohne explizite Phonologie aus. Häufig war ein «Laut» gleich einem Phonem, z.B. der englische «Laut» /s/, manchmal war es eine Phonemvariante, z.B. das offene [ɛ] des Englischen vor /ə/ in fair /fɛə/. Dieses [ɛ] ist eine kombinatorische Variante des Phonems /e/ in *fen* /fen/.

Die «phonetische Beschreibung» in diesem Sinne ist sowohl weniger systematisch als auch weniger vollständig als die phonematische Analyse. Einmal erfolgen Segmentierung und Äquivalenzbildung unkritisch und bleiben damit unüberprüfbar. Zum anderen fehlen die Angaben über (sachlich vorliegende) phonematische Äquivalenzen.

Vom heutigen Standpunkt aus besteht die Alternative zwischen «phonetischer Beschreibung» und «phonologischer Beschreibung» nicht mehr. Eine «phonetische Beschreibung», die systematisch von Phonemvarianten («Lauten» bzw. «Lautklassen») statt von Phonemen ausginge, müßte an der fehlenden Zählbarkeit der Varianten (vgl. p. 111) scheitern. Um ein überschaubares Inventar phonetischer Einheiten zu gewinnen, muß jede phonetische Beschreibung die «konkreten Laute» zu phonematischen Äquivalenzklassen ordnen (und tut es auch). Man kann dabei konsequent bis zum Phonem als maximaler Äquivalenzklasse vorstoßen oder manchmal auch bei kleineren Teilklassen stehenbleiben und die Äquivalenzrelationen dieser Teilklassen untereinander vernachlässigen. Eine solche Analyse bleibt richtig im Rahmen der Phonemtheorie. Sie tritt nicht in Gegensatz zur phonematischen Analyse, denn sie läßt sich durch zusätzliche Angaben über Äquivalenzen grundsätzlich zu einer vollen phonematischen Analyse ergänzen.

Für den Verzicht auf vollständige phonematische Analyse haben sich in durchdachter Beweisführung besonders Zwirner, Chomsky und Lüdtke eingesetzt. Sie begründen diesen Verzicht mit Schwierigkeiten, wie sie bei der Ordnung der Segmente zu Äquivalenzklassen in manchen Fällen auftreten (vgl. pp. 108–110). Chomsky auch mit den häufigen Verstößen wirklicher Phonemsysteme gegen die (von Phonologen vielfach zu Unrecht in Anspruch genommene) «Ökonomie» (vgl. p. 70). Solche Verstöße hängen, wie wir seit der junggrammatischen Schule des 19. Jahrhunderts wissen, mit sprachhistorischen Prozessen zusammen wie der Lenisierung des inlautenden /t/ > /d/ im Englischen, z.B. in *writer*. Alle drei Kritiker bemängeln an der phonematischen Analyse die Vernachlässigung solcher Prozesse: «Und auch der Sprecher spricht unter tradierten Normen und kann diese Normen doch durch seine Art, sie zu realisieren, verwandeln»[69]. Sie greifen damit die junggrammatische These wieder auf, es sei «wissenschaftliche Behandlung der Sprache nur durch historische [sprich: generative; Verf.] Betrachtung möglich»:

«Oder man konstatiert zwischen verwandten Formen und Wörtern einen Lautwechsel [d.h. morphonologische Alternation; Verf.]. Will man sich denselben erklären, so wird man notwendig darauf geführt, daß derselbe die Nachwirkung eines Lautwandels, also eines historischen Prozesses ist [so auch p. 30; Verf.] ... Und so wüßte ich überhaupt nicht, wie man mit Erfolg über eine Sprache reflektieren könnte, ohne daß man etwas darüber ermittelt, wie sie geschichtlich geworden ist»[70]. Die weitgehende Übereinstimmung der generativen Regeln mit den bekannten Lautgesetzen ist gewiß kein Zufall. Demgegenüber steht die bekannte Lehre F. de Saussures, derzufolge die synchronische Sprachbetrachtung gleichberechtigt neben der historischen steht. Tatsächlich können wir lautgeschichtliche Vorgänge nur ermitteln, wenn wir die davon betroffenen phonematischen Einheiten schon kennen, d.h., die historische Sprachbetrachtung setzt die synchronische voraus und nicht umgekehrt.

---

69 Zwirner: Grundfragen, pp. 159–168; Zitat, p. 166.
70 Paul, H.: Prinzipien der Sprachgeschichte, pp. IX, 21.

V | Lautsysteme

Die Phonemtheorie deutet das Redegeräusch gegebener Sprachen als zusammengesetzt aus diskreten Einzelelementen. Zwischen diesen Einzelelementen rechnet sie mit bestimmten Beziehungen der zeitlichen Anordnung, Verteilung, Gleichheit, Verwandtschaft und Häufigkeit. Als besondere Klassen solcher Elemente stellt sie Segmente, Varianten, Phoneme mit ihren Merkmalen, Silben, Konturen usw. auf. Alle Einheiten oder Elemente, mit denen die Phonemtheorie rechnet, heißen phonematische Einheiten.

Die Gesamtheit der Relationen zwischen den phonematischen Einheiten einer Sprache bildet das Lautsystem dieser Sprache. Teile aus dem Gesamtsystem stellen wir in Form verschiedener Modelle dar.

1. Transkription

Ein erstes Modell bildet die fortlaufende Rede (in einer gegebenen Sprache) ab. Zum Beispiel hören wir eine Äußerung wie engl. *Joe took father's shoe-bench out* und fragen: Welche phonematischen Einheiten enthält diese Äußerung, und in welcher Reihenfolge stehen sie? Die geforderte Abbildung heißt Umschrift oder Transkription[1]. Im Anschluß an die in Europa eingebürgerte Schreibweise bilden Umschriften das zeitliche Nacheinander von links nach rechts in der Waagrechten ab, Gleichzeitigkeit in der Senkrechten, z.B. durch Diakritika wie die Tilde [ã] für nasaliertes *a*, den Punkt [ṭ] für retroflexes *t*, bzw. durch Hoch- oder Tiefstellung, z.B. [kʷ] für labialisiertes *k*, [k,] für palatalisiertes *k*.

Jedem Phonem ordnen wir einen bestimmten Buchstaben zu. Dieser Buchstabe heißt sein Umschriftzeichen, z.B. /š/ für das deutsche Phonem im Anlaut der Wörter *Schuh, Ski, Sherry, Charlotte;* /þ/ für das

---

1 Engl., frz. *transcription*, schwed. *transkription*, russ. *transkripcija*.

englische Phonem im Anlaut der Wörter *thin, thorn, thatch*. Die Wahl der Umschriftzeichen steht uns grundsätzlich frei. Statt /š/ wählt man z.B. häufig /ʃ/ oder auch /sʲ/. Praktisch setzen wir dieser Freiheit enge Grenzen. Wir pflegen uns mehr oder minder an Konventionen zu halten, die sich an die Rechtschreibung der europäischen Sprachen anschließen[2], z.B. /š/ nach dem Tschechischen, /ʃ/ nach einer mittelalterlichen Fassung des lateinischen Alphabets, /þ/ nach dem germanischen Runenalphabet. Konventionell sind diese Zeichen auf bestimmte auditive Qualitäten festgelegt insofern, als Phoneme verschiedener Sprachen, die wir mit dem gleichen Zeichen schreiben, einander (nach grobem auditivem Urteil) ähnlich klingen, z.B. dt. /š/, engl. /ʃ/ (im Anlaut von *shoe, sure, Chicago*) und čech. /š/ (im Anlaut von *šum, šest*). Auch demjenigen Leser, der die betreffende Sprache nicht (wohl aber die allgemeinen Umschriftkonventionen) kennt, vermittelt die Umschrift damit einen ungefähren Eindruck davon, wie der umschriebene Text beim Sprechen klingt.

Die grundsätzliche Zuordnung je eines Phonems zu je einem Umschriftzeichen kann in bestimmter Weise verschlüsselt werden. Zwei besondere Verschlüsselungen werden heute weithin verwandt. Die erste Verschlüsselung löst jedes Phonem grundsätzlich in seine distinktiven Merkmale auf. Diese werden (wegen ihrer Gleichzeitigkeit) übereinander geschrieben. Der englische Satz *Joe took father's shoe-bench out* erscheint in den beiden Umschriftkonventionen wie folgt[3]:

	dž	o	u	t	u	k	f	a	ə	ð	ə	z	š	u	u	b	e	n	č	a	u	t
Vokalisch/konsonantisch		+	+	+		+	+	+					+	+	+					+	+	
Kompakt/diffus	+	+	−		−	+	+	−		−		+	−	−		+		+	+	−		
Gravis/akut		+	+	−	+		+	±	±	−	±	−	+	+	+	−		−		±	+	−
Nasal/oral																		+				
Gespannt/entspannt	−			+		+	+					−		−	+		−			+		+
Reibelaut/Verschluß (optimal)	±			−		−	+			±		+	+			−			±			−
Stark betont/schwach betont		+	−		+			+	−				+	−		+				+	−	

---

[2] Am bekanntesten ist das vom Internationalen Phonetikerverband empfohlene Lautalphabet. Es gründet sich auf die Rechtschreibung der bekannteren europäischen Sprachen, besonders der romanischen Sprachen und des Deutschen. Es ist veröffentlicht in The Principles of the International Phonetic Association, London, University College Department of Phonetics; vgl. dazu Hammarström, G.: Representation of spoken language by written symbols, Misc. phonet. 3: 31–39 (1958).

[3] Aus Jakobson, Fant und Halle: Preliminaries, p. 44 (leicht modifiziert).

In der ersten Zeile steht die unverschlüsselte Buchstabenumschrift, darunter die Auflösung nach distinktiven Merkmalen. Darin bedeutet das Pluszeichen (+) Vorhandensein des am linken Rand zuerst genannten Merkmals, das Minuszeichen (−) bedeutet Vorhandensein des am linken Rand an zweiter Stelle genannten Merkmals, das Zeichen ± bedeutet Vorhandensein beider Eigenschaften, fehlendes Zeichen Redundanz der genannten Eigenschaften.

Eine zweite Verschlüsselung ordnet jeder Phonemvariante (nicht nur jedem Phonem) einen eigenen Buchstaben zu, z.B. [k̊] für das anlautende /k/ in dt. *Kiel*, [k] für das gleiche Phonem in *kahl*. Diese Verschlüsselung nennt man häufig phonetische (im Gegensatz zur phonematischen) Umschrift. Zur sichtbaren Unterscheidung setzt man erstere in eckige Klammern, letztere zwischen schräge Striche (wie im vorliegenden Buch). In der Praxis kann man immer nur wenige, besonders auffällige Varianten mit verschiedenen Zeichen schreiben (vgl. p. 111). Der Unterschied zwischen phonetischer und phonematischer Umschrift ist daher grundsätzlich graduell und kontinuierlich. Eine gegebene Umschrift ist nicht entweder phonetisch oder phonematisch, sondern mehr oder minder das eine bzw. das andere. Im englischen Sprachgebrauch nennt man eine annähernd phonematische Umschrift vielfach *broad*, eine mit mehr verschiedenen Zeichen für Varianten gleicher Phoneme *narrow*[4]. Geht man über die phonematische Segmentierung hinaus und notiert (mehr oder minder folgerichtig) auditiv homogene statt phonematischer Segmente, so umschreibt man pleniphonetisch[5].

Ungeachtet hitziger, akademischer Debatten spielen diese Verschlüsselungen in der Praxis eine geringe Rolle, und man kommt immer wieder auf das Phonem als Grundeinheit der Transkription zurück. Das Phonem ist dazu deshalb besonders gut geeignet, weil die Zahl der verschiedenen Phoneme innerhalb einer Sprache erfahrungsgemäß begrenzt ist. Sie dürfte in der Regel weit unter hundert liegen. Die phonematische Umschrift kommt deshalb mit einem verhältnismäßig geringen Zeichenvorrat aus, den man leicht lernen kann und

---

4 Die Termini gehen auf Henry Sweets *Broad Romic* und *Narrow Romic* zurück; vgl. The indispensable foundation: a selection from the writings of Henry Sweet, pp. 40, 252; ed. by Eugene J. A. Henderson (Oxford University Press, London 1971).

5 Vgl. Truby, H. M.: Pleniphonetic transcription in phonetic analysis, Cambridge Proceedings, pp. 101–107. Vgl.: "In fact, the more scientifically minute a notation is, the more it approximates to the analphabetic principle" [Sweet, H.: op. cit., p. 244]. – Phonetische Segmente sind im allgemeinen nicht auditiv homogen (vgl. p. 98).

der beim Druck und dergleichen keine übermäßigen Unkosten verursacht. Die Zahl der hörbar verschiedenen Phonemvarianten ist dagegen stets sehr groß. Sie geht grundsätzlich in die Tausende (vgl. p. 158). So viele verschiedene Zeichen kann man weder dem Leser noch dem Drucker zumuten. Aus dem gleichen Grunde kann die Silbe nicht mit dem Phonem als Grundeinheit der Transkription wetteifern. Die Zahl der verschiedenen Silben übersteigt erfahrungsgemäß die Zahl der verschiedenen Phoneme um ein Vielfaches.

Wählen wir andrerseits nicht das Phonem, sondern das distinktive Merkmal zur Grundeinheit unserer Symbolik, so haben wir zwar weniger Schriftzeichen. Unsere Texte werden aber, wie das Beispiel auf Seite 125 zeigt, praktisch unlesbar. Sie erfordern wie eine Orchesterpartitur das gleichzeitige Schreiben und Lesen zahlreicher, übereinanderliegender Reihen. In der mündlichen Erörterung müßte an die Stelle des Ausdrucks «Das deutsche Wort *Tee* enthält die Phoneme /t + e/» eine lange Umschreibung treten.

Der Wirtschaftlichkeit steht bei der unverschlüsselten phonematischen Umschrift kein Verlust an Genauigkeit gegenüber. Zwar bezeichnen wir hörbar verschiedene Phonemvarianten mit dem gleichen Buchstaben. Aus den Regeln für die komplementäre Verteilung der Varianten kann man aber stets erkennen, welche besondere Variante des Phonems gemeint ist. In diesem Sinne sind die Phonemvarianten und überhaupt alle redundanten Merkmale ableitbar[6]. Wenn uns die Phoneme mit ihren distinktiven Merkmalen gegeben sind, so können wir aus den Regeln für die komplementäre Verteilung alle übrigen, redundanten Merkmale der betreffenden Äußerung einschließlich der besonderen, in jeder Umgebung auftretenden Phonemvarianten ableiten.

Wir umschreiben z.B. die beiden *k*-Laute in den deutschen Wörtern *Kiel* /kil/ und *Kohl* /kol/ mit dem gleichen Zeichen. Da das erste Mal der Buchstabe /i/, das zweite Mal der Buchstabe /o/ folgt, wissen wir sofort, daß /k/ das zweite Mal eine weiter hinten artikulierte Variante bezeichnet als das erste Mal. Die jeweiligen Varianten sind also ableitbar. Die Verwendung zweier verschiedener Zeichen, etwa [k̊il] und [kol], würde die Sache um nichts deutlicher machen. Das eigene

---

6 Engl. *predictable*, schwed. *förutsägbar*, russ. *predskazujemyj*.
Die Ableitung läßt sich in Form generativer Regeln darstellen, z.B. dt. /k/ → [k̊] vor vorderen Vokalen. In der historischen Sprachforschung nennt man solche Regeln kombinatorischen Lautwandel, in der generativen Phonologie context – sensitive rewrite rules.

Umschriftzeichen [k̊] ist bei *Kiel* im Gegenteil überflüssig (redundant). Wir ersehen aus dem folgenden /i/ sowieso schon, welche Variante des Phonems /k/ gemeint ist. Außerdem verschleiert die Verwendung zweier verschiedener Zeichen die phonematische Äquivalenzrelation zwischen den Anlauten der Wörter *Kiel* und *Kohl*. Ein phonematisches Modell und eine phonematische Umschrift enthalten also nicht weniger, sondern mehr Information als eine detailliertere, phonetische Umschrift und ein entsprechendes «phonetisches» Modell.

Schulbücher sprechen davon, daß ein bestimmter Buchstabe verschieden «ausgesprochen» werde, z.B. schwed. *k* als [k] vor hinteren Vokalen, als [č] vor vorderen Vokalen, z.B. *kom* [kɔm], *köra* [čœra]. Diese Ausdrucksweise ist irreführend. Da nämlich Buchstaben auf ihre Weise die phonematische Struktur der Rede wiedergeben und nicht umgekehrt die phonematische Struktur sich von Buchstaben herleitet, ist es sachgerechter, von verschiedener orthographischer Wiedergabe eines Phonems zu sprechen. Zum Beispiel wird schwed. /č/ mit den Buchstaben *k*, *tj* oder *kj* geschrieben, und zwar *k* vor vorderen Vokalen (z.B. in *köra*), *tj* vor vorderen oder hinteren Vokalen (z.B. in *tjäna*, *tjock*), *kj* vor hinteren Vokalen (z.B. in *kjortel*). Die Vorstellung, daß Buchstaben «ausgesprochen» würden oder «stumm» seien (z.B. «stummes *-s*» in frz. *j'étais*), gehört zwar zu unserem allgemeinen Kulturgut. Sie ist sachlich falsch.

Die Umschrift liefert eine Gegenprobe auf die Richtigkeit einer phonematischen Analyse. Nehmen wir an, zwei Personen A und B kennen beide die phonematische Analyse. A stellt irgendwelche Äußerungen der betreffenden Sprache im Modell dar (er umschreibt sie phonematisch). B muß jedesmal in der Lage sein, die Notierung eindeutig als eine bestimmte Äußerung der betreffenden Sprache zu interpretieren bzw. als eine von mehreren homonymen Äußerungen. Einfacher ausgedrückt: B muß jeden von A geschriebenen Text richtig vorlesen können. Nur wenn sämtliche Äußerungen der betreffenden Sprache diese Bedingung erfüllen, kann die Analyse richtig sein.

Beispiele: 1. A läßt sich von der Etymologie oder der Rechtschreibung leiten. Er hält schwed. /k/ in *ko* ‹Kuh› und /č/ in *kör* ‹fährt› für das gleiche Phonem *k*. Er wird also *kör* ‹fährt› als /kör/ notieren, *kön* ‹die Schlange› als /kön/. B kann nicht wissen, ob mit /kön/ das Wort *kön* ‹die Schlange› oder (ein ihm bekanntes oder unbekanntes Wort) *kön* /čön/ ‹Geschlecht› gemeint ist. Die Analyse ist also falsch.

2. A setzt den Anlaut von engl. *will* /uil/ phonematisch gleich mit dem Kern von engl. *put* /put/ und interpretiert den Inlaut von engl. *boom* als /uu/. Die Notierung /uud/ ist jetzt zweideutig. Sie kann *wood* oder auch (ein B vielleicht unbekanntes Wort) *oo'd* bedeuten. Eine solche Notierung wird zulässig erst bei zusätzlichem Hinweis, ob das betreffende Phonem im Anlaut oder im Kern steht, also wenn wir

etwa das Akzentzeichen nicht wie auf Seite 113 vor den Silbenanfang setzen, sondern über den Silbenkern bzw. das erste Element des Silbenkerns: *wood* /uúd/, *oo'd* /úud/[7].

3. In einer verbreiteten Analyse des Englischen schreibt man die Silbenkerne [iə] in *real, dear* als /ih/, [eə] in *yeah, dare* als /eh/, die betreffenden Wörter also als /rihl dih yeh deh/ und setzt das zweite Element dieser Kerne phonematisch gleich mit dem Anlaut /h/ von Wörtern wie *hit, hat*. Die hier auftretenden, nachvokalischen Varianten des Phonems /h/ seien stimmhaft und ohne Reibegeräusch im Gegensatz zu den vorvokalischen, stimmlosen Varianten mit Reibegeräusch in *hit, hat*. Nun gibt es stimmloses [h] mit Reibegeräusch im Englischen auch in nachvokalischer Stellung, und zwar als expressives Element. In einer meiner Bandaufnahmen zögert der Sprecher mit der Form /ðih/ für den bestimmten Artikel *the*. Andere Sprecher gebrauchen ein erstauntes *well* /wehl/. Das Zeichen /h/ steht in den beiden letzten Umschriften für einen stimmlosen Vokoiden von der Qualität des vorangehenden, stimmhaften Vokals, also für stimmloses [i̥] in *the*, stimmloses [e̥] in *well*. Aus den Umschriften /rihl dih yeh ðih wehl/ ist also nicht ersichtlich, ob mit nachvokalischem /h/ ein stimmloser Vokoid wie in *the, well* oder ein stimmhaftes [ə] wie in *real, dear* gemeint ist. Eine Umschrift wie /bih/ wäre deshalb zweideutig. Die so bezeichnete Form reimt entweder auf *the* [ðii̥] oder auf *dear* [diə].

Die Lesbarkeit erfordert es immer wieder, daß wir nicht zu starr an der grundsätzlichen Zuordnung je eines Buchstabens zu je einem Phonem festhalten. Im Französischen sind z. B. konsonantisches [w] im Anlaut des Wortes *oui* und vokalisches [u] im Anlaut des Wortes *ouï* Varianten des gleichen Phonems /u/ (vgl. p. 22). Ähnlich im Englischen beim eben besprochenen Anlaut der Wörter *wood* und *oo'd*. Die gängige phonematische Umschrift ordnet den jeweiligen Phonemvarianten die verschiedenen Zeichen /w/ und /u/ zu. Diese Zeichen sind konventionell auf konsonantische bzw. vokalische Stellung festgelegt. Schrieben wir einheitlich für alle Varianten /u/, so müßten wir die Stellung dieses /u/ als Anlaut bzw. Silbenkern zusätzlich bezeichnen, weil sonst bei der Gegenprobe *oui* und *ouï* nicht unterschieden werden könnten. Bezeichnen wir diese Stellung aber einmal, so müßten wir es konsequenterweise bei allen Silbenanlauten und Kernen tun. Das brächte unnötigen Aufwand mit sich.

Aus dem gleichen Grunde schreiben wir in der phonematischen

7 So Jakobson, Fant und Halle: Preliminaries.

Umschrift des Englischen vokalisches /l/ als /l/, konsonantisches /l/ als /l/, um den phonematischen Unterschied zwischen *gamboling* und *gambling* zu bezeichnen. Theoretisch wäre es möglich, statt dessen grundsätzlich außer dem Phonem /l/ immer noch Anlaut, Kern und Auslaut usw. zu bezeichnen. Eine solche Umschrift wäre grundsatztreuer, aber unpraktisch.

Manchmal geben wir der besseren Lesbarkeit wegen *ein* Phonem durch zwei aufeinanderfolgende Buchstaben wieder (Digraphion), und zwar besonders bei Diphthongen (wie dt. /au/ oder /aw/ in *Laus* bzw. *Laos*), Affrikaten (wie dt. /dž/ in *Dschungel*). Gewiß könnten wir uns dazu auch Einzelbuchstaben ausdenken (z.B. /ǰ/ statt /dž/), aber die europäischen Rechtschreibkonventionen liefern dafür keine Vorbilder. Die Schreibweise eines Phonems x mit der Zeichenfolge yz muß die oben beschriebene Gegenprobe bestehen. Sie setzt daher grundsätzlich folgendes voraus:

1. Das Phonem x muß in komplementärer Verteilung oder in freiem Wechsel mit der Phonemfolge yz stehen. Andernfalls könnte man beim Lesen des geschriebenen Textes nicht wissen, ob die Schreibung yz das Phonem /x/ oder die Folge /y+z/ bezeichnet. Zum Beispiel verwendet man *rs* als Digraphion für den Konsonanten /š/ des Schwedischen und Norwegischen, z.B. im Auslaut des Wortes *fors* und im Inlaut des Wortes *morsom*. Die Gruppe /r+s/ steht, soweit sie im Schwedischen und Norwegischen überhaupt vorkommt, in freiem Wechsel zu /š/.

2. /x/ hat keine distinktiven Merkmale, die weder /y/ noch /z/ zukommen. Schwedisch /š/ teilt mit /r/ die präpalatal-retroflexe, mit /s/ die spirantische Qualität. Alle seine distinktiven Merkmale kommen also entweder /s/ oder /r/ zu.

3. /x/ und /y+z/ stehen in besonders enger, morphonologischer Verbindung, d.h. manche Morpheme der betreffenden Sprache haben Morphemvarianten mit /x/ oder /yz/. Zum Beispiel haben schwedische Morpheme, die auf /r/ auslauten, vor folgendem, mit /s/ anlautendem Morphem im allgemeinen eine Variante ohne auslautendes /r/, und das folgende Morphem hat in dieser Stellung Varianten mit /š/ statt sonst /s/, z.B. *var så god* /vašogud/. Wenn wir hier statt /š/ das Digraphion /rs/ verwenden, so wird unsere Umschrift die Gegenprobe bestehen. Gleichzeitig können wir die Morpheme *var* und *så* ohne Rücksicht auf ihre verschiedenen Varianten (d.h. auf ihre tatsächliche phonematische Form) immer in gleicher Weise schreiben.

Wir können die Morpheme auch in der Weise voneinander abgrenzen, daß wir die präpalatal-retroflexe Qualität des /š/ dem vorangehenden Morphem (*var* in unserem Beispiel) zuordnen, die spirantische Qualität des gleichen Phonems aber dem folgenden Morphem *sâ*. Die Morphemgrenze wäre in diesem Fall nicht auch gleichzeitig eine Phonemgrenze, sondern läge innerhalb des Phonems /š/. Die Notierung /rs/ für /š/ würde die gleichzeitige Zugehörigkeit des /š/ zu zwei Morphemen verdecken und wenigstens auf dem Papier eine in der waagrechten Dimension festlegbare Grenze zwischen den beiden Morphemen angeben.

Auch in unverschlüsselter phonematischer Umschrift geben wir manchmal distinktive Merkmale durch getrennte Zeichen wieder, z. B. die Nasalierung durch die Tilde [ã] (nach dem Portugiesischen) oder den Haken [ą] (nach dem Polnischen). Streng genommen beginnen wir damit bereits die Verschlüsselung nach distinktiven Merkmalen.

Manche Merkmale lassen sich bei der Segmentierung schwer einem einzelnen Phonem zuordnen, sondern eher einer ganzen Phonemgruppe. Im Englischen und Russischen sind z. B. die meisten Anlaut- und Auslautgruppen entweder als ganzes distinktiv stimmhaft oder distinktiv stimmlos[8]. Phoneme, die nicht distinktiv stimmhaft oder distinktiv stimmlos sind wie /r l m n/, haben in distinktiv stimmhaften Gruppen distinktiv stimmhafte Varianten, in distinktiv stimmlosen Gruppen distinktiv stimmlose Varianten. So unterscheiden sich z. B. dis russischen Anlautgruppen /vzdr/ (stimmhaft) und /fstr/ (stimmlos) distinktiv voneinander nur durch den Stimmton, z. B. russ. *vzdrognut'* ‹zusammenzucken›, *vstrojit'* ‹innen ausbauen›.

Das Englische kennt die auslautenden, stimmhaften Gruppen /zd bz/ einerseits, z. B. in *despised*, *garbs*, und die von diesen distinktiv durch Stimmlosigkeit unterschiedenen Gruppen /st ps/ andrerseits, z. B. in *spiced*, *harps*. Wir können die Zuordnung des Merkmals *Stimmton* zur Phonemgruppe (statt zu einem einzelnen Phonem) in der Umschrift bezeichnen, indem wir es auf einer getrennten Zeile (sagen wir, mit einem waagrechten Strich) über der betreffenden Konsonantengruppe schreiben:

russ.	engl.
vstrojit' /ˈfstrojit,/	*garbs* /k̄ap̄s/
vzdrognut' /ˈfstroknut,/	*harps* /haps/
	despised /t̄ɪspaɪs̄t/
	spiced /spaist/

---

8 Von der Regel weichen ab engl. /dþ/ in *width*, /dst/ in *midst*, im Russischen die Verbindungen mit den (erst seit kurzer Zeit distinktiv stimmhaften) Konsonanten /v/ und /j/; vgl. Pilch, H.: 2. Festschrift Roman Jakobson, p. 1562.

Solche Zuordnungen pflegt besonders die Londoner Schule und spricht von prosodischer Analyse[9]; Z. S. Harris spricht von *long components*[10].
Die Zeichen /f s t p k/, die in der unteren Zeile dieser Umschriften erscheinen, bedeuten hier nicht mehr die normalerweise so genannten Phoneme, sondern nur noch bestimmte Merkmalverbindungen, die innerhalb von Phonemen auftreten, aber selbst keine ganzen Phoneme bilden, z. B. russ. /f/ ‹labiodental, weicher Einsatz, velarisiert›, engl. /p/ ‹bilabial, scharfer Einsatz›. Die anlautenden Phoneme in russ. *familija* ‹Zuname› oder engl. *pet* werden hier mit den Zeichen /f p/ zuzüglich des fehlenden, darüber gesetzten Striches (für Stimmlosigkeit) bezeichnet.

Die angegebenen Notierungen bedeuten *nicht*, daß russ. /v/ in *vzdrognut'* etwa als gleich russ. /f/, dem anlautenden Phonem in *vstrojit'* zuzüglich des Merkmals *stimmhaft* anzusehen wäre oder engl. /b/ in *bet* als gleich engl. /p/, dem anlautenden Phonem von *pet*, zuzüglich *Stimmton*. Eine solche Ausdrucksweise hört man zwar häufig. Sie ist aber als Angabe nicht über die phonematische Struktur der betreffenden Sprache zu verstehen, sondern über eine Notierungskonvention, die Stimmhaftigkeit positiv (z. B. durch einen vorhandenen Strich), Stimmlosigkeit aber negativ (z. B. durch fehlenden Strich) bezeichnet. Diese Notierungskonvention gründet sich *nicht* auf die physiologische oder akustische Struktur der betreffenden Geräusche, sondern legt die Vorzeichen + und − willkürlich verschiedenen Glottisstellungen bzw. Spektralqualitäten zu − wahrscheinlich in Anlehnung an die Bezeichnungen stimm*haft* und stimm*los* in der Umgangssprache.

Trubeckoj[11] unterscheidet in diesem Sinne privative von äquipollenten Oppositionen[12]. Für privative Oppositionen wählt man eine Ausdrucksweise, die den einen Term positiv (z. B. stimmhaft), den anderen negativ (z. B. stimmlos) benennt und betrachtet ersteren als merkmaltragend, letzteren als merkmallos[13]. Die Eigenschaft, die als verneint bzw. als bejaht dargestellt wird, heißt das Merkmal[14] der Opposition. Äquipollente Oppositionen werden durch zwei verschiedene, positiv benannte Terme gekennzeichnet, z. B. *Klangspektrum* ≠ *Rauschspektrum* oder *oral* ≠ *nasal*. Trubeckoj betont, daß die Bewertung einer Opposition als privativ oder äquipollent nicht von den ins Spiel kommenden Schallmerkmalen als solchen abhänge, sondern davon, «welchen Standpunkt man bei ihrer Betrachtung einnimmt». Die privative Rhetorik spielt eine große Rolle besonders in der Terminologie R. Jakobsons und seiner Nachfolger.

---

9 Eine prosodische Analyse des Russischen in diesem Sinne legt jetzt Pamela Grunwell vor [Phonological analysis of the Russian 'word'. A prosodic statement, Phonetica *29*: 80–104 (1974)].
10 Methods in structural linguistics, Kap. 10 (University of Chicago Press, Chicago 1951).
11 Grundzüge, pp. 67–69.
12 Engl. *privative, equipollent oppositions*, frz. *oppositions privatives et équipollentes*, schwed. *privativa, ekvipollenta oppositioner*, russ. *privativnyje, ekvipolentnyje protivopoloženija*.
13 Engl. *marked, unmarked*, frz. *marqué, non-marqué*, russ. *(ne) markirovannyj*.
14 Engl. *mark*, frz. *la marque*, russ. *priznak*.

Finnische Wörter enthalten, wenn wir von einigen neuen Lehnwörtern absehen, außer /i e/ entweder nur hintere Vokale /u o a/ oder nur vordere Vokale /ü ö ä/ (vgl. p. 25). Man könnte demnach die Merkmale *Hinterzungenvokal* /H/ und *Vorderzungenvokal* /V/ getrennt über der Zeile oder auch links vor dem betreffenden Wort schreiben. Finn. *sopimus* ‹Vertrag› wäre also /Hsopimus/, finn. *kysymys* ‹Frage› /Vkusumus/. Wieder würden in diesem Falle die Buchstaben /o u/ der Umschrift nicht die Vokale der ersten Silben der finnischen Wörter *kolme* ‹drei› und *kulma* ‹Ecke› bezeichnen, sondern die Merkmalverbindungen *gerundet, mittlere* bzw. *hohe Zungenstellung*. Die Zeichen für die finnischen Vokalphoneme in den ersten Silben von *kolme*, *kulma* wären dagegen /Ho Hu/.

Wenn bei der Gegenprobe B jeden von A geschriebenen Text richtig vorlesen kann, so heißt die phonematische Umschrift eindeutig (vom Schriftzeichen zum Gehörseindruck). Läßt das Modell außerdem für jede gegebene phonematische Form des betreffenden Textes nur genau *eine* Transkription zu, so heißt die phonematische Umschrift ein-eindeutig (vom Gehörseindruck zum Schriftzeichen und vom Schriftzeichen zum Gehörseindruck)[15]. In der Literatur wird lebhaft darum gestritten, ob eine ein-eindeutige (statt einer nur eindeutigen) Umschrift anzustreben oder als schädlich zu verwerfen sei. Solange es sich dabei nur um Umschrift handelt, kann man die Frage nach praktischen Gesichtspunkten entscheiden (Zeichenvorrat der Druckerei, Vertrautheit des Leserkreises mit bestimmten Schreibkonventionen). Häufig werden bestimmte Umschriftskonventionen jedoch so verfochten, als beinhalteten sie metaphysische oder zumindest wissenschaftliche «Wahrheiten» und als sei das einzige oder doch vornehmste Ziel der phonematischen Analyse die Erfindung einer Umschrift.

Solche Streitigkeiten entzünden sich einmal an phonematischen Unterschieden von besonders engem Geltungsbereich. Dürfen wir z.B. dt. [χ] und [ç] im Auslaut von *Buch* und *siech* mit dem gleichen Zeichen /χ/ schreiben, d.h. /buχ ziχ/? Oder müssen wir sie, weil das Diminutivsuffix *-chen* ihre komplementäre Verteilung durchbricht, mit zwei verschiedenen Zeichen /χ/ und /ç/ schreiben, d.h. /buχ ziç/ (vgl. p. 70)? Die einen beharren bei dem (zweifellos vorhandenen) phonematischen Unterschied: "Once a phoneme, always a phoneme",

---

15 Engl. *bi-unique*; vgl. Halle, M.: The sound pattern of Russian, pp. 21–24 (Mouton, den Haag 1959).

d. h. wenn /ç/ und /χ/ im minimalen Paar *Frauchen* ≠ *rauchen* verschiedene Phoneme «sind», so «sind» sie es auch in *Buch* und *siech*. Die anderen lehnen diese «Lösung» wegen Unwirtschaftlichkeit ab und erfinden ein «Junkturphonem»/+/, das vor dem Suffix *-chen* da «sein» soll. Damit verteilt sich /ç/ auch in *-chen* komplementär mit [χ]. Es steht nämlich stets nach dem «Phonem /+/», [χ] dagegen nie nach dem «Phonem /+/». Als Umschriftkonvention ist letztere «Lösung» zweifellos praktischer. Sie «beweist» aber nichts über die phonematische Struktur des Deutschen, weder die Existenz eines Junkturphonems noch die unbedingte phonematische Gleichheit von [χ] und [ç].

Stoff zur Polemik bieten zweitens die sogenannten Allegroformen. Aussprachewörterbücher geben meistens Lentoformen an, d. h. die langsame, deutliche Aussprache des isolierten Wortes. In flüssiger Rede wird häufig ganz anders gesprochen. Das deutsche Wort *Fräulein* lautet z. B. in der Lentoform /'froilain/. Als Allegroform hört man /'froiln/ und /frn/, letzteres in der Vorkontur in Ausdrücken wie *Fräulein Meyer*.

Allegroformen lassen oft mehr als eine Transkription zu [16]. Hören wir dt. *eigentlich* in der Vorkontur als /aintlıç/? Oder ist das /n/ als Nasalierung im vorangehenden Vokal aufgegangen /aĩtlıç/? Ist zwischen /l/ und /ç/ «wirklich» noch ein Vokal hörbar? Ist die richtige Umschrift vielleicht /ailç/? Die Antwort auf solche Fragen hängt (wie auch bei Lentoformen; vgl. Kap. IV) davon ab, ob und in welcher Weise die gegebenen Formen sich von anderen Allegroformen hörbar unterscheiden. Klingen z. B. die Wörter *eigentlich* und *eilig* als Allegroformen beide gleich /ailç/? Wenn der Auslaut /lç/ in *eilig* gleich dem Auslaut /lç/ in *billig* ist und *billig* /bılç/ = *Bilch* /bılç/ (bzw. wenn *billig* mit *Milch* reimt), dann ist der in Lentoformen vorhandene Unterschied /lıç/ ≠ /lç/ in den Allegroformen aufgehoben, und die Umschrift /ailç/ (für *eigentlich* = *eilig*) besteht die obige Gegenprobe.

Die Allegroformen werfen oft eine an Lentoformen gewonnene Phonemanalyse über den Haufen. Wenn engl. *final* /faĩl/ sich von *file* /fail/ (in amerikanischer Aussprache) nur durch die Vokalnasalierung unterscheidet, ist dann die Nasalierung im Englischen nicht distinktiv? Hat das Englische also nasalierte Vokale ebenso wie das Französische?

---

16 Zwirner spricht in diesem Zusammenhang von Abhörvarianten [Grundfragen, p. 173]. Detaillierte Beobachtungen bieten neuerdings W. Dressler [Phonologische Schnellsprechregeln in der Wiener Umgangssprache, Wien. linguist. Gaz. *1*: 1–29, 1972] und D. Effenberger [Beobachtungen zur Vorkontur im gesprochenen Englisch; Freiburger Magisterarbeit, 1973].

Das Englische hat sie zweifellos, aber nicht wie das Französische in sorgfältiger Aussprache. Und stimmt die Regel noch, derzufolge silbenauslautendes /lç/ im Deutschen nicht nach «langen» Vokalen und Diphthongen auftreten soll (vgl. p. 20)? Die Regel gilt nicht für die Vorkontur.

In der Praxis beschränken sich viele phonematische Analysen auf Lentoformen, weil das genaue Abhören flüssiger Rede Mühe und Zeit kostet und größeres Können erfordert. Wir halten dies für einen ernsten Mangel und widersprechen daher der folgenden Lehrmeinung:

"The slurred fashion of pronunciation is but an abbreviated derivative from the explicit clear-speech form which carries the highest amount of information ... When analyzing the pattern of phonemes and distinctive features composing them, one must resort to the fullest, optimal code at the command of the given speakers"[17].

Eine realistische Analyse sollte primär an ungezwungener, spontaner Rede erfolgen, weil wir normalerweise so und nicht in Lentoformen reden. Die Aussagen auf den Seiten 13, 25f., daß im Deutschen einfache Konsonanten und Doppelkonsonanten nicht unterschieden werden *(Strohmann = Strommann)* und daß südwestdeutsche Sprecher stimmhafte und stimmlose Konsonanten nur im Anlaut betonter Silben vor Vokal unterscheiden, gelten z.B. für die flüssige Rede, nicht für Lentoformen. Letztere sind «optimal» nur nach den Maßstäben des Schulwissens.

Statt mit Allegro- und Lentoformen arbeiten wir oft sachgerechter mit der Stellung der betreffenden Einheiten in der Intonationskontur. Die «Allegroform» /d/ für engl. *would, had* ist z.B. eine typische Vorkonturform. Die «Lentoformen» /wʊd hæd/ stehen dagegen im Konturkern und in der Nachkontur.

Die Unterscheidung /a/ ≠ /a/ (z.B. in süddt. *krass* ≠ *Gras*) ist in der Nachkontur an die Konturmelodie Nr. 2 gebunden, z.B. *am Fréitag* mit steigend-fallender Tonhöhe auf *-tag* /tak/. Bei der fallend-ebenen Melodie Nr. 1 fehlt die Unterscheidung in der Nachkontur. Norddt. *Sonnabend* klingt bei Melodie Nr. 1 genauso wie ein (nicht geläufiges, aber bildbares) Kompositum *Sonn-amt* /ˈzɔnamt/.

Die verbreitete Vorstellung, die Allegroformen seien aus den Lentoformen durch «nachlässige Aussprache» entstanden, stimmt in dieser allgemeinen Form sicher nicht. Auch für Allegroformen gelten feste Konventionen. Die ortsübliche Aussprache *Zürich* /cürχ/ verletzt die sonst im Deutschen geltende Regel, derzufolge die Auslautgruppe /rχ/ nicht nach «langen» Vokalen und Diphthongen auftritt. Sollen wir

17 Jakobson und Halle: Fundamentals of language, p. 6 (Mouton, den Haag 1956).

sie deshalb als Allegroform behandeln und von der (nicht ortsüblichen) Lentoform /cürıç/ ableiten? Wie kommt es dann, daß man nur in Zürich und Umgebung «so nachlässig» spricht?

Das Englische im Westen Nordamerikas kennt einen bejahenden Ausdruck *you bet you* /ji'beči/. Diesen Ausdruck hört man nur als «Allegroform». Von welcher Lentoform sollte man ihn ableiten? Die Lentoform */ju'betju/, wie sie die Schreibung nahelegt, zeigt eine reichlich ungewöhnliche Syntax.

Die phonematische Umschrift zielt üblicherweise auf die «normale» Aussprache einer bestimmten Sprachgemeinschaft. Sie gibt etwa an, daß im Südwestdeutschen *Ecke* = *Egge*, *Liter* = *Lieder*, *Blatt* = *platt*. Wir können aber auch ein vorliegendes Tonband abhören und das hier Gehörte transkribieren. Für einen solchen Abhörtext[18] bestehen trotz ein-eindeutiger Umschriftkonventionen manchmal Zweifel, welchen phonematischen Einheiten der betreffenden Sprache eine gegebene Form zuzuordnen ist. Hat der Sprecher *Gans* /gants/ oder /gans/ gesagt? Manchmal «versteht» der Abhörer die phonematischen Einheiten erst genau, nachdem er den Satzzusammenhang verstanden hat. Auf einem hibernoenglischen Tonband höre ich z.B. das Wort *sadly* mit einem apikalen Zungenschlag [ɾ] am Ende der ersten Silbe (wie für /r/ in südengl. *through*). Ich weiß aber aus dem Satzzusammenhang, daß das Wort *sadly* und damit das Phonem /d/ vorliegt, nicht das Phonem /r/. Der Phonetiker kann nur auf Grund viel abgehörten Materials entscheiden, welche Streuweite der «normalen» Aussprache zukommt und als Realisierung welcher Normen (Phoneme, Varianten) er seine Gehörseindrücke deuten darf. Er unterscheidet dabei streng zwischen der empirischen (d.h. in spontaner Rede tatsächlich beachteten) Norm und einer (lediglich als vorbildlich empfohlenen) Schulnorm. Die empirische Norm des Hochdeutschen in südwestlicher Aussprache spricht z.B. *Ecke* = *Egge*. Nur die Schulnorm setzt hier eine Opposition.

2. *Phonembestand*

Ein zweites Modell ordnet die Phoneme einer gegebenen Sprache nach ihren Schallmerkmalen. Dieses Modell nennt man oft im engeren Sinne das Lautsystem der betreffenden Sprache. In der Praxis ord-

---

[18] Die Unterscheidung begründet Zwirner: Grundfragen, pp. 173–178.

net man die Phoneme dabei zunächst nach Distributionsklassen wie Vokalen und Konsonanten und stellt für jede Klasse ein getrenntes Teilmodell auf. Diese Teilmodelle heißen der Vokalismus bzw. Konsonantismus[19] der betreffenden Sprache.

Vokale und Konsonanten lassen sich weiter nach ihrer Distribution unterteilen. Es gibt Konsonanten, die nur im Anlaut oder Inlaut, aber nicht im Auslaut auftreten und umgekehrt, z.B. nie auslautend dt. /h j/, nie anlautend dt. /ŋ/, nur inlautend engl. /ž/ in *leisure*. Andere Klassen von Konsonanten treten nur als erste bzw. zweite Glieder in Konsonantengruppen auf, z.B. im Deutschen /d/ nur als erstes Glied einer Anlautgruppe, /l r m n j/ nur als letzte Glieder von Anlautgruppen. Die deutschen Vokale /a o/ in *nein* /nain/, *neun* /noin/ treten nur als erste Elemente von Diphthongen auf, die Vokale /i u/ in *heiß* /hais/, *Haus* /haus/ nur als zweite Elemente. Eine dritte Gruppe deutscher Vokale bildet nie Diphthonge, z.B. /e ü ö/. Solche Modelle heißen paradigmatisch (im Gegensatz zur syntagmatischen Umschrift). Sie klassifizieren den Phonembestand[20] einer gegebenen Sprache.

Bei der schriftlichen Darstellung von Teilmodellen hat sich eine bestimmte Verwendung der waagrechten und senkrechten Dimension eingebürgert. Bei den Vokalen symbolisiert die Senkrechte die Frequenz des ersten Formanten, und zwar von oben nach unten. Ein höherer erster Formant erscheint also weiter unten als ein tieferer. Der Frequenz des zweiten Formanten (oder einem Mittelwert aus dem zweiten und dritten Formanten) entspricht die Waagrechte, und zwar von rechts nach links. Das so entstehende Bild wird stilisiert, indem man krumme Linien möglichst durch gerade ersetzt und die tatsächliche Streuungsbreite der Phonemvarianten zu festen Punkten für jedes Phonem idealisiert. Der Vokalismus des Spanischen und Japanischen nimmt sich in dieser Darstellung als auf die Spitze gestelltes Dreieck («Vokaldreieck») aus:

$$\begin{array}{ccc} & \longleftarrow F_2 & \\ i & & u \quad F_1 \\ e & & o \quad \downarrow \\ & a & \end{array}$$

Das Vokalsystem des Südostenglischen läßt sich als Vokalviereck abbilden:

---

19 Engl. *vowel system* oder *vowel pattern*, bzw. *consonant system* oder *consonant pattern*, frz. *système de voyelles (consonnes)*, russ. *sistema glasnych (soglasnych)*.
20 Engl. *phoneme inventory*, frz. *inventaire*, russ. *sostav fonem*.

Phonemtheorie

```
        ←— F₂
i    ə    u    F₁
e    ʌ    o    ↓
æ    a    ɑ    ·
```

Vgl. die Wörter

pit /pit/, *pert* /pəːt/, *put* /put/,
pet /pet/, *putt* /pʌt/, *port* /pot/,
pat /pæt/, *part* /paːt/, *pot* /pɒt/.

Die gleichen Bilder deutet man artikulatorisch nach der Stellung des höchsten Punktes der Zunge oder der (senkrecht zum Luftstrom gemessenen) engsten Stelle im Artikulationskanal. In diesem Falle gibt die Senkrechte von oben nach unten die Dimension zwischen Gaumen und Zunge wieder, die Waagrechte von rechts nach links den Abstand zwischen Rachen und Lippenöffnung. Für die betonten Vokale des Russischen entsteht das gleiche Bild wie für das Spanische und Japanische. Jedoch ist die waagrechte Dimension für das Russische als artikulatorische Rundung zu deuten, nicht als Längsschnitt durch den Artikulationskanal. Weiter rechts stehende Vokale sind stärker gerundet.

Treten Phonemklassen mit weiteren distinktiven Merkmalen hinzu wie etwa die gerundeten Vokale des Deutschen, Niederländischen, Schwedischen, Norwegischen, Finnischen und Französischen, die Nasalvokale des Französischen, Portugiesischen und Polnischen, eine Unterscheidung zwischen scharf und weich abgleitenden Vokalen wie in den germanischen Sprachen, so verteilt man diese neuen Unterscheidungen schlecht und recht auf die beiden Dimensionen. Die Rundung erscheint meist zusätzlich in der Waagrechten, und zwar rechts sehr dicht neben den ungerundeten Vokalen mit jeweils gleicher Zungenhöhe und -stellung, also z. B. Finnisch:

```
i    ü              u
     e    ö         o
          æ    a
```

Für das Schwedische tritt noch ein zweiter Rundungsgrad hinzu[21]:

```
i    ü         u
         ʉ
     e    ö         o
          æ    a
```

Nasalierten Vokalen gibt man gewöhnlich ein Sonderbild; z. B. für das Französische:

```
oral                              nasaliert
i    ü              u
     e    ö         o         ẽ    œ̃    õ
     ɛ    œ    ɔ                   ã
          a    ɑ
```

21 Vereinfacht nach Malmberg: 1. Jakobson Festschrift, pp. 316–321.

Abglitt und Länge vermerkt man in einer Fußnote, derzufolge sämtliche oder ein Teil der angegebenen Größen scharf und weich abgleiten bz. lang und kurz vorkommen. Um diese Angaben wären die obigen Bilder des finnischen und schwedischen Vokalismus zu ergänzen. Der deutsche Vokalismus wäre ähnlich dem finnischen. Abgesehen von den wenigen Spielarten, die /e ≠ æ/ unterscheiden, fehlt jedoch im Deutschen der tiefe, vordere Vokal:

```
i    ü         u
  e    ö    o
       a
```

Für Konsonanten weist man der waagrechten Dimension die gleiche artikulatorische Bedeutung zu wie in den Vokalschemata. Sie symbolisiert die sogenannte Artikulations*stelle*, d. h. die engste Stelle im Artikulationskanal zwischen Stimmbändern (rechts) und Lippen (links). Artikulations*arten* (Arten des Einsatzes, Abglitts, Modulationen usw.) werden listenmäßig in der senkrechten Dimension angeordnet, in der ersten Reihe meist Verschlüsse, dann die Reibelaute, Nasale, Liquiden und «Halbvokale». In der Waagrechten sehr eng zusammenstehende Zeichen bedeuten oft gleiche Artikulationsstelle und gleiche Artikulationsart mit verschiedenen Modulationen wie Stimmton, Glottalisierung, Aspiration, Palatalisierung und dergleichen. Zum Beispiel für eine gängige Form des Hochdeutschen aus Ostpreußen:

```
Verschlüsse    p b      t d              k
Reibelaute     f v      s z     š ž    j ç    χ γ    h
Nasale         m        n                     ŋ
Lateral                 l
Zitterlaut              r
```

Für das Schwedische und Norwegische kämen in der waagrechten Dimension über bzw. unter /š/ die retroflexen Konsonanten /ṭ ḍ ḷ ṇ/ und bei den Verschlüssen /g/ hinzu, z. B. im Auslaut von *fort, hård, karl, barn, ihåg*, und /z ž χ γ/ wären zu streichen.

Den russischen Konsonantismus stellen wir in einem ähnlichen Bild dar. Um es nicht mit Zeichen zu überladen, verweisen wir Stimmhaftigkeit und Palatalisierung in eine Fußnote und brauchen dann nur ein Zeichen pro Feld statt vier zu schreiben:

```
Verschlüsse    p       t              k
Reibelaute     f       s       š      χ
Affrikaten             c       č
Nasale         m       n
Laterale               l
Zitterlaute            r
```

Sämtliche Verschlüsse, Reibelaute und Affrikaten stimmlos und stimmhaft. Sämtliche Konsonanten außer den Affrikaten palatalisiert und velarisiert.

Belege für seltene Phoneme:

/γ/ in den obliquen Kasus von *bog* ‹Gott›, z. B. dat. sing. /boγu/ (südgroßrussisch).

/ž,/ (palatalisiertes *ž*) in Präsensformen wie *žžoš'* /ž,oš/ ‹du brennst›.

/dž/ (stimmhafte Affrikata) in *džungli* ‹Dschungel›.

/dz/ (stimmhafte Affrikata) in *dzin'kat'* ‹klirren›.

/χ,/ (palatalisiertes χ) in *chimija* ‹Chemie›.

/j/ in *jagoda* ‹Beere› fassen wir als stimmhaftes Gegenstück zu /χ,/ auf.

In solche Modelle lassen sich auch besondere wortphonologische Relationen mit einbauen. A. Sovijärvi[22] veranschaulicht die finnische Vokalharmonie in Form von zwei Dreiecken:

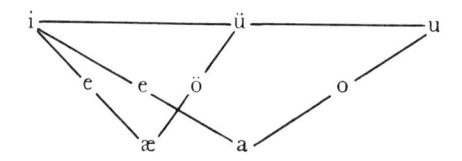

Die beiden Dreiecke i–æ–ü und i–a–u verbinden hier jeweils die Vokale, die im gleichen Wort vorkommen können. Zu beachten ist das zweimalige Auftreten des /e/. Es bezeichnet beide Male das gleiche Phonem.

3. Korrelationen

Durch wiederholtes Auftreten ganz bestimmter Unterscheidungsmerkmale entstehen häufig Teilsysteme bestimmter formaler Struktur innerhalb des Vokalismus oder Konsonantismus. Denken wir uns eine Menge von acht Phonemen: AN, BN, CN, DN, AM, BM, CM, DM. Jeder der einzelnen Buchstaben A, B, C, D, M, N soll dabei bestimmte distinktive Merkmale oder Gruppen distinktiver Merkmale bezeichnen, jede Buchstabenverbindung ein durch die betreffenden Merkmale

22 Phonetica *4:* 83 (1959).

ausgewiesenes Phonem. Wir können diese acht Phoneme nach gemeinsamen Merkmalen in zwei Reihen und vier Spalten ordnen:

```
AN    BN    CN    DN
AM    BM    CM    DM
```

Die hier waagrecht nebeneinanderstehenden Phoneme lassen sich in beiden Reihen nach der gleichen Regel ineinander überführen, und zwar sind in beiden Reihen zuerst A mit B, dann B mit C und schließlich C mit D zu vertauschen. Die vier senkrecht untereinander stehenden Phonempaare heben sich in ähnlicher Weise durch den gleichbleibenden Unterschied M ≠ N gegeneinander ab.

Eine Menge von Phonemen dieser formalen Struktur bildet eine Korrelation. Die Zahl der Spalten beträgt in einer Korrelation zwei oder mehr. Die Zahl der Reihen beträgt genau zwei. Sind mehr als zwei Reihen vorhanden, so spricht man statt von einer Korrelation genauer von einem Korrelationsbündel[23], z. B.

```
AN    BN    CN    DN    ...
AM    BM    CM    DM    ...
AL    BL    CL    DL    ...
```

Die Relation zwischen Phonemen auf der gleichen waagrechten oder auf der gleichen senkrechten Linie innerhalb einer Korrelation oder eines Korrelationsbündels heißt proportional. Die Relation zwischen anderen Phonemen heißt isoliert[24]. Die an einer Korrelation beteiligten Phoneme sind in diese Korrelation integriert. Alle übrigen Phoneme sind nicht integriert[25].

A. Martinet nennt die waagrechten Reihen einer Korrelation oder eines Korrelationsbündels Serien, die senkrechten Ordnungen[26]. Innerhalb von Konsonantensystemen bilden eine Serie Pho-

23 Engl. *bundle of correlations*, frz. *faisceau (de corrélations)*, schwed. *korrelationsknippen*, russ. *pučok korreljacij*. Hockett [Manual, p. 97] gebraucht den Terminus *symmetric set* ‹symmetrische Menge› für Korrelationen und Korrelationsbündel. Martinet [Eléments, p. 65] gebraucht im gleichen Sinne *proportion*. Lautsysteme, in denen keine Korrelationen auftreten, bezeichnet Hockett als *skew systems*.

24 Nach Trubeckoj: Grundzüge, p. 63; frz. *oppositions proportionelles et isolées*, schwed. *isolerade, proportionella oppositioner*, russ. *proporcional'naja, izolirovannaja oppozicija*. Martinet gebraucht auch die Bezeichnungen *oppositions corrélatives et non-corrélatives*.

25 Engl. *integrated, non-integrated*, frz. *phonèmes intégrés et non-intégrés*, schwed. *integrerad, ickeintegrerad*, russ. *parnyje, nepar nyje fonemy*. Hockett [Manual. p. 98] nennt die nichtintegrierten Phoneme *leftovers* (from the symmetric set).

26 Economie, pp. 69–73; Eléments, p. 67. *Séries* et *ordres*, engl. *series* and *orders* [vgl. Word *8:* 1–32, 1952]. C. D. Buck [A comparative grammar of Greek and Latin, p. 33; Chicago 1933] verwendet umgekehrt *series* für Phoneme gleicher Artikulationsstelle und *order* für solche gleicher Artikulationsart. Trubeckoj [Grundzüge, p. 114] gebraucht für Ordnungen von Konsonanten den Ausdruck *Lokalisierungsreihen*, russ. *lokal'nyje rjady*.

neme gleicher Artikulationsart, aber verschiedener Artikulationsstelle, eine Ordnung Konsonanten gleicher Artikulationsstelle, aber verschiedener Artikulationsart.

Eine Korrelation bilden z. B. die deutschen Verschlüsse:

p t k
b d g

Hier bilden /p/ ≠ /t/ ≠ /k/ und /b/ ≠ /d/ ≠ /g/ zwei Serien, /p/ ≠ /b/, /t/ ≠ /d/, /k/ ≠ /g/ drei Ordnungen. Die jeweils übereinander geschriebenen Phoneme werden an gleicher Stelle, aber auf verschiedene Art artikuliert. Sie unterscheiden sich voneinander in allen drei Fällen durch die Merkmale *stimmlos ≠ stimmhaft*. Die jeweils waagrecht nebeneinander erscheinenden Phoneme werden auf gleiche Art (Verschluß, scharfer Einsatz), aber an verschiedener Stelle im Artikulationskanal gebildet. In beiden Reihen unterscheiden sie sich jeweils durch die Merkmale *labial ≠ dental ≠ dorsal*.

Die schwedischen Verschlüsse bilden ebenfalls eine Korrelation. Diese enthält jedoch zusätzlich zur labialen, dentalen und dorsalen noch eine retroflexe Ordnung:

p t ṭ k
b d ḍ g

Ein Korrelationsbündel bilden im Deutschen die Verschlüsse und Nasale:

p t k
b d g
m n ŋ

Die dritte Serie ist hier *nasal* im Gegensatz zu den beiden ersten, *oralen* Serien. Die Phoneme der nasalen Serie werden an derselben Stelle artikuliert wie die jeweils der gleichen Ordnung zugewiesenen oralen Einheiten. Die schwedischen Verschlüsse und Nasale bilden eine Korrelation mit vier Ordnungen:

p t ṭ k
b d ḍ g
m n ṇ ŋ

Diese Korrelationsbündel lassen sich als Verbindung zweier Korrelationen deuten. Gegeben ist zuerst eine Korrelation *oral ≠ nasal*, deren erstes, orales Glied sich seinerseits in eine weitere Korrelation *stimmlos ≠ stimmhaft* unterteilt:

oral	stimmlos	p	t	ṭ	k
	stimmhaft	b	d	ḍ	g
nasal		m	n	ṇ	ŋ

Das Korrelationsbündel des russischen Konsonantismus läßt sich nach der gleichen Methode in die vier Korrelationen *nasal ≠ oral, palatalisiert ≠ velarisiert, stimmlos ≠ stimmhaft, Verschluß ≠ Reibelaut* auflösen:

oral	velarisiert	stimmlos	Verschluß	p	t	c	k
			Reibelaut	f	s	š	x
		stimmhaft	Verschluß	b	d	dž	g
			Reibelaut	v	z	ž	γ
	palatalisiert	stimmlos	Verschluß	p,	t,	č,	k,
			Reibelaut	f,	s,	š,	χ,
		stimmhaft	Verschluß	b,	d,	dz,	g,
			Reibelaut	v,	z,	ž,	j
nasal	velarisiert			m	n	–	–
	palatalisiert			m,	n,	–	–

Innerhalb des Vokalismus bilden eine Serie Phoneme mit etwa gleicher Lage der engsten Stelle im Artikulationskanal, aber verschieden großem Durchmesser dieser Stelle, also z.B. die vorderen bzw. hinteren Vokale des Vokalvierecks (vgl. p. 138). Eine Ordnung bilden Vokale mit verschiedener Lage der engsten Stelle, aber etwa gleichem Durchmesser dieser Stelle, also z.B. die hohen bzw. tiefen Vokale des Vokalvierecks. Eine Korrelation bilden demnach die deutschen Vokale

```
i   e
        a
u   o
```

mit einer vorderen /i e/ und einer hinteren Serie /u o/, einer hohen /i u/ und einer mittleren Ordnung /e o/. In dem einzigen Glied /a/ der dritten, tiefen Ordnung ist der Unterschied *vorne ≠ hinten* neutralisiert. Nehmen wir die deutschen gerundeten Vokale hinzu, so erhalten wir ein Korrelationsbündel:

```
i   e
ü   ö   a
u   o
```

Hier ist die zweite Serie zwar fast ebenso weit vorne wie die erste, aber gerundet.

Im Gegensatz zu dt. /a/ steht finn. /a/ in Opposition zum annähernd ebenso tiefen, aber weiter vorne artikulierten /æ/ und ist damit besser in die Korrelation vorderer und hinterer Vokale integriert:

i e æ
u o a

Nicht integriert in die Korrelation stimmloser und stimmhafter Geräuschlaute sind in manchen Spielarten der hochdeutschen Umgangssprache /χ/ und /š/. Diese sind zwar relevant stimmlos, aber nicht distinktiv stimmlos:

f s š χ
v z – –

Wir sprechen in einem solchen Falle von einer «Lücke»[27] im System für die Glieder /ž γ/. Wenn diese vorhanden wären, dann wäre die Korrelation vollständig in allen vier Spalten.

Abweichend verhalten sich die auf Seite 14 besprochenen ostdeutschen Dialekte mit stimmhaftem /γ/ in *gab*, *gut* und inlautendem, stimmhaftem /ž/ in *wischig*.

Unter den finnischen Verschlüssen sind /p/ und /t/ in Korrelationen mit den Reibelauten und Nasalen integriert, /k/ nur mit den Nasalen[28].

p t k
v s –
m n ŋ

Isoliert steht der finnische Verschluß /d/[29]. Das einzige distinktive Merkmal des finn. /d/ ist sein Stimmton.

Die Korrelationen werden meist nach konventionellen artikulatorischen bzw. akustischen Merkmalen aufgestellt, und man sorgt dafür, daß die artikulatorischen und akustischen Bilder gleich aussehen, z.B. das artikulatorisch und akustisch interpretierte Vokaldreieck bzw. Vokalviereck (vgl. p. 138). Mit der optischen Gleichheit (technisch sagen wir Isomorphie) hört es auf, wenn wir auch mit auditiven

---

27 Engl. *hole in the pattern*, frz. *case vide*, russ. *pustaja kletka*.
28 Wir sehen hier ab von der Möglichkeit, finn. /h/ als Reibelaut in eine Ordnung mit dem Verschluß /k/ zu stellen.
29 Wir sehen hier ab von einigen sehr modernen Lehnwörtern, in denen stimmhafte Verschlüsse /b g/ in Opposition zu /p k/ erscheinen und folglich /p t k/ mit /b d g/ eine Korrelation bilden, z.B. *bakteeri* ‹Bakterie›, *galvanoida* ‹galvanisieren›. In dieser Schicht des Wortschatzes erscheint auch /f ≠ v/, z.B. /f/ in *professori* ‹Professor›.

Merkmalen arbeiten. Im auditiven Vokalismus des Schwedischen vertauschen z. B. /o/ und /u/ ihre Plätze[30]:

```
i     ü                o
  e   ʉ            u
    æ ö         a
```

Die Korrelation der englischen Reibelaute gliedert sich in vier Ordnungen nach ihren Artikulationsstellen Lippen, Zungenspitze, Zungenblatt, Zungenrücken:

```
f    þ    s    š
v    ð    z    ž
```

Akustisch und auditiv schälen sich hier als Sonderklasse die Zischlaute (scharfes Geräusch, relativ starke Intensität) heraus. Diese gliedern sich ihrerseits als *hisses* /s z/ und *hushes* /š ž/ (vgl. p. 51). Die übrigen Reibelaute haben weniger starke Intensität und über das gesamte Spektrum verteilte Formanten. Die Unterschiede zwischen /f/ und /þ/ bzw. /v/ und /ð/ sind dagegen auditiv geringfügig (häufige Verwechslungen; vgl. p. 34) und schwer mit Worten zu beschreiben. Klingt /f/ etwas dumpfer als /þ/? Wir erhalten damit folgendes auditives Schema:

Zischlaut	hiss	klingend	z
		rauschend	s
	hush	klingend	ž
		rauschend	š
nicht Zischlaut	hell	klingend	ð
		rauschend	þ
	dumpf	klingend	v
		rauschend	f

Die Korrelation der englischen Verschlüsse enthält ebenfalls vier Serien, jedoch nicht ganz mit denselben Artikulationsstellen, nämlich Lippen, Zungenspitze, Zungenrücken – harter Gaumen, Zungenrücken – weicher Gaumen:

```
p    t    –    č    k
b    d    –    dž   g
f    þ    s    š    –
v    ð    z    ž    –
```

30 Nach Hansson, G.: Phoneme perception, p. 130.

Auditiv sieht die Korrelation für Verschlüsse ebenfalls anders aus als für Reibelaute, aber in noch anderer Weise. Isomorph sind die auditiven (ebenso die artikulatorischen) Ordnungen außerhalb der *hisses:*

dumpf	hell	hush
p	t	č
b	k	dž
f	þ	š
v	ð	ž

Von hier ab gehen die auditiven und artikulatorischen Korrelationen auseinander. Erfahrungsgemäß verwechseln wir /p/ leichter mit /k/ als mit /t/. Nennen wir sie beide *dumpf* gegenüber *hellem* /t/ [31]:

dumpf	hell	hush
p k	t	č
b g	k	dž

Auditiv ähneln sich /t/ und /k/ insofern, als ein immer helleres [k̊] (wie in *keel*) dem /t/ immer ähnlicher wird. Hibernoenglische Sprecher, die /tl/ für anlautendes /kl/ in *cliff* usw. sprechen, fallen dem ungeübten Hörer nicht besonders auf. Bezeichnen wir den kontinuierlichen Charakter mit einer gestrichelten Linie, so erhalten wir damit folgendes Bild:

dumpf	hell	hush
p k ----- t		č
b g ----- d		dž

Wie unterscheiden sich für das Ohr /p/ und /k/ voneinander? Wir meinen, /k/ klingt *schärfer*, /p/ *stumpfer*. Dagegen klingt uns /b/ kaum *stumpf* gegenüber /g/, sondern eher «rund».

Wir erhalten damit ein System der englischen Verschlüsse mit kontinuierlichem Unterschied zwischen *hellem* /t d/ und mehr oder

---

31 Jakobson, Fant und Halle sprechen von /p k/ als *grav* gegenüber *akutem* /t/, von /k/ als *kompakt* gegenüber *diffusem* /p t/. Diese Klassifikation ist durch akustische Meßdaten schwer zu begründen und vermutlich auditiv gemeint (vgl. Kap. II. Fußn. 7).

minder *dumpfem* /k g/ und diskretem Unterschied zwischen *hellem* /t d/ und *dumpfem* /p b/, «rundem» /b/ und «eckigem» /g/, *scharfem* /k/ und *stumpfem* /p/:

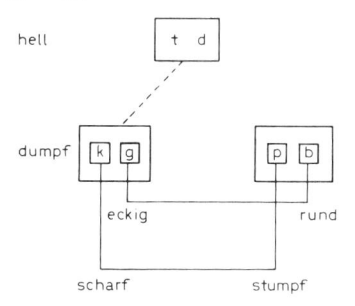

```
hell        ┌─────────┐
            │  t   d  │
            └─────────┘
              ╱
dumpf   ┌─────────┐      ┌─────────┐
        │  k   g  │      │  p   b  │
        └─────────┘      └─────────┘
          eckig            rund

        scharf           stumpf
```

Die auditive Verschiedenheit der Paare /p/ ≠ /k/ einerseits und /b/ ≠ /g/ andrerseits bestätigt sich an der Erfahrung, daß Sprachen mit nur zwei stimmlosen Verschlüssen /t k/ haben, aber kein /p/, Sprachen mit nur zwei stimmhaften Verschlüssen /b d/, aber kein /g/ (vgl. p. 156).

Das Bild des englischen Konsonantismus sähe symmetrischer aus, wenn wir die dumpfen Verschlüsse /k g/ in die gleiche Spalte einordneten wie die *hisses* /s z/:

p b   t d   č dž   k g
f v   þ ð   š ž   s z

Ein solches symmetrisches Bild gefällt ästhetisch, jedoch ist die vierte Reihe hier durch keinen einheitlichen phonetischen Parameter interpretierbar. Selbstverständlich können wir ihr einen einheitlichen *Namen* geben (sagen wir *lingual*), aber der Name verbessert die phonetische Interpretierbarkeit nicht. Die phonetischen Parameter bleiben die gleichen, die sie vorher waren. Da Sprachen der Verständigung dienen, spielt die auditive Unterscheidbarkeit der Phoneme in ihnen vermutlich eine wichtigere Rolle als symmetrische Bilder.

Die Korrelationen führen konventionelle Namen, z.B. Stimmhaftigkeitskorrelation (für /p/ ≠ /b/ usw.), Palatalisierungskorrelation (für russ. /p/ ≠ /p,/ usw.), Quantitätskorrelation (für lange und kurze Vokale bzw. Konsonanten). Mit solchen Namen bezeichnen wir auditiv grob ähnliche Unterscheidungen in verschiedenen Sprachen, auch ohne die behaupteten Merkmale genau zu kontrollieren. Bei experimenteller Nachprüfung erleben wir es häufig, daß an einer Stimmhaftigkeitskorrelation keine Stimmbandschwingungen beteiligt sind, an einer Quantitätskorrelation keine meßbare Dauer und dergleichen, sondern andere, komplexere, von Phonemvariante zu Phonemvariante stark variable Merkmale.

Das Norddeutsche hat z.B. zwei Quantitätskorrelationen für Vokale, die Unterscheidung zwischen «langen» und «kurzen» Vokalen, z.B. /i/ ≠ /ɪ/ in minimalen Paaren wie *liest* ≠ *List*, und die Unterscheidung zwischen «langen» und «überlangen» Vokalen, z.B.

/i/ ≠ /i:/ in minimalen Paaren wie *liest* ≠ *liehst*. Die phonetischen Merkmale der ersten Unterscheidung liegen im wesentlichen in scharfem gegenüber weichem Abglitt. Die phonetischen Merkmale der zweiten Unterscheidung liegen in Dauer und Tonhöhenführung, Längung des Vokals /i/ in *liest* (wie man sie von Süddeutschen am Ende der Melodie Nr. 2 oder von Finnen hört) klingt norddeutschen Ohren so, als werde *liehst* gesagt. Die Überlängenkorrelation ist daher auditiv der Quantitätskorrelation des Finnischen viel ähnlicher als die einfache Längenkorrelation. Trotzdem behandelt man letztere gängigerweise als *die* Quantitätskorrelation des deutschen Vokalismus. Innerhalb des deutschen Vokalismus spielt nämlich die Überlänge eine ausgesprochen periphere Rolle insofern, als sie nur in einem Teil des Sprachgebietes existiert (und auch hier bei vielen Sprechern nur für die akuten Vokale /i: ü: u:/) und nur vor dem Formans -*t* des schwachen Präteritums und den Personalendungen -*st*, -*t* der Verbalflexion auftritt, z.B. in *blühten* (≠ *Blüten*), *ruht* (≠ *Ruth*).

Das Unterscheidungsmerkmal, mit dem wir auf Seite 141 die Korrelation definiert haben, verwandelt sich bei diesem Vorgehen vom phonetischen Parameter (im Sinne von Kapitel II) zu einer Abstraktion für variable Merkmalkomplexe[32]. Das Unterscheidungsmerkmal ist jetzt nicht mehr definiens der Korrelation, sondern es wird selbst umgekehrt per correlationem definiert. Es ist das als konstant postulierte Merkmal, durch das sich die zu einer Korrelation geordneten Phonempaare unterscheiden[33] und nach dem wir die Korrelation benennen.

Nehmen wir die erste Quantitätskorrelation des deutschen Vokalismus:

ɪ　　　i
ɛ　　　e
a　　　a
ɔ　　　o
ʊ　　　u
ö　　　ü
œ　　　ö

Zunächst behaupten wir von diesen Paaren auf Grund eines groben, auditiven Urteils, sie unterschieden sich voneinander jeweils in gleicher Weise. Der hörbare Unterschied zwischen /ɪ/ und /i/ sei z.B. der gleiche wie zwischen /ɛ/ und /e/ usw. Als zweiten Schritt abstrahieren wir diesen «hörbar gleichen Unterschied» als *das* distinktive Merkmal der Korrelation und geben ihm einen konventionellen Namen, im vorliegenden Falle *Quantität*. Als dritten Schritt können wir danach fragen, wie die betreffenden Phonempaare sich phonetisch unterscheiden, z.B. nach Abklingzeit oder Muskeltonus, und zweckdienliche experimentelle Untersuchungen durchführen. Erwarten wir dabei eine bestimmte, meßbare Eigenschaft, die in allen Varianten der betreffenden Phoneme erkennbar sein bzw. fehlen

32 Vgl. Malmberg: Le trait distinctif, unité de forme, Cah. Ferdinand de Saussure *26:* 65–75 (1969); Bondarko, L. V.: The syllable structure of speech and distinctive features of phonemes, Phonetica *20:* 1–40 (1969).
33 Diese Definition des distinktiven Merkmals ist ausgesprochen bei Martinet [Eléments, pp. 64f.]: «Quelles que soient les réalités phonétiques qui distinguent /p/ de /b/, on maintient qu'elles sont celles-là mêmes qui distinguent /f/ de /v/ ... La mise entre guillemets d'une désignation comme ‹sonore› en marque le caractère largement conventionnel.»

soll – also ein distinktives Merkmal im einfachen Sinne von Seite 66 –, so suchen wir häufig vergeblich. An der Unterscheidung /a/ ≠ /a/ (in *satt* ≠ *Saat*) ist z.B. die Dauer wesentlich stärker beteiligt als an der Unterscheidung /ɛ/ ≠ /e/ (in *Bett* ≠ *Beet*), und die Dauer hängt im einzelnen so stark von Sprechtempo, Stellung innerhalb der Akzentgruppe usw. ab, daß manche «kurzen» /a/ meßbar länger sind als manche «langen» /a/. Als «distinktives Merkmal» bleibt schließlich überhaupt kein ständiger meßbarer Unterschied mehr übrig, sondern nur noch eine statistische Wahrscheinlichkeit, daß /a/ in bestimmten Umgebungen länger dauert als /a/[34].

Das Modell der Korrelation liefert uns grundsätzliche Kriterien, die im Zweifelsfall zwischen verschiedenen möglichen Äquivalenzklassen entscheiden (vgl. pp. 108–110). Gewisse typische Fälle treten immer wieder auf:

1. Wir ordnen die Äquivalenzklassen in der Weise, daß möglichst gut integrierte Korrelationen herauskommen – und folglich möglichst wenige isolierte Phoneme:

Beispiel: Das Altenglische kennt ein Korrelationsbündel für stimmlose und stimmhafte Verschlüsse und für Spiranten mit redundantem Stimmton:

	labial	dental	präpalatal	dorsal
Verschluß	p b	t d	č dž	k g
Spirans	f	þ	s	χ

Umstritten ist die Zuordnung der stimmhaften Spirans [γ] des Altenglischen[35]. Sie verteilt sich komplementär sowohl mit der stimmlosen Spirans [χ] als auch mit dem dorsalen, stimmhaften Verschluß [g]. Mit beiden ist sie phonetisch verwandt. Ordnen wir sie als stimmhafte Variante dem Phonem [χ] zu, so integrieren sich sowohl /g/ wie /χ/ in obige Korrelation. Ordnen wir sie dagegen als spirantische Variante dem Phonem /g/ zu, so fallen /k g/ und /χ/ aus obiger Korrelation heraus und bleiben isoliert. Das Phonem /g/ hätte bei dieser Zuordnung spirantische Varianten. Der distinktive Unterschied zwischen /g/ und /χ/ läge damit im Stimmton, nicht im Einsatz wie bei den ersten drei Spalten obiger Korrelation. Scheiden /g/ und /χ/ aus der Einsatzkorrelation aus, so bleibt auch /k/ isoliert zurück.

2. Wir ordnen die Äquivalenzklassen in der Weise, daß die Glieder der Korrelationen in möglichst vielen verschiedenen Stellungen kommutieren – und folglich möglichst wenig defektive Verteilung vorkommt.

Beispiel: In obigem Korrelationsbündel aus dem Altenglischen treten die stimmhaften Verschlüsse /b g/ im In- und Auslaut nur in den Folgen /bb gg mb ng/ auf, die stimmlose Spirans /χ/ fehlt (außer in peripheren Wörtern) im Anlaut. Ordnen wir dagegen [γ] dem

---

34 Vgl. Zwirner, E.: Phonetica *4:* 93–125 (1959).
35 Vgl. Pilch, H.: Word *24:* 353f. (1968). Dagegen (mit im wesentlichen sprachhistorischer Beweisführung) Vachek, J.: Prague Studies in English *14:* 133–142 (1971).

Phonem /g/ zu (statt dem Phonem /χ/), so fehlt /χ/ außerdem im Inlaut (außer in den Folgen /χχ χt/). Die erste Ordnung ergibt also weniger defektive Verteilung.

3. Wir ordnen die Äquivalenzklassen möglichst in der Weise, daß die phonetische Variation innerhalb jeder Reihe bzw. Spalte einheitlich ist. Das heißt, die verschiedenen Varianten der betreffenden Phoneme sollen sich in gegebenen Stellungen möglichst nach den gleichen Parametern unterscheiden.

Beispiel: In obigem Korrelationsbündel aus dem Altenglischen haben alle vier Spiranten stimmhafte Varianten im Inlaut, stimmlose Varianten im An- und Auslaut. Ausgenommen von dieser Variation sind die (in obiger Korrelation nicht genannten) Spiranten /j š/. Ordnen wir dagegen /γ/ dem Phonem /g/ zu, so ist außerdem auch /χ/ von dieser Variation ausgenommen. Die erste Ordnung liefert also einheitlichere Variation.

4. Wir ordnen die Äquivalenzklassen möglichst in der Weise, daß die phonetische Variation durch die phonetische Umgebung bedingt ist (Kap. III. 3).

Beispiel: In obigem Korrelationsbündel aus dem Altenglischen stehen die stimmhaften Varianten der Spiranten in stimmhafter Umgebung, die stimmlosen Varianten in (teilweise) stimmloser Umgebung im An- und Auslaut und in der Nachbarschaft stimmloser Konsonanten im Inlaut. Ordneten wir dagegen [γ] dem Phonem /g/ zu, so bliebe die phonetische Variation dieses Phonems unmotiviert.

5. Wir ordnen die Äquivalenzklassen möglichst in der Weise, daß die Phoneme einer gegebenen Reihe bzw. Spalte jeweils in den gleichen Anordnungen vorkommen.

Beispiel: In obigem Korrelationsbündel aus dem Altenglischen verbinden sich die Spiranten (aber nicht die Verschlüsse) mit folgendem dentalen Verschluß zu den inlautenden Gruppen:

ft — st χt
vd ðd zd γd

Ordnen wir dagegen [γ] dem Phonem /g/ (statt dem Phonem /χ/) zu, so fehlt /χ/ als einzige Spirans in der Inlautgruppe mit /d/. Belege für die genannten Gruppen in den Infinitiven und schwachen Präterita:

hæftan — lǽstan bohte
hæfde cwiðde tǽsde brugdon

Mit phonematischen Korrelationen und per correlationem definierten Merkmalen arbeiten wir ebenso fruchtbar in der Sprachgeschichte, Dialektologie, phonematischen Typologie und bei der Aphasie. Die phonematische Typologie klassifiziert Sprachen nach gemeinsamen Strukturmerkmalen ihrer Lautsysteme. Dabei vereinfacht sie insofern, als sie von peripheren Merkmalen absieht, z. B. der deutschen

Unterscheidung /g̊/ ≠ /g/ (vgl. p. 70). Im Bereich der Verschlüsse kommen häufig vor:

a) Keine Unterscheidung nach verschiedenen Artikulationsarten, z.B. in zahlreichen Sprachen Australiens[36], in Europa im Finnischen:

p   t   k

Wir sehen hier ab von der isolierten Opposition /t/ ≠ /d/ des Finnischen.

b) Stimmhaftigkeitskorrelation, z.B. in den meisten indogermanischen Sprachen:

p   t   k
b   d   g

c) Glottalisierungskorrelation, z.B. in vielen Sprachen des Kaukasusgebietes und im Arabischen:

p   t   k
pʔ tʔ kʔ

d) Fortis-lenis-Korrelation, z.B. im Südwestdeutschen:

P   T   K
p   t   k

e) Aspirationskorrelation, z.B. im Dänischen und Kymrischen:

p   t   k
ph th kh

Als redundantes Merkmal ist die Aspiration häufig auch an Stimmhaftigkeitskorrelationen beteiligt, z.B. im Deutschen und Englischen.

Mehrere solcher Korrelationen verbinden sich zu Korrelationsbündeln, z.B.

Stimmhaftigkeit und Glottalisierung im Georgischen:

p   t   k
pʔ tʔ kʔ
b   d   g

Fortis-lenis und Aspiration in südwestdeutschen Mundarten[37]:

P   T   K
p   t   k
ph th kh

Palatalisierung und Stimmhaftigkeit im Russischen, Polnischen und Irischen:

p p,   t t,   k k,
b b,   d d,   g g,

[36] Vgl. Capell, A.: Sound systems in Australia, Phonetica *16*: 85–110 (1967).
[37] Nach Mitteilung von J. Thurow, Freiburg i. Br.

Ein weiteres typologisches Merkmal ist die Zahl der in diesen Korrelationen unterschiedenen Artikulationsstellen. Zu den drei bisherigen tritt z.B. eine vierte im Schwedischen und Norwegischen und in zahlreichen Sprachen Indiens und Australiens, nämlich die «retroflexe» Artikulation am harten Gaumen:

p t ṭ k
b d ḍ g

Viele Sprachen Australiens unterscheiden noch zwei weitere Artikulationsstellen für Verschlüsse, nämlich *interdental* und *präpalatal*.

Das Ocaina (eine peruanische Indianersprache) kennt fünf phonematisch verschiedene Artikulationsstellen für Verschlüsse, nämlich Lippen, Zungenspitze, Zungenblatt, Zungenrücken und Stimmbänder[38].

Der Stimmbandverschluß [ʔ] existiert als Artikulation auch im Deutschen und Englischen, jedoch nicht als eigenes Phonem.

Weiter können wir nach den Stellungen klassifizieren, in denen die betreffenden Unterscheidungen auftreten bzw. neutralisiert sind. In den slavischen Sprachen und im Deutschen und Niederländischen ist die Stimmhaftigkeitskorrelation z.B. im Silbenauslaut aufgehoben, im Schwedischen, Englischen und Französischen und in den nordöstlichen und südwestlichen Mundarten des Deutschen nicht; vgl. minimale Paare wie nordöstl. *Hemd* /d/ ≠ *hemmt* /t/, südwestl. *Rad* /d/ ≠ *Rat* /t/. Im Süddeutschen fehlt die Stimmhaftigkeitskorrelation auch im Inlaut und im Anlaut vor Konsonanten, so daß *Ecke = Egge, Krippe = Grippe, Kladde = glatte.*

Gut integrierte Korrelationen sind relativ stabil, d.h. sie verändern sich wenig im Lauf der Sprachgeschichte, und sie gelten in den verschiedensten Dialekten über ein größeres Sprachgebiet hinweg (vgl. dazu p. 154). Die Stimmhaftigkeitskorrelation der englischen Verschlüsse ist z.B. seit altenglischer Zeit unverändert geblieben und gilt über das gesamte Sprachgebiet. Der (schlecht integrierte) englische Vokalismus hat sich dagegen im Lauf der Sprachgeschichte stark verändert und ist auch über die verschiedenen englischen Dialekte hinweg sehr variabel.

Isolierte Oppositionen gehen entweder rasch verloren, oder es baut sich um sie eine neue Korrelation auf. Dabei schwanken die

---

38 Nach Agnew, A. und Pike, E. G.: Phonemes of Ocaina, Int. J. amer. Linguist. *23:* 24–27 (1957).

Lautsysteme 153

verschiedenen Dialekte der betreffenden Sprache stark untereinander. Die isolierte Opposition /t/ ≠ /d/ des Finnischen fehlt z.B. in zahlreichen Dialekten. Umgekehrt erweitert sie sich in der Standardsprache durch Entlehnung zu einer vollen Stimmhaftigkeitskorrelation wie in den übrigen europäischen Sprachen (vgl. Fußn. 29).

In der Korrelation der altenglischen Inlautgruppen *Spirans + dentaler Verschluß* fehlt die Gruppe /þt/ (vgl. p. 150). Die dadurch isolierte Gruppe /ðd/ geht rasch verloren, indem sie mit /dd/ zusammenfällt. Im Frühmittelenglischen entsteht durch Lehnwörter aus dem Französischen eine für die Spiranten isolierte Opposition /v/ ≠ /f/ (z.B. in *vetch* ≠ *fetch*). Diese breitet sich allmählich auf die übrigen Spiranten aus.

Gewisse Aphasiepatienten verwechseln Phoneme, z.B. setzen sie manchmal (nicht immer) /b/ statt /d/ im deutschen Wort *Ardennen*, /r/ statt /l/ im deutschen Wort *Belgien*. Solche aphasischen Verwechslungen heißen in der Medizin Paraphasien. Die Paraphasien geschehen bei vorliegendem Syndrom in der Weise, daß der Patient anstelle des gesuchten Phonems irgendein Phonem aus der gleichen Reihe oder der gleichen Spalte des betreffenden Korrelationsbündels setzt. Er weicht also von dem gesuchten Phonem um höchstens *ein* Merkmal ab. Die nur für die Zischlaute geltende, also sehr spezielle Unterscheidung zwischen *hiss* und *hush* (vgl. p. 145) fällt dabei erfahrungsgemäß als erste[39]. Das heißt, manche Patienten bringen nur /s z/ (einschließlich der Affrikata /c/) mit /š ž/ durcheinander, aber nicht die übrigen Konsonantenunterscheidungen. Russische Aphasiepatienten verwechseln in analoger Weise auch die weichen mit den jeweils entsprechenden harten Konsonanten. Diese Verwechslungen bilden das von uns phonematische Aphasie genannte Syndrom[40].

4. Häufigkeit

Schon oberflächliche Beobachtung lehrt, daß phonematische Elemente in bestimmten Sprachen mit ungleicher Häufigkeit vorkommen. Im Schwedischen gibt es z.B. sehr häufig die Anlautgruppen /k g +

---

39 Dem entspricht der typologische Befund, daß diese Unterscheidung in vielen Sprachen fehlt, in Europa z.B. im Finnischen, Dänischen und Spanischen.
40 Vgl. Hemmer, R. und Pilch, H.: Phonematische Aphasie, Phonetica 22: 231–239 (1970); Mößner, A. und Pilch, H.: Phonematisch-syntaktische Aphasie, Folia linguist. 5: 394–409 (1972).

hinterer Vokal/ in *komma, Gud* usw. Sehr selten kommen dagegen /k/ und /g/ im Anlaut vor vorderen Vokalen vor, z.B. in *kö* ‹Schlange›, *Kiruna* (Ortsname), *marginal* ‹Rand›, *gingival* ‹oberer Zahnwulst›.

Im Deutschen kommen stimmhafte Konsonanten im Inlaut nur selten nach scharf abgleitenden Vokalen vor, z.B. *Egge, Kladde, sabbeln*. Häufiger stehen stimmhafte Konsonanten in dieser Stellung in nordostdeutscher Aussprache, z.B. /z/ in *quasseln, Dussel*, /ž/ in *wischig*, /b/ in *bibbern*.

Im Niederländischen stehen die stimmhaften Spiranten /v z ɣ/ im Anlaut vor Vokal viel häufiger als die stimmlosen Spiranten /f s χ/; vgl.

vier ‹vier›   ≠ *fier* ‹stolz›
zamelen ‹sammeln› ≠ *samen* ‹zusammen›
gaas ‹Gas›   ≠ *chaos*

Bei geringerer Häufigkeit mindestens eines Terms einer Opposition sagen wir, sie sei **schwach belastet**, bei größerer Häufigkeit beider Terme, sie sei **stark belastet**[41]. Sehr schwach belastet ist z.B. die Opposition zwischen stimmhaften und stimmlosen Spiranten im Niederländischen, und diese Belastung erreicht für das Paar /ɣ/ ≠ /χ/ den Grenzwert Null (d.h. in Opposition zu /ɣ/ stehendes /χ/ ist kaum belegt). Sehr stark belastet (mit über 2000 minimalen Paaren) ist die distinktive Akzentopposition des Norwegischen (vgl. p. 56)[42].

Schwach belastete Oppositionen sind häufig sprachhistorisch und dialektisch **labil** (d.h. wenig stabil; vgl. p. 152). Das Altenglische kennt z.B. eine schwach belastete Opposition /a/ ≠ /æ/, z.B. *far* ‹fahre› (Imp.) ≠ *fær* ‹Fahrzeug›. Schon in spätaltenglischer Zeit fallen die beiden Phoneme zusammen. Die schwache Belastung der deutschen Stimmhaftigkeitskorrelation hat in zahlreichen Dialekten zu ihrem vollständigen Verlust geführt[43].

Der globale Begriff *Häufigkeit* muß weiter differenziert werden, unter anderem nach

1. Häufigkeit im Lexikon:
   a) Wieviel minimale Wortpaare führt die betreffende Opposition

---

[41] Man spricht in diesem Sinne von der *Belastung* einer Opposition; engl. *functional load*, frz. *rendement fonctionnel*, russ. *funkcional'naja nagruzka*.

[42] Nach Kloster-Jensen, M.: Bokmålets tonelagspar ('Vippere'), Årbok (Universitet i Bergen 1958).

[43] Hierauf macht bereits O. Jespersen aufmerksam [Lehrbuch, pp. 110f.]: «... spielt die Unterscheidung zwischen tenuis und media faktisch eine sehr geringe Rolle in der Ökonomie der deutschen Sprache.»

ineinander über? In diesem Sinne ist z.B. die Opposition /t/ ≠ /d/ im Deutschen stärker belastet als /p/ ≠ /b/.

b) In wievielen Wörtern kommt ein gegebenes Phonempaar in einer bestimmten Stellung vor? Im Deutschen ist z.B. inlautendes /b/ nach weich abgleitenden Vokalen und Diphthongen (z.B. in *haben, laben, lieben, weben, Stube*) viel häufiger als inlautendes /p/ (z.B. in *kapern, apern, Kiepe, Hupe, Kneipe*), auch wenn minimale Paare schwer zu finden sind. Dabei drängt sich eine gewisse Klassifikation der Wörter auf. Die *p*-Wörter sind alle speziell (regional, Fachwortschatz), die *b*-Wörter allgemein üblich. Deshalb wirkt ein minimales Paar wie *Huper* ‹jemand der hupt› ≠ *Huber* (Eigenname) weit hergeholt.

2. Häufigkeit in einem gegebenen Text bzw. einem statistisch repräsentativen Querschnitt von Texten:

a) Wie häufig versteht der Hörer einen (gesprochenen) Text richtig nur deswegen, weil an einer bestimmten Stelle gerade Phonem p_1 steht und nicht p_2, z.B. /k/ ≠ /g/ in *dein Gram (Kram) geht mir zu Herzen*[44]? In wirklichen Texten kommt dergleichen sehr selten vor.

b) Wie häufig kommt ein gegebenes Phonem vor? Zum Beispiel ist in englischen Texten /dž/ vermutlich häufiger als /ž/, /æ/ häufiger als /ʊ/ *(ledger, leisure, bash, bush)*. Phoneme, die im Lexikon sehr selten sind (z.B. anlautendes /ð/ im Englischen), können in Texten sehr häufig sein (z.B. im Anlaut der Wörter *the, them, there, that, this, though, thus*).

c) Die Häufigkeit kann in verschiedenen Textgattungen verschieden sein, z.B. ist anlautendes russisches /f/ relativ häufig in philosophischen Texten (wegen der zahlreichen Lehnwörter mit griech. φ θ). Anlautendes englisches /šm/ (in *shmoo*) ist praktisch auf die *funnies* beschränkt.

Betrachten wir von hier aus noch einmal die Typologie der Stimmhaftigkeitskorrelation für Verschlüsse:

p t k
b d g

Im Deutschen ist die Geltung dieser Korrelation wesentlich begrenzter als im Englischen, Französischen und Russischen insofern, als die betreffenden Oppositionen sehr schwach belastet sind und die

---

[44] Dieses Beispiel (und einige analoge Beispiele) zitiert Jespersen [loc. cit.] aus Goethes Gesprächen mit Eckermann.

Belastung in gewissen Stellungen und Dialekten den Grenzwert Null erreicht. Außer für /t/ ≠ /d/ (z.B. in *leiten* ≠ *leiden*, *Tier* ≠ *dir*) ist die Korrelation an Sonderbedingungen geknüpft, z.B. Entlehnung aus dem Lateinischen bzw. Niederdeutschen oder Englischen *(Pein* ≠ *Bein*, *Frack* ≠ *Wrack)*, endungslose Verbstämme, z.B. nordostdt. /land/ (Imp. zu *landen*) ≠ *Land* /lant/). Zwischen seltenem Vorkommen eines Phonems und der Nullgrenze, d.h. der «Lücke im System» (vgl. p. 144), liegt ein kontinuierlicher Übergang. Für viele norddeutsche Sprecher existiert die Opposition /s/ ≠ /z/ im Anlaut nur in dem einzigen Wort *Szene* /'senɪ/ ≠ *Sehne* /'zenɪ/, und in keinem anderen Wort gibt es anlautendes /s/. Für viele süddeutsche Sprecher gibt es nur in dem einzigen Wort *Szene* /'scenɪ/ die anlautende Konsonantengruppe /sc/. Gäbe es dieses eine Wort nicht, so fehlten die betreffenden Anlaute im Lautsystem des Deutschen vollständig.

Die typologische Erfahrung lehrt, daß gegebene Korrelationen immer wieder bestimmte schwache Stellen (Lücken oder selten vorkommende Phoneme) aufweisen. In der Stimmhaftigkeitskorrelation der Verschlüsse sind diese schwachen Stellen /p/ und /g/[45]. Ist ein stimmloses Glied schwach vertreten, so ist es /p/ (z.B. im Deutschen). Ist ein stimmhaftes Glied schwach vertreten, so ist es /g/ (z.B. im Nordostdeutschen, Niederländischen, Ukrainischen). In der Stimmhaftigkeitskorrelation der Spiranten sind häufig /z/ und /ž/ schwach vertreten (z.B. im Deutschen, Schwedischen und Kymrischen).

5. Erkenntniswert von Lautsystemen

Jede Sprache hat ihr eigenes Lautsystem.

Das ist das spezifische Postulat der Phonemtheorie. Es kennzeichnet die Phonemtheorie gegenüber anderen Theorien, die das gleiche wahrnehmbare Objekt (Geräusch) wissenschaftlich zu ergründen suchen, z.B. gegenüber dem Begriffsapparat der Akustik oder der Wahrnehmungspsychologie. Denken wir uns ein gegebenes Geräusch. Die

---

45 Vgl. Gamkrelidze und Ivanov: Phonologische Typologie und die Rekonstruktion der gemeinindogermanischen Verschlüsse, Phonetica *27*: 213–218 (1973); I. G. Mclikišvili, Kizučeniju ierarchičeskich otnošenij jedjanic fonologičeskogo urovnja, Vopr. jaz. *1974*: 3, 94–105.

Akustik fragt: «Wie breitet es sich aus?» und arbeitet mit Begriffen wie Frequenz und Intensität. Die Wahrnehmungspsychologie fragt: «Wie hört es das Ohr?» und arbeitet mit Begriffen wie Klangfarbe, Tonhöhe und Lautstärke. Die Phonetik fragt: «Welche Einheiten welcher Sprache manifestiert es?» Sie setzt, wie E. Zwirner [46] es formuliert hat, die (auditive) Unterscheidbarkeit und Verteilbarkeit (d.h. Klassifizierbarkeit) solcher Einheiten voraus und arbeitet mit phonemtheoretischen Begriffen wie Phonem und Lautsystem.

Wenn der Phonetiker mit dem Begriffsapparat der Physiologie oder Akustik arbeitet, so fragt er immer speziell nach der Manifestation phonematischer Elemente, «l'étude acoustique et physiologique du phonème» [47]. Diese besondere Fragestellung kennzeichnet die physiologische und akustische Phonetik gegenüber allgemeiner Physiologie und Akustik.

Es gibt keine andere Theorie, die das gleiche leistet. Gäbe es sie, so wäre sie per definitionem Phonemtheorie.

Das gilt auch für den an der Kybernetik orientierten Neuansatz Helmut Lüdtkes [48]. Auch er arbeitet mit zeitlichen Abfolgen diskreter, distinktiver Elemente und ordnet jeder Sprache ihr spezifisches Lautsystem zu. Es gilt auch für die generative Phonologie Noam Chomskys, sofern man die Muttersprachlichkeit («native speaker competence») entmythisiert als Variante des Begriffes *langue* (d.h. Einzelsprache, nicht als «die Sprache an sich») auffassen darf. Muttersprachlichkeit versteht sich dann als die abstrahierte Sprachbeherrschung einer bestimmten Sprachgemeinschaft.

Phonemtheorie ist weder eine Sammlung von «objektiven Daten» noch ein am grünen Tisch ersonnenes Abbild vom «Wesen der Sprache» oder «der Sprache an sich». Es ist ein formal abstraktes Gebilde, mit dessen Hilfe wir das Redegeräusch mit der fortlaufenden Änderung seiner Qualität als diskrete Struktur deuten. Wie die Rede selbst unbegrenzt lang ist – man kann immer noch etwas dazusagen, und jeden Tag wird neu gesprochen –, so ist auch die Zahl der phonematischen Einheiten, die aufeinander folgen, unbegrenzt. Jedoch wiederholen sich immer wieder gleiche phonematische Einheiten aus einem relativ kleinen Phoneminventar. Wir nehmen an, jede Sprache sei nach dem Modell der Phonemtheorie analysierbar. Das ist eine Hypothese, die sich in der Praxis bewährt hat:

46 Grundfragen, p. 111.
47 Untertitel eines Buches von Lafon (s. Literaturverzeichnis, Abschn. 3).
48 Vgl. Phonetica *20:* 147–176 (1969); Theorie und Empirie, pp. 34–50; Folia linguist. *5:* 331–354 (1972).

"No linguist ever approaches a new language with the intention of finding out whether that language has a phonologic pattern or not: its existence is necessarily taken for granted, and the analyst's aim is entirely one of discovering the specific details"[49].

Auf den ersten Blick scheint unser Modell den experimentellen, meßbaren Daten unmittelbar zu widersprechen. Hier finden wir nämlich entweder gar keine diskreten Einheiten oder solche, die in keiner eindeutigen Beziehung zu unseren phonematischen Einheiten stehen (Phonette, Maxima und Minima von Enge im Artikulationskanal, Perioden und dergleichen). Im artikulatorischen, akustischen und auditiven Bereich geht die Zahl der verschiedenen Segmente ins Unbegrenzte.

In den Folgen dt. /ti ta to/ setzt der Vokal z. B. schon im gleichen Augenblick ein, in dem das /t/ hörbar wird. Das gehörte /t/ klingt anders vor /i/ als vor /a/ und noch anders vor /o/. Ähnlich wird auslautendes /t/ anders klingen, je nach dem vorangehenden Vokal. Noch anders klingt /t/ in Konsonantengruppen wie /tr tš rt lt st/, da auch hier der jeweils folgende bzw. vorausgehende Konsonant schon vor Ende (bzw. Anfang) des /t/ einsetzt. Jede einzelne Konsonantengruppe ist aus dem gleichen Grunde wieder verschieden je nach dem vorausgehenden oder folgenden Vokal. Grundsätzlich läßt sich postulieren: «There are at least as many allophones of a given phoneme as there are positional (phonemic) environments in which the given phoneme may be found.» Für dt. /t/ lassen sich also leicht 1000 bis 2000 Varianten aufstellen, bei genauerer Analyse sogar noch wesentlich mehr: "Allophone calculations are astronomical"[50].

Eine solche Mannigfaltigkeit der Varianten läßt unser Modell von vornherein erwarten. Wir haben nämlich zwar postuliert, daß die Phoneme aufeinander folgen, aber nicht, daß das eine von ihnen zu Ende sein müsse, ehe das nächste anfängt. Den Teil des Vokals /i/ in *ti*, der schon gleichzeitig mit dem /t/ zu hören ist, rechnen wir im Modell zum Phonem /i/ und nicht zum Phonem /t/. Ähnlich verfahren wir in allen Umgebungen. Die verschiedenen Klangfarben des gehörten /t/ gelten dann im Modell nach Möglichkeit als Teile der umgebenden Phoneme. Diese Möglichkeit entsteht, nachdem wir bei der Klassifizierung der Varianten das Kriterium *ähnliche Umgebung* berücksichtigt haben (Kap. III. 3). Die Eigenschaften, mit denen das erste gehörte oder artikulierte Segment oder Phonett in *ti* sich vom ersten

---

49 Hockett: Manual, p. 147.
50 Truby: Acoustico-cineradiographic analysis considerations, pp. 126, 127.

Segment in *ta* unterscheidet, sind genau die Eigenschaften, in denen beide ihrer jeweiligen Umgebung ähneln. Diese Eigenschaften weisen wir daher nicht dem Phonem /t/, sondern den umgebenden Phonemen /i/ bzw. /a/ zu.

Das Phonem dt. /t/ *an sich*, d.h. unbeeinflußt von seiner phonetischen Umgebung, gibt es konkret in wirklicher Rede nicht. In der gesprochenen Sprache steht ein einzelnes Phonem nie allein, sondern immer in einer Umgebung. Es tritt also immer in Form einer mit durch diese Umgebung bedingten Variante auf. Das gilt selbst für Interjektionen wie dt. *Ah, Oh, Au*. Wenn diese isoliert auftreten, d.h. als Ausrufe zwischen Pausen, so werden sie mit ganz bestimmten Varianten der Phoneme /a o au/ gesprochen, und zwar mit expressiver Längung. Außer den genannten segmentalen Phonemen enthalten diese Äußerungen stets noch Suprasegmentalia, die ihrerseits mit zur Umgebung der segmentalen Phoneme gehören.

Wenn uns jemand bittet, *das* deutsche Phonem /i/ oder /t/ vorzusprechen, so können wir im allgemeinen dieser Aufforderung trotz des Gesagten nachkommen und sprechen ein «*i* an sich» oder «*t* an sich». Diese Aussprache, mit der wir «das Phonem x» hörbar bezeichnen, wollen wir das Metaphonem *x* nennen. Hörbar verschiedene Bezeichnungen für ungleiche Varianten des gleichen Phonems nennen wir dementsprechend Metavarianten[51]. Zum Beispiel hat das deutsche Phonem /k/ zwei Metavarianten. Wir sprechen von «vorderem [k̊]» in *Kiel* gegenüber «hinterem [k]» in *Kuh*.

Das Metaphonem x braucht nicht identisch zu sein mit dem Namen des Phonems x. Das Metaphonem dt. /t/ spricht man z.B. als [tʰə]. Der Name des Phonems /t/ ist dagegen im Deutschen [tʰe]. Das ist der gleiche Name wie für den Buchstaben *t* des lateinischen Alphabets. Das Metaphonem dt., engl., schwed. /h/ spricht sich etwa als /ə̥/ (stimmloser, neutraler Vokoid). Der Name des Phonems lautet dt. /ha/, engl. /(h)eitš/, schwed. /ho/.

Metaphoneme verwenden wir überall da, wo wir uns – und sei

---

[51] *Metaphonem* und *Metavariante* sind Größen, mit denen wir metasprachlich Phoneme und Phonemvarianten bezeichnen. Eine *Metasprache* ist eine Sprache, in der wir von einer anderen Sprache, der *Objektsprache*, reden. Beschreiben wir beispielsweise die Phonemfolgen des Schwedischen in deutscher Sprache, so ist in dieser Beschreibung das Schwedische Objektsprache, das Deutsche Metasprache. Beschreiben wir sie auf schwedisch, so ist das in der Beschreibung verwandte Schwedisch Metasprache, das beschriebene Schwedisch Objektsprache. Zum Begriff *Metaphonem* vgl. jetzt Pilch, H.: Phonetics, phonemics, and metaphonemics, Cambridge Proceedings, pp. 900–904.

es in noch so bescheidenem Rahmen – über phonematische Fragen unterhalten. Der Sprachlehrer, der seinen Schülern die Aussprache eines fremden Phonems beibringt, spricht ihnen häufig *das* engl. /þ/ (wie in *thorn*), *das* schwed. /ʉ/ (wie in *hus*), *das* kymr. /ʎ/ (wie in *Llangollen*) vor, d. h. immer das jeweilige Metaphonem. Der Phonetiker, der seine Studenten hören lassen will, wie eine bestimmte, von ihm beschriebene Phonemvariante klingt, spricht ihnen die zugehörige Metavariante vor, etwa die verschiedenen Spielarten des russ. [i] (wie in *ty, byl, byt'*).

Als Vorstufe zu akustischen Untersuchungen sprechen wir gern die Metaphoneme der betreffenden Sprache auf Band und analysieren diese mit Hilfe des Sonagraphen. Wir erhalten dann Sonagramme *des* Vokals /a/ oder *der* Konsonanten /s f þ/ [52]. Untersuchungen bestimmter Sprachen mit Meßzahlen für die einzelnen Formanten gründen sich vorzugsweise auf die Metaphoneme dieser Sprachen. Die Sonagramme der Metaphoneme benutzen wir als Wegweiser bei der Auswertung von Sonagrammen zusammenhängender Äußerungen. Wenn wir ein Sonagramm des deutschen Wortes *Lied* /lit/ deuten, so gehen wir aus von unseren Metaphonemen /l i/ und /t/ und suchen, die Abweichungen etwa des /i/ in *Lied* vom Metaphonem /i/ in der besprochenen Weise als Einfluß der benachbarten Phoneme /l/ und /t/ zu deuten. Die Gesamtheit dieser Abweichungen belegt M. Joos mit dem technischen Ausdruck *slur* [53].

Metaphonematische Monophthonge zeigen auf dem Sonagramm waagrecht verlaufende Formanten. Metaphonematische Diphthonge zeigen gekrümmte Formanten. Diese lassen sich interpretieren als gerichtet von den Frequenzbereichen eines metaphonematischen Monophthongs zu denjenigen eines anderen metaphonematischen Monophthongs, z. B. die Formanten von dt. *Ei* /ai/ als gerichtet von /a/ zu /i/. Nichtmetaphonematische Vokale zeigen dagegen stets gekrümmte Formanten, gleichgültig ob sie phonematisch als Monophthonge oder als Diphthonge gewertet werden. Die Trennung zwischen Monophthongen und Diphthongen wird, wenn man sie artikulatorisch als Unterscheidung zwischen ruhender und gleitender Zungenstellung und akustisch zwischen waagrecht und schräg verlaufenden Formanten auffaßt, überhaupt erst im metaphonematischen Bereich sinnvoll (vgl. p. 99).

Nach der gleichen Methode, d. h. als Metaphoneme plus *slur*, interpretiert man nicht nur Sonagramme, sondern auch andere experimentalphonetische Daten wie Röntgenfilme des Artikulationsvorganges, Kymogramme, Tonhöhen- und Intensitätskurven und dergleichen. Das Phonett [a] in finn. *virrat* ‹Flüsse› und das Röntgenbild von der Artikulation

---

52 Die akustische Darstellung von Metaphonemen bezeichnet Truby [op. cit., pp. 128-131] als *physical phonemes*.

53 Acoustic phonetics, p. 107. Der Terminus stammt aus dem Wortschatz der musikalischen Notenschrift und bezeichnet dort den über oder unter mehrere als legato bzw. als Phrasierungsgruppe auszuführende Noten gesetzten Bindebogen.

des gleichen [a] werden z.B. gedeutet als das finnische Metaphonem /a/ zuzüglich der gleichzeitig vorhandenen Merkmale der umgebenden finnischen Phoneme /r/ und /t/[54].

Man hat viel darum gestritten, ob phonematische Einheiten, insbesondere das Phonem, «wirklich existieren» und dabei das Gegensatzpaar *wirklich* ≠ *fiktiv* – wie wir meinen, gedankenlos – mit den Paaren *konkret* ≠ *abstrakt* und gleichzeitig mit dem Paar *objektiv* ≠ *subjektiv* gleichgesetzt. Im Gefolge dieser Gleichsetzung wird alles Abstrakte per definitionem unwirklich. Da nun jede induktive Methode notwendigerweise abstrahiert, führt sie unter diesen Voraussetzungen zu Fiktionen und gilt daher nichts.

Wir meinen dagegen, daß phonematische Einheiten den gleichen Wirklichkeitswert haben wie andere, durch Induktion gewonnene Abstraktionen auch – der Rheingoldexpreß[55], die Niagarafälle oder das Sternbild Orion. Gibt es solche Abstraktionen «wirklich»? Die Antwort hängt davon ab, was mit *Wirklichkeit* gemeint ist. Der Betrachter auf der nördlichen Halbkugel sieht den Stier rechts vom Orion, auf der südlichen Halbkugel links vom Orion. Steht er «in Wirklichkeit» rechts oder links?

Uns genügt es, daß wir mit phonematischen Relationen an wirklichen (d.h. für uns beobachtbaren) Sprachen erfolgreich arbeiten können. Das Phonem ist weder «wirklich» noch «fiktiv», sondern – wie wir meinen – für die empirische Arbeit an Sprachen *adäquat*.

Der Streit um den Wirklichkeitswert von Abstraktionen ist aus der mittelalterlichen Kontroverse zwischen Nominalismus und Realismus wohlbekannt und längst ausdiskutiert. Wir versprechen uns nichts davon, daß die Sprachwissenschaft unabhängig von der allgemeinen Erkenntnistheorie diese Streitfrage für ihren Bereich neu aufgreift.

Es hat viel Rechthaberei betreffs der «richtigen» Umschrift gegeben. Sollen wir die anlautende Affrikata im dt. Wort *Tscha-tscha-tscha* mit dem *einen* Buchstaben /č/ oder mit zwei Buchstaben /tš/ bzw. /tʃ/ schreiben? Die Frage rührt von einem grundsätzlichen Mißverständnis her. Die Umschrift bildet die phonematische Zusammensetzung von Rede *zwecks Lesbarkeit* ab, d.h. insoweit, daß die beschriebene Gegenprobe gelingt (vgl. p. 128f.). Sie tut das zwar grundsätzlich in der Weise, daß sie jedem Phonem genau ein Zeichen zuordnet. Aus den dargelegten praktischen Gründen weicht sie von diesem Grundsatz jedoch häufig ab. Tatsächliche Umschriften geben die phonematischen Strukturen immer nur unvollständig wieder. Die fehlende In-

54 Vgl. Sovijärvi, A.: Phonetica *4:* 74–84 (1959).
55 Vgl. die Erörterung um den Express Genf–Paris bei de Saussure [Cours. p. 151].

formation (z.B. über Silben, Konturen usw.) kann der sachkundige Leser der Umschrift entweder bei der Gegenprobe aus den vorliegenden Umschriftzeichen erschließen oder auch nicht. Erforderlichenfalls läßt sich jede Umschrift weiter vervollständigen, aber nicht für alle Zwecke ist ein besonders hoher Grad von Vollständigkeit erforderlich (z.B. für Aussprachewörterbücher).

Geht man dagegen an die Umschrift in der Erwartung heran, sie bilde unmittelbar und vollständig die phonematischen Strukturen ab, so gerät man dauernd in Zwangslagen. Wenn die phonematische Umschrift den vokalischen (silbischen) Charakter des englischen /l/ bezeichnet, so muß wohl die «Syllabizität» ein eigenes Phonem sein. Wenn ich vor dem deutschen Diminutivum -chen das Zeichen /+/ setze, um [χ] von [ç] zu unterscheiden, so muß auch /+/ wohl ein eigenes Phonem sein usw. Auf diese Weise häufen sich die phonematischen Gespenster (engl. *ghost phonemes*) – Trugbilder einer überinterpretierten Umschriftkonvention.

Die Phonemtheorie setzt die allgemeinen Kategorien der auditiven Wahrnehmung voraus. Diese werden innerhalb der Phonemtheorie nicht eigens formuliert, weil sie als für alle Hörer gleich gelten und deshalb die Lautsysteme aller Sprachen in gleicher Weise bestimmen. Die beträchtlichen physiologischen Unterschiede zwischen verschiedenen Menschen können wir vernachlässigen, weil die Unterschiede zwischen verschiedenen Sprachen davon nicht abhängen. Das erweist sich daran, daß jeder Mensch (zumindest im Kindesalter) jede beliebige Sprache erlernen kann. Der kleine Vietnamese lernt z.B. in einem Schweizer Dorf die dortige Mundart ebenso gut wie seine seit Generationen im Lande lebenden Spielkameraden und umgekehrt.

In diesem Sinne nennen wir im vorliegenden Buch immer wieder bestimmte Gehörserlebnisse, z.B. den hörbaren Unterschied zwischen den Wörtern *Apfelwein* und *Abfüllwein*. Wir nehmen an, wir könnten uns alle auf das Urteil einigen, daß diese Wörter verschieden klingen.

Die für bestimmte Sprachen spezifischen Kategorien der auditiven Wahrnehmung folgen dagegen ihrerseits aus der Phonemtheorie. Wer eine Sprache lernt, lernt es, die in dieser Sprache geltenden phonematischen Gleichheiten und Verschiedenheiten als gleich bzw. verschieden zu werten. Der Leser, der das gesprochene Deutsch unzureichend kennt, wird vielleicht nicht ohne weiteres von sich aus entscheiden können, ob die Wörter *Apfelwein* und *Abfüllwein* gleich oder verschieden klingen. Er kann das richtige Urteil jedoch grundsätzlich erlernen.

Der Phonetiker arbeitet gleichzeitig mit den allgemeinen (angeborenen) und den für bestimmte Sprachen spezifischen (erlernten) Kategorien der auditiven Wahrnehmung, und er erlernt die spezifischen auditiven Kategorien immer neuer Sprachen. Ist das a priori menschenunmöglich? Die Erfahrung widerlegt dieses Apriori. Es gibt tatsächlich Phonetiker, die es können.

Der Phonetiker arbeitet nicht in der Weise, daß er aus einem vorgegebenen Bestand auditiver Merkmale, einem Weltlautsystem, die in der gerade untersuchten Sprache vorkommenden Merkmale auswählt. Das erweist sich daran, daß niemand eine phonetische Transkription – und sei sie noch so detailliert – ohne Kenntnis des spezifischen Lautsystems der betreffenden Sprache ganz richtig vorlesen kann. Die obige Gegenprobe (p. 128f.) setzt Kenntnis des Lautsystems der betreffenden Sprache voraus, nicht Kenntnis eines Weltlautsystems. Auch die phonologische Typologie, die über das Lautsystem der einzelnen Sprache hinausgeht, arbeitet nicht mit einem «naturwissenschaftlich vorgegebenen» Weltlautsystem, sondern mit per correlationem gewonnenen Abstraktionen (vgl. pp. 147–149).

Manche Theoretiker denken sich die Arbeit des Phonetikers zu simpel; vgl.: "A general linguistic theory must incorporate a universal phonetic theory, with a fixed alphabet, as the condition of *phonetic specifiability* ... the universal phonetic alphabet is part of a universal linguistic theory"[56]. Das ist richtig mit der Maßgabe, daß die reine (von der Struktur bestimmter Sprachen unabhängig arbeitende) Phonetik nicht «Sprachlaute» klassifiziert, sondern Artikulationen, Schallwellen und Gehörseindrücke (vgl. p. 121) und daß diese Klassifikationen grundsätzlich unvollständig sind, so daß wir in der Praxis immer wieder auf noch unklassifizierte phonetische Ereignisse stoßen.

«Der Gedanke, daß man mit den modernen Transkriptionssystemen die Gesamtheit lautlicher Variation aller Sprachen und Mundarten erfassen könne, sofern man nur das Symbolrepertoire angemessen erweitert, ist letztlich eine Extrapolation der Entwicklungsgeschichte der Lateinschrift»[57]. Den Traum vom vollständigen Lautalphabet mit maximal ökonomischer Transkription hat schon die Alchimie formuliert (vgl. p. XX). Er gehört nicht in die Phonetik, sondern allenfalls in eine «Alphonie».

Überall da, wo man es mit hörbaren sprachlichen Einheiten zu tun hat, braucht man die Phonemtheorie, sofern man diese Einheiten als *sprachlich* begreifen will. Fragen wir z.B. nach den historischen Lautveränderungen einer gegebenen Sprache oder der Rekonstruktion einer toten Sprache, dann setzen wir voraus, daß diese Sprache ein (sich selbst regelndes)[58] Lautsystem hat, und untersuchen dessen

---

56 Chomsky: Cambridge Proceedings, p. 945.
57 Lüdtke: Folia linguist. 5: 336 (1972).
58 Wir folgen H. Lüdtke, der sprachliche Systeme «sub specie cyberneticae» betrachtet, und zwar als stabil bei marginalen Veränderungen [Theorie und Empirie, p. 36].

Veränderungen. Dabei löst konsequente phonematische Analyse so manche Probleme, die man früher für unlösbar hielt.

Ist die Vorstufe von dt. /a/ in *schlafen*, altengl. /ǣ/ in *slǣpan*, got. /ē/ in *slēpan* als urgerm. /ā/ oder /ǣ/ anzusetzen? Die Frage ist überflüssig, weil dem Unterschied zwischen [ā] und [ǣ] innerhalb des urgermanischen Lautsystems keine phonematische Relevanz zukommt[59].

Oder fragen wir nach der Erlernung fremder Sprachen. Dann setzen wir voraus, daß der Lernende die hörbaren Einheiten seiner Muttersprache schon kennt und die hörbaren Einheiten einer zweiten Sprache kennenlernen will. Diese Kenntnis bestimmt sich phonemtheoretisch nach den Lautsystemen der betreffenden Sprachen.

Die Erlernung bereitet besondere Schwierigkeiten unter anderem in denjenigen Bereichen, in denen die Lautsysteme der betreffenden Sprachen sich typologisch unterscheiden. Franzosen haben erfahrungsgemäß besondere Schwierigkeiten mit Akzentsprachen, Deutsche mit Stimmhaftigkeitskorrelationen, Dänen mit der Unterscheidung von *hiss* und *hush* usw.

Die Phonemtheorie ist kritisiert worden, weil sie keine Theorie der Kommunikation ist[60]. Sie ist es nicht und kann es nicht sein. Anlaß zu dieser Kritik geben zahlreiche mißverständliche Formulierungen in der phonologischen Literatur; vgl.:

"You had never heard anything about the gentleman introduced to you at a New York party. 'Mr. Ditter', says your host. You try to grasp and retain this message. As an English-speaking person you, unaware of the operation, easily divide the continuous sound-flow into a definite number of successive units. Your host didn't say *bitter* /bítə/ or *dotter* /dátə/ or *digger* /dígə/ or *ditty* /díti/ but *ditter* /dítə/. Thus the four sequential units capable of selective alternation with other units in English are readily educed by the listener: /d/ + /í/ + /t/ + /ə/ ... Linguistic analysis gradually breaks down complex speech units into morphemes as the ultimate constituents endowed with proper meaning and dissolves these minutest semantic vehicles into their ultimate components, capable of differentiating morphemes from each other. These components are termed distinctive features"[61].

Dieser Text schildert die sprachliche Verständigung als einfaches Abbild der linguistischen Analyse. Das ist eine Idealisierung. Sie schildert die Verständigung, *als ob* sich in ihr die linguistische Analyse Schritt für Schritt wiederholte. Sie gründet sich nicht auf die Untersuchung tatsächlicher Sprecher- und Hörertätigkeiten auf tatsächlichen New Yorker Gesellschaften (vgl. p. 31). Die Vorstellung, daß das Lautsystem einer Sprache in einfacher Weise den Verstehenspro-

---

59 Vgl. Pilch, H.: Word *24:* 351 f.
60 Vgl. Ungeheuer, G.: Prague Proceedings, pp. 73–85.
61 Jakobson und Halle: Fundamentals, pp. 1 f.

zeß bzw. Lernprozeß der Sprecher dieser Sprache abbilde, ist gewiß falsch:

> "It would be even more naive to attribute a neurological basis (i.e. one that can be interpreted empirically in neurological terms) to any current linguistic theory or model. These theories are, at best, motivated linguistically. There is no guarantee or even likelihood that they should be adequate to neurological data"[62].

Zum Beispiel braucht der Hörer nicht gerade anhand der distinktiven Merkmale zu verstehen bzw. zu lernen. Er braucht nicht zuerst die einzelnen Phoneme der Reihe nach und in ihrer linearen Abfolge wahrzunehmen bzw. sich an die hierarchische Abfolge der Merkmale zu halten. Phonematische Einheiten sind nicht wahrnehmungspsychologische oder neurologische Einheiten, sondern linguistische Einheiten, d.h. Einheiten von Sprachen. Diese rein theoretische Überlegung hat sich in den letzten Jahren an zahlreichen wahrnehmungspsychologischen Versuchen immer wieder erhärtet:

> «Il apparaît donc que le phonème n'est ni une unité de codage ni une unité de décodage linguistique» (gemeint ist *neurologique* statt *linguistique*)[63].

Psychologische Tests treffen ins Leere, wenn sie linguistische Phänomene mit außerlinguistischen Fragestellungen beweisen oder widerlegen wollen.

> «Wenn man Testpersonen vor eine Wahl zwischen mehr oder weniger unzutreffenden Möglichkeiten stellt und eine Antwort verlangt, kann man ja zu Ergebnissen kommen, die zwar für die Versuchssituation richtig sind, aber denen nichts außerhalb dieser Situation direkt entspricht»[64].

Gewisse Aphasiepatienten verstehen alles Geschriebene, aber nicht alles Gesprochene (in einer bestimmten Sprache). Man kann ihnen einzelne phonematische Einheiten oder minimale Paare vorsprechen und prüfen, ob sie sie erkennen – sei es durch Wiederholung, durch Aufschreiben oder durch Identifizierung der gesprochenen Wörter. Jedoch lassen sich erfahrungsgemäß die Fehlleistungen der Patienten nicht allein aus den phonematischen Verwechslungen erklären. Wenn der Patient z.B. das Wort *Tag* als *Nacht*, das Wort *Belgien* als *Frankreich* mißversteht, so spielen dabei gewiß auch Wortfeldstrukturen eine Rolle[65].

62 Pilch, H.: Language Sci. *20:* 7 (1972).
63 Lebrun, Y.: Rev. belge Phil. Hist. (1967); zitiert von Buyssens, E.: Linguistique *8:* 39 (1972).
64 Hammarström, G.: Phonetica *26:* 51 (1972).
65 Pilch, H.: Langue et compréhension, expérience d'un aphasique, Festschrift Georges Mounin, Paris (in Vorbereitung).

Umgekehrt erfolgt Verständigung immer mittels einer bestimmten Sprache. Das Lautsystem dieser Sprache geht als *ein* wesentliches Moment in den Verständigungsprozeß ein. Ob und wie Hörer verstehen – sei es auf der New Yorker Gesellschaft oder in anderen Situationen –, hängt immer auch von der besonderen Sprache ab, in der gesprochen wird. Mißachtung dieser linguistischen Voraussetzung führt häufig zu absurden Versuchsergebnissen.

In einer französischsprachigen Klinik war ein Kranker auf Grund einer Testbatterie von den zuständigen Psychologen für total aphasisch erklärt worden und man verweigerte ihm die Sprachtherapie. Er sprach flüssig deutsch, wenn auch mit aphasischen Ausfällen.

Eben deshalb ist weder Phonetik auf Psychologie oder Neurologie reduzierbar noch umgekehrt. Die Phonemtheorie ist weder eine psychologische noch eine neurologische, sondern eine linguistische Theorie. Sie «beweist» nicht die Existenz von Sprachen, ihre (auditiv verifizierbare) Analysierbarkeit und Klassifizierbarkeit, sondern sie setzt sie voraus. Ohne diese Voraussetzung verlöre sie ihren Sinn. Mit dieser Voraussetzung ist sie tautologisch gegeben und unvermeidbar. In diesem Sinne bildet sie einen grundlegenden und unentbehrlichen Bestandteil der Sprachwissenschaft. Über die Einzelheiten gibt es häufig Meinungsverschiedenheiten. Aber auch diese Meinungsverschiedenheiten haben einen Sinn nur im Rahmen der Phonemtheorie und unter den von ihr gestifteten Voraussetzungen.

Literatur in Auswahl

Dieses Verzeichnis enthält die häufig und in abgekürzter Form zitierte Literatur. Weitere Literatur ist in den Fußnoten zum Text angegeben. Gleichzeitig soll es dem Leser Hinweise zum weiteren Studium bieten. Die Zweiteilung Phonetik–Phonologie behalten wir hier bei. Die phonetischen Bücher beschreiben vor allem die überhaupt möglichen Geräusche, die phonologischen erarbeiten die Theorie sprachlicher Lautsysteme. Zu beachten ist, daß die «phonetischen» Bücher mehr oder minder explizit mit phonemtheoretischen Kriterien arbeiten und umgekehrt. In der Praxis ist Kenntnis des in den phonetischen Lehrbüchern gebotenen Stoffes eine wünschenswerte Voraussetzung zum Verständnis phonemtheoretischer Erörterungen.

1. Artikulatorische Phonetik

Abercrombie, D.: Elements of general phonetics (University Press, Edinburgh 1967).
Dieth, E.: Vademekum der Phonetik (Francke, Bern 1950).
Essen, O. von: Allgemeine und angewandte Phonetik; 3. Aufl. (Akademie-Verlag, Berlin 1962).
Heffner, R.-M. S.: General phonetics (University of Wisconsin Press, Madison 1952).
Jespersen, O.: Lehrbuch der Phonetik; 5. Aufl. (Teubner, Leipzig 1932).
Malmberg, B.: Lärobok i fonetik (Gleerups, Lund 1967).
Pike, K. L.: Phonetics. Univ. Mich. Publ., Language and Literature 21 (University of Michigan Press, Ann Arbor 1943).
Stetson, R. H.: Motor phonetics; 2. Aufl. (North Holland, Amsterdam 1951).
Wise, C. M.: Applied phonetics (Prentice-Hall, Englewood Cliffs, 1957).
Zinder, L. R.: Obščaja fonetika (Leningrader Universitätsverlag, Leningrad 1960).

2. Akustische Phonetik

Boë, L. J.: Introduction à la phonétique acoustique (Institut de Phonétique de Grenoble, Grenoble 1972).
Fant, G.: Den akustiska fonetikens grunder. Kungl. Tekniska Högskolan, Institutionen für Telegrafi-Telefoni, Rapport Nr. 7 (Stockholm 1957).

Hadding, K. und Petersson, L.: Experimentell fonetik; (Gleerups, Lund 1970).
Joos, M.: Acoustic phonetics. Language Monogr., vol. 23 (Linguist. Soc. Amer., Baltimore 1948).
Ladefoged, P.: Elements of acoustic phonetics (Oliver & Boyd, Edinburgh 1962).
Lindner, G.: Einführung in die experimentelle Phonetik (Hueber, München 1969).
Mol, H.: Fundamentals of phonetics. II. Janua linguarum series minor 26 (Mouton, den Haag 1970).
Truby, H. M.: Acoustico-cineradiographic analysis considerations with special reference to certain consonantal complexes. Acta radiol., Stockh., suppl. 182 (1959).

3. Auditive Phonetik

Gribenski, A.: L'audition, Coll. Que sais-je, vol. 484 (Presses universitaires de France, Paris 1954).
Hansson, G.: Phoneme perception. Uppsala Univ. Årsskr. *11:* 109–147 (1960).
Lafon, J. L.: Message et phonétique (Presses universitaires de France, Paris 1966).
Malmberg, B.: Structural linguistics and human communication; 2. Aufl. (Springer, Berlin 1965).
Mol, H.: Fundamentals of phonetics. I. Janua linguarum series minor 26 (Mouton, den Haag 1963).
Stevens, St. S. und Davis, H.: Hearing, its psychology and physiology (Wiley, New York/London 1938).

Gleichzeitig artikulatorische, akustische und auditive Gesichtspunkte berücksichtigt:

Fischer-Jørgensen, E.: Almen fonetik; 3. Aufl. (Rosenkilde & Bagger, Kopenhagen 1960).

4. Phonologie

Die klassischen Darstellungen sind:

Trubeckoj, N. S.: Grundzüge der Phonologie, Travaux du cercle linguistique de Prague 7 (Prag 1939); 2. Aufl. (Vandenhoeck & Ruprecht, Göttingen 1958); frz. Übers. (Paris 1949); russ. Übers. (Moskau 1960); [Prager Schule].
Vgl. die Kritik von Harris, Z. S.: Language *17:* 345–349 (1941).
Bloch, B.: A set of postulates for phonemic analysis. Language *24:* 3–46 (1948); teilweise abgeändert und ergänzt in Language *26:* 88–95 (1950); Language *29:* 59–61 (1953); [Neo-Bloomfieldian School].
Vgl. die Kritiken von Diderichsen, P. und Spang-Hanssen, H.: Oslo Proceedings, pp. 156–213; Chomsky, N.: Cambridge Proceedings, pp. 944–975.
Pike, K. L.: Language in relation to a unified theory of the structure of human behavior; 2. Aufl. (Mouton, den Haag 1967); Kap. VIII, IX; [tagmemische Schule, zitiert als *Blue Book*].
Jakobson, R.; Fant, G. und Halle, M.: Preliminaries to speech analysis. MIT Acoustics Laboratory Technical Report No. 13 (Cambridge, Mass. 1952); [Binarismus].

Firth, J. R.: Sounds and prosodies. Papers in linguistics 1934–1951, pp. 121–138 (Oxford University Press, London 1957); [Londoner Schule].

Reformatskij, A. A.: Iz istoriji otečestvennoj fonologiji (Nauka, Moskau 1970); [Moskauer Schule].

Chomsky, N. und Halle, M.: The sound pattern of English (Harper & Row, New York 1968); [generative Phonologie].
Vgl. die Kritik von Hammarström, G.: Phonetica *27:* 157–184 (1973).

Die klassische Phonologie entwickeln weiter:

Martinet, A.: Eléments de linguistique générale. Coll. Armand Colin, p. 349 (Armand Colin, Paris 1960).
Vgl. die Kritik von Pilch, H.: Anglia *80:* 138–145 (1962).

Hockett, Ch. F.: A manual of phonology. Indiana Univ. Publ. in Anthropology and Linguistics, Memoirs 11. Int. J. amer. Linguist. (Waverly Press, Baltimore 1955).

Sivertsen, E.: Fonologi (Universitätsverlag, Oslo 1966).
Kritik von Pilch, H.: Phonetica *19:* 198 (1969).

Neuere Auseinandersetzungen mit Trubeckoj bringen:

Adamus, M.: Phonemtheorie und das deutsche Phoneminventar (Breslau 1967).

Morciniec, N.: Distinktive Spracheinheiten im Niederländischen und Deutschen (Breslau 1968).

5. Methodologie

Grundlegend bleibt die Abhandlung von:

Zwirner, E. und Zwirner, K.: Grundfragen der Phonometrie. Phonometrische Forschungen; Reihe A, vol. 1 (Metten, Berlin 1936); 2. Aufl., Bibl. phonet., No. 3 (Karger, Basel 1966).

Phonometrie bedeutet die statistische Behandlung der Phonemvarianten. Mit den methodologischen Voraussetzungen der Phonometrie erörtert der Text die methodologischen Voraussetzungen der phonetisch-phonematischen Analyse mit seiner Zeit weit vorauseilenden Erkenntnissen.

Die erkenntnistheoretischen Voraussetzungen der Prager Phonologie untersucht kritisch:

Šaumjan, S. K.: Problemy teoretičeskoj fonologiji (Akademia Nauk, Moskau 1962); engl. Übers. (Mouton, den Haag 1968).
Kritik von Pilch, H.: Phonetica *11:* 110–115 (1964).

Den Binarismus begründen:

Jakobson, R. und Halle, M.: Fundamentals of language. Janua linguarum series minor 1 (Mouton, den Haag 1956); mit Änderungen neu gedruckt in Kaisers's Manual, pp. 215–251, Malmberg's Manual, pp. 411–449.

Kritik von Joos, M.: Language *33:* 408–415 (1957); Pilch, H.: in 1. und 2. Aufl. vorliegenden Buches, pp. 129–138.

Mengentheoretische Modelle für die Phonologie stellen vor:

Lomtev, T. P.: Fonologija sovremennogo russkogo jazyka (Vysšaja škola, Moskau 1972).
Mulder, J. W. F.: Sets and relations in Phonology (Clarendon Press, Oxford 1968).
Peterson, G. E. und Harary, F.: Foundations of phonemic theory. Proc. Symp. appl. Mathem. *12:* 139–165 (American Mathematical Society, Providence 1961).

Topologische Modelle schlägt vor:

Šrejder, Ju. A.: Topologičeskije modeli jazyka, Sammelband Problemy strukturnoj lingvistiki 1971, pp. 47–67 (Nauka, Moskau 1972).

6. Sondergebiete der Phonologie

Die klassische Phonologie erweitert zur Theorie des Lautwandels:

Martinet, A.: Economie des changements phonétiques. Bibliotheca romanica (ed. W. v. Wartburg) series prima: manualia et commentationes 10 (Francke, Bern 1955);

zur Theorie der Tonsprachen:

Pike, K. L.: Tone languages (University of Michigan Press, Ann Arbor 1947);

zur Theorie der Intonation:

Pike, K. L.: The intonation of American English (University of Michigan Press, Ann Arbor 1945);

zur Theorie des Wortakzents:

Garde, P.: L'accent (Presses universitaires de France, Paris 1968);
Kritik von Carton, F.: Phonetica *19:* 198–201 (1969);

zur Sprachtypologie und Aphasietheorie:

Jakobson, R.: Kindersprache, Aphasie und allgemeine Lautgesetze (Uppsala 1943); Neudruck in Collected Writings I, pp. 328–401 (Mouton, den Haag 1962).

Klinische Untersuchungen zu den verschiedenen Syndromen phonematischer Aphasie:

Alajouanine, Th.; Ombredane, A. und Durand, M.: Le syndrome de desintégration phonétique dans l'aphasie (Paris 1939);
Vinarskaja, E. N.: Kliničeskije problemy afaziji (Medicina, Moskau 1971);

zur Theorie des Sprachverfalls beim Parkinsonismus:

Wode, H.: Linguistische Untersuchungen zum Parkinsonismus. Bibl. phonet., No. 8 (Karger, Basel 1970);

zur phonologischen Statistik:

Segal, D. M.: Osnovy fonologičeskoj statistiki (Nauka, Moskau 1972);

zur Psychophonetik:

Žinkin, N. I.: Mechanizm reči (Akademija pedagogičeskich nauk, Moskau 1958); engl. Übers. (den Haag 1968).

7. Sammelbände

Kaiser, L. (ed.): Manual of phonetics (North Holland, Amsterdam 1957); zitiert als *Kaiser's Manual*.
Malmberg, B. (ed.): Manual of phonetics (North Holland, Amsterdam 1968); zitiert als *Malmberg's Manual*.
Lehiste, I.: Readings in acoustic phonetics (MIT Press, Cambridge 1967).
Brend, R. (ed.): Studies in tone and intonation by members of the Summer Institute of Linguistics. Bibl. phonet. (Karger, Basel, erscheint).
Pilch, H. und Richter, H.: Theorie und Empirie in der Sprachwissenschaft. Festschrift für Eberhard Zwirner. Bibl. phonet., No. 9 (Karger, Basel 1970); zitiert als *Theorie und Empirie*.
Halle, M.; Lunt, H. G.; McLean, H. und Schooneveld, C. H. van (ed.): For Roman Jakobson. Essays on the occasion of his sixtieth birthday (Mouton, den Haag 1956); zitiert als *1. Jakobson-Festschrift*.
To Honor Roman Jakobson. Janua linguarum series maior, vol. 31–33 (Mouton, den Haag 1967); zitiert als *2. Jakobson-Festschrift*.
Sivertsen, E.: Proceedings of the 8th International Congress of Linguists (Universitätsverlag, Oslo 1958); zitiert als *Oslo Proceedings*.
Lunt, H. C. (ed.): Proceedings of the 9th International Congress of Linguists (Mouton, den Haag 1969); zitiert als *Cambridge Proceedings*.
Bethge, W. und Zwirner, E.: Proceedings of the 5th International Congress of Phonetic Sciences (Karger, Basel 1964); zitiert als *Münster Proceedings*.
Hála, B. und Romportl, M. (ed.): Proceedings of the 6th International Congress of Phonetic Sciences (Academia, Prag 1970); zitiert als *Prague Proceedings*.
Rigault, A. und Charbonneau, R. (ed.): Proceedings of the 7th International Congress of Phonetic Sciences (Mouton, den Haag 1972); zitiert als *Montreal Proceedings*.

# Autorenverzeichnis

Achmanova XIII
Adamus 58, 71, 100
Agnew 152
Aneirin 3
Arnold XV
Austin 59

Baldinger 8
Baudouin de Courtenay 95
Beda 7
Benveniste 21
Bérard 84
Bloch XXI, 5, 11, 31, 40, 41, 58, 95, 97–99, 119
Bloomfield 100, 119
Bolinger 56
Bondarko 148
Borgstrøm 100
Broughton XIV
Brücke IX
Buck 141
Bühler 84
Buyssens 165

Capell 151
Carroll 76
Chew 104
Chomsky XII, 9, 16, 31, 59, 99, 119, 122, 157, 163
Chaucer 1
Curtius 7

Džaparidze 41
Dieth 91, 99
Dressler 134

Effenberger 134
Essen, von 17

Fant 35, 36, 41, 47, 50, 52, 125, 129, 146
Faral 7
Fischer-Jørgensen XXI

Fónagy 84
Forchhammer 38
Fry 56

Gamḳrelidze 67, 156
Goethe 34
Grammont 90
Green 93, 99
Griščenko 70
Grundström 79
Grunwell 132

Haas 59
Hála 17
Halle 6, 31, 35, 36, 40, 41, 47, 50, 99, 119, 125, 129, 133, 135, 146, 164
Hammarström XI, 21, 41, 52, 84, 95, 119, 125, 165
Hansson 34, 145
Harrell 50
Harris 31, 100, 132
Haudricourt 40, 41, 57
Haugen 17
Heffner XVIII, 17, 100
Hemmer 153
Hjelmslev 6, 14
Hockett XXI, 11, 21, 23, 30, 31, 40, 80, 81, 98, 141, 158
Hoenigswald XXI
Holm 36

Ivanov XXI, 21, 67, 156

Jakobson 6, 31, 35, 36, 40, 41, 47, 50, 125, 129, 132, 135, 146, 164
Jespersen 38, 40, 154, 155
Jones, D. 40, 41, 91, 96, 99
Jones, J. M. 34
Jonson XIV
Joos XVIII, 36, 93–95, 100, 160
Jørgensen 50

Autorenverzeichnis

Kenyon 99, 104
Kloster-Jensen 154
Knott 104
Kopp 93, 99
Kuryłowicz 21

Lacerda X, 91, 92, 95, 118
Ladefoged 18, 36, 120
Lafon 38, 50, 157
Lane 40
Lange 49
Lausberg 7
Lebrun 165
Lehiste XXI, 56
Lehmann 21
Lorenzen XVIII
Lüdtke XI, 89, 98, 104, 120, 122, 157, 163

Malmberg XII, XVIII, 38, 39, 90, 93, 121, 138, 148
Marouzeau 41
Martinet XXI, 6, 21, 31, 39–41, 50, 58, 61, 67, 81, 82, 86, 95, 98, 100, 104, 111, 114, 141, 148
Melikišvili 156
Menzerath IX, 91, 92, 95, 118
Molière 8
Morciniec 72
Mößner 153

Olmsted 16

Painter XI
Panov XXI
Passy 115
Paul 91, 123
Peterson 18, 56
Pike, E. G. 152
Pike, K. L. XV, XVIII, 16–19, 27, 31, 35, 40, 57, 59, 81, 84, 92–94, 107
Pilch X–XIII, 8, 9, 17, 22, 27, 28, 31, 36, 40, 48, 49, 56–58, 61, 68, 71, 72, 78, 80, 86, 87, 105, 108, 118, 131, 149, 153, 159, 164, 165

Potter 93, 99
Prieto 6

Rensch 18
Rousselot 40
Rosetti 17

Šaumjan XII, XXI, 6, 47, 50, 81, 89, 120
de Saussure 91, 95, 98, 123, 161
Scott XV
Scripture IX, XV, 91
Sedlačková 53
Shakespeare 23
Sheridan 7
Sivertsen 41, 81
Smith 99
Sørensen 59
Sovijärvi 140, 161
Stetson 18
Stuart 24
Sweet 40, 126

Thurow 151
Trager 99
Trojan 90
Trubeckoj 39, 68, 80, 84, 95, 100, 114, 119, 132, 141
Truby 53, 59, 81, 83, 91, 93–95, 98, 99, 103, 120, 126, 158, 160
Twaddell 18

Ungeheuer 34, 164

Vachek 149

Weinrich 59

Zacher 70
Zwirner, E. IX, XII, XV, 39, 41, 92, 96, 97, 100, 106, 118, 120, 122, 123, 134, 136, 149, 157
Zwirner, K. IX, XV, 41, 92, 100, 123, 136

Deutsches Verzeichnis der Fachausdrücke

Abglitt 90
Abhörtext 136
Abhörvarianten 134
ableitbar 127
Affrikaten 50
ähnliche Umgebung 77
akustisch 41
akustische Phonetik 35
akut 52
Akzentgruppen 112
Akzentsprachen 114
Allegroformen 70, 134
Alliteration 3
Alternationsparadigma 29
Anglitt 90
annominatio 7
äquipollente Oppositionen 132
Archiphonem 110
Artikulationsarten 139
Artikulationskanal 36
Artikulationsstelle 139
artikulatorische Phonetik 35
artikulatorische Rückkopplung 40
auditiv 35
auditive Analyse 33
auditive Kontrolle 38
auditive Merkmale 144 f.
aufgelöste Hebung 23
Äußerung 14

Belastung 154
betont 114
breite Vokale 52

Dauerlaute 48
defektive Verteilung 13
diffus 52
Digraphion 130
direkte Opposition 80
diskret 85
distinktiv verschieden 6
distinktive Intonationen 86
distinktive Merkmale 66
distinktive Unterschiede 67
Distribution 10
dumpf 146

ebenes Segment 93
ebene Tonhöhe 56

egressive Artikulation 36
eindeutige phonematische Umschrift 133
ein-eindeutige phonematische Umschrift 133
empirische Norm 136
enge Vokale 52
Enklise 22
entspannte Vokale 50
erstarrte Typen 28
Exemplar (eines Phonems) 111
Explosion 48
explosive Artikulation 47
expressiv verschieden 84
expressive Merkmale 84

fallende Tonhöhe 56
fallender Akzent 113
Formant 51
freie Variante 107
freier Wechsel 14
Frequenz 37

Ganzheitsmethode 96
Geräusch 33
geschlossene Silbe 18
gespannte Vokale 50
gipfelbildender Wortakzent 114
gleichsilbige Elemente 13
Gleitlaut 90, 92
glottaler Verschluß 33
glottalisierte Artikulation 55
gravis 52
Grenzsignal 30
negatives Grenzsignal 31
positives Grenzsignal 31
Grundfrequenz 37
Grundton 55

Harmonische 37
harte Konsonanten 54
Hauptakzent 113
hell 146
heterosyllabische Elemente 13
hintere Artikulation 52
hohe Vokale 52
Homonyme 71

Implosion 48
implosive Artikulation 47

Verzeichnis der Fachausdrücke 175

indirekte Opposition 80
ingressive Artikulation 36
inhärente Merkmale 58
Inlaut 23
integriert 141
Intensität 37
Intonation 86, 112
Intonationssprachen 57
irischer Reim 34
irrelevante Merkmale 67
isolierte Relation 141
Isomorphie 144

Jargonaphasie 38

Kardinalvokale 40
Kerntyp 23
Klang 33, 41
Klangfarbe 51
Klarphase 90
Klingen 41
Knack 33
kombinatorische Variante 107
kombinatorischer Lautwandel 107
Kommutationsprobe 6
kommutieren 6
kompakt 53
komplementäre Verteilung 11
Konsonant 17
Konsonantenmutation 29
Konsonantismus 137
kontinuierlich 85
Kontoid 17
Korrelation 141
Korrelationsbündel 141
kulminativ 114

labile Oppositionen 154
Länge 57
Laryngale 21
Laryngalisierung 37
Lateralisierung 55
Laut XX, 118
Lautklassen 106
Lautsystem 124, 136
Lentoformen 134
Linienspektrum 46
Liquidae 39
Lokalisierungsreihen 141
Lücke im System 144
Lungenstoß 18

maximale Lauteinheit 32
Merkmal 132
Merkmalbündel 62
merkmallos 132
merkmaltragend 132
Metaphonem 159
Metasprache 159
Metathese 106
Metavariante 159
minimale Segmente 102
minimales Paar 6
Mischspektrum 46
More 22
Morphonologie 27
morphonologische Alternation 28
morphonologischer Typ 27
Mundformant 52
Mundhöhle 51
Muttersprachlichkeit 157

näseln 53
Nebenakzent 113
Neologismen 76
neutralisierbare Opposition 69
neutralisierte Opposition 68

Obertöne 37
Objektsprache 159
offene Silbe 18
Opposition 6, 80
Ordnung 141
Oszillogramm 36

Palatalisierung 54
Palatalisierungskorrelation 147
paradigmatische Modelle 137
Paraphasie 153
Paronomasie 7
Periode 36 f.
periodische Wellenformen 37
Phonem XX, 106
Phonemvariante 106
phonematisch verschieden 6
phonematische Analyse X, 8, 121
phonematische Aphasie 153
phonematische Äquivalenz 64
phonematische Einheiten 124
phonematische Gleichheit 64
phonematische Merkmale 66
phonematische Segmente 102
phonematische Umschrift 126
Phonembestand 137

Phonemtheorie X
Phonetik X, XX
phonetische Analyse 58, 121
phonetische Umschrift 126
phonetische Variation 150
phonetische Verwandtschaft 58
Phonett 93
Phonologie XX
phonologische Eigenschaften 112
physiologische Phonetik 35
phonologisches Wort 22
pleniphonetisch 126
primäre Varianten 81
privative Oppositionen 132
produktive Typen 28
Proklise 22
proportionale Relation 141
prosodische Analyse 132
prosodische Eigenschaften 112
prosodische Merkmale 58
psychoakustisch 41

Quantitätskorrelation 147

Rachenformant 52
Rachenhöhle 51
Rauschen 41
Rauschspektrum 46
Realisierung 111
Reduktion 115
redundante Merkmale 67
reduzierte Vokale 115
Register 36
Reim 3
relevante Merkmale 66
rhetorische Merkmale 85
Ruhepause 90
Rundung 54

sanftklingend 50
Satzakzent 116
scharf 147
scharfer Abglitt 49
scharfer Einsatz 47
scharfklingend 50
Schulnorm 136
schwacher Akzent 113
schwebender Akzent 27, 113
Segment 88
segmental 112
Segmentierung 88
sekundäre Varianten 81
sensorische Aphasie 38

Serie 141
Silbe 17
Silbenanlaut 17
Silbenauslaut 17
Silbenkern 17
Silbensprachen 18
Silbentypen 18
Sonagramm 37
Sonagraph 37
Sonanten 21
Sonorlaute 47
Spektrum 37
stabile Korrelationen 152
steigende Tonhöhe 56
steigender Akzent 114
Stellungslaute 90
Stimmbänder 36
stimmhafte Geräuschlaute 47
Stimmhaftigkeitskorrelation 147
stimmlose Laute 47
Stimmqualitäten 36
Stimmton 36
stochastische Wellenformen 37
stumpf 147
suprasegmental 112
syntagmatische Umschrift 137

tautosyllabische Elemente 13
teilkomplementäre Verteilung 11
tertiäre Varianten 83
Theorie der Phonologie X
tiefe Vokale 52
Tonhöhe 55
Tonsprachen 57
Transkription 124

Umgebung 10, 32
Umlaut 24
Umschrift 124
unbetont 114
unreiner Reim 34
unzulässige Anordnungen 4

Verschlüsse 48
vertauschbar 10
Verteilung 10
Vokal 17
Vokalharmonie 24
Vokalismus 137
Vokoid 17
volle Vokale 115
vordere Artikulation 52

weiche Konsonanten 54
weicher Abglitt 49
weicher Einsatz 47
Wortakzent 114
Wortgruppenakzent 116

Wortphonologie 26

Zischlaute 145
Zitterlaute 37
zugelassene Anordnungen 4

Englisches Verzeichnis der Fachausdrücke

abrupt offglide 49
abrupt onset 47
allophones 106
acoustic phonetics 35
acoustic segment 94
alternation paradigm 29
archiphoneme 110
articulatory feedback 40
articulatory phonetics 35
articulatory position 90
auditory feedback 38
auditory phonetics 35

back articulation 52
bi-unique 133
border signal 30
broad transcription 126
bundle of correlations 141
bundle of distinctive features 62
burr 53

chest pulse 18
coda 17
commutation test 6
commute 6
competence 157
complementary distribution 11
consonant 17
consonant pattern 137
consonant system 137
context-sensitive rewrite rules 127
continuants 48
continuous 85
continuous (elements) 47
contrast 6

defective distribution 13
demarcative feature 30
discontinuous (elements) 47
discrete 85
distinctive features 66, 164
distinctively different 6

distribution 10
distributional restrictions 32

environment 10
equipollent oppositions 132
exchangeable 10

falling pitch 56
forestress 113
formant 51
free allophones 107
free variation 14
front articulation 52
full vowel 115
functional load 154
fundamental frequency 37

ghost phonemes 162
glide 90, 91, 92
global method 96
glottal fry 36
glottalised 55
glottal stop 33

hard consonants 54
harmonics 37
heterosyllabic 13
high vowel 52
hiss 145
hole in the pattern 144
hush 145

integrated 141
interlude 23
intonation language 57
irrelevant 67

laryngeals 21
lax vowels 50
leftovers 141
level pitch 56
level segment 93
level stress 113

line spectrum 46
locally conditioned allophones 107
long components 132
low vowel 52

malapropism 7
mark 132
marked 132
medial position 23
mellow 35, 50
minimal pair 6
mora 22
morphophonemic alternation 28
morphophonemics 27
mouth cavity 51
mouth formant 52
multiple complementation 11

narrow transcription 126
neutralisation 68
neutralized 68
noise spectrum 46
non-distinctive 67
non-integrated 141
non-phonemic 67
nonsense words 76
nucleus 17

off-glide 90
omnipotents 21
on-glide 90
onset 17
opposition 6
order 141
overtones 37

partially complementary distribution 11
perceptual phonetics 35
permitted sequences 4
phoneme 106
phonemic analysis 8
phonemic shape type 27
phonemically different 6
phonetic similarity 59
phonetically similar 58
phonette 94
phoneme inventory 137
phonemic features 66
phonological word 22
phonology of the word 26
physical phonemes 160
pitch 55
predictable 127

prestress group 22
privative oppositions 132
poststress group 2
primary allophones 81
primary stress 113
prohibited sequences 4
prominence 17

reduced vowels 115
redundant 67
relevant features 66
re-segmentation 94
resonants 21, 47
rising pitch 56
rounding 54

secondary allophones 81
secondary stress 113
segmental 112
series 141
skew systems 141
slur 160
smooth offglide 49
smooth onset 47
soft consonants 54
sonority 17
speech-sounds 91
spoonerism 2
steady-state sounds 90
stops 48
strident 35, 50
suprasegmental 112
syllable 17
syllable types 18
symmetric set 141

tautosyllabic 13
tense vowels 50
throat cavity 51
throat formant 52
timbre 51
tone 41
tone languages 57
transcription 124
twang 53

umlaut 24
unmarked 132
utterance 14

vocal chords 36
vocal tract 36

voice bar 46
voiced obstruents 47
voiceless obstruents 47
vowel 17
vowel harmony 24

vowel pattern 137
vowel system 137

weak stress 113
(white) noise 41

Französisches Verzeichnis der Fachausdrücke

accent d'insistance 48
accent faible 113
accent primaire 113
accent secondaire 113
acoustique 41
alternance morphonologique 28
analyse phonématique 8
analyse phonologique 8
archiphonème 110
arrondissement 54
(articulations) antérieures 52
(articulations) d'arrière 52
(articulations) d'avant 52
(articulations) postérieures 52
articulations stables 90
attaque douce 47
attaque dure 47
auditif 41

bruit blanc 41
bruits sonores 47
bruits voisés 47

case vide 144
catastase 90
cavité antérieure 51
cavité postérieure 51
chenal expiratoire 36
chenal susglottique 36
commutables 6
complémentarité partielle 11
consonne 17

consonnes douces 54
consonnes dures 54
contexte 10
continu 85
continues 48
contraste 6
cordes vocales 36
coup de glotte 33
culminatif 114

détente 90
détente brusque 49
détente douce 49
discret 85
distribution 10
distribution complémentaire 11
distribution défective 13
douces 50
doux 54
dur 54

échangeable 10
enclise 22
énoncé 14
épreuve de commutation 6

faisceau 62
faisceau (de corrélations) 141
formant 51
formant buccal 52
formant pharyngé 52

glottalisé 55

harmonie des voyelles 24
harmoniques 37
hauteur musicale 55

impulsion respiratoire 18
inventaire 137

langue XX
langues à intonation 57
langues à ton 57
laryngales 21
limitations distributionelles 32

marge finale 17
marge initiale 17
marque 132
marqué 132
mates 50

métastase 90
métatonie 24
méthode globale 96
more 22
morphonologie 27
mot phonologique 22

neutralisation 68
neutralisée 68
non-marqué 132
non-pertinent 67
noyau 17

occlusives 48
opposition 6
oppositions corrélatives 141
oppositions équipollentes 132
oppositions isolées 141
oppositions non-corrélatives 141
oppositions privatives 132
oppositions proportionelles 141
ordre 141

paire minimale 6
paradigme d'alternances 29
parole XX
perceptibilité 17
phase typique 90
phonème 106
phonèmes intégrés 141
phonèmes non-intégrés 141
phonétique acoustique 35
phonétique articulaire 35
phonétique auditive 35
phonétiquement semblables 58
phonologie du mot 26
phonologiquement différent 6
proclise 22
proportion 141

redondant 67
rendement fonctionnel 154

rétroaction articulatoire 40

segmental 112
série 141
signe démarcatif 30
son 41, 47
son fondamental 37
sonantes 21
sourdes 47
spectre de bruit 46
spectre de ligne 46
stridentes 50
suprasegmental 112
syllabe 17
système de consonnes 137
système de voyelles 137

tension 90
tenue 90
timbre 51
ton descendant 56
ton montant 56
ton uni 56
tractus vocal 36
traits distinctifs 66
traits pertinents 66
transcription 124
transitions 90
types de syllabes 18

variantes 106
variantes combinatoires 107
variantes facultatives 107
variation libre 14
voyelle 17
voyelle fermée 52
voyelle ouverte 52
voyelle pleine 115
voyelle reduite 115
voyelle relâchée 50
voyelle tendue 50

Schwedisches Verzeichnis der Fachausdrücke

akustisk fonetik 35
andningsstöt 18
ansatsrör 36
artikulatorisk fonetik 35
auditiv fonetik 35

bakre artikulationer 52
brus 41
brusspektrum 46
buller 41

# Verzeichnis der Fachausdrücke

defektiv distribution 13
deltoner 37
distinktiva drag 66
distribution 10
distributionella inskränkningar 32

ekvipollenta oppositioner 132

fonem 106
fonematisk analys 8
fonematiskt olika (elementer) 6
fonetiskt liknande (elementer) 58
formant 51
fri variation 14
trämre artikulationer 52
förutsägbar 127

glidljud 90
glottaliserad 55
grundtonsfrekvens 37
gränssignal 30

harmoniskt spektrum 46

ickedistinktiv 67
ickeintegrerad 141
inljud 23
integrerad 141
irrelevant 67
isolerade oppositioner 141

klang 41
klangfärg 51
klusiler 48
komplementär distribution 11
konsonanter 17
korrelationsknippen 141

laryngaler 21

morfonologi 27
motsättning 6
munformant 52
munhåla 51

omgivning 10

opposition 6
ordfonologi 26
ospända vokaler 50

partiellt komplementär distribution 11
privativa oppositioner 132
proportionella oppositioner 141
redundant 67
relevanta drag 66
rundning 54

segmental 112
slutljud 17
slutna vokaler 52
sonanter 21
sonorljud 47
spända vokaler 50
stavelse 17
ställningsljud 90
stämband 36
stöt 33
suprasegmental 112
svalg 51
svalgformant 52

tillåtna sekvenser 4
ton 41
tonande brusljud 47
tonhöjd 55
tonlösa brusljud 47
transkription 124

upphävande 68
upphävd 68
uddljud 17
utbytbar 6, 10
uthållna ljud 48

varianter 106
vokaler 17
vokalharmoni 24

yttrande 14

öppna vokaler 52
övertoner 37

Russisches Verzeichnis der Fachausdrücke

abruptivnyj 55
akustičeskaja fonetika 35
archifonema 110
artikuljacionnaja fonetika 35

varianty 106
verchnije glasnyje 52
veršina 17
vzadi 52
vzajimozamenimyje 6
vzajimozamenjajemyj 10
vnutrislogovyje 23
voschodjaščij ton 56
vperjod 52
vtoričnoje udarenije 113
vyderžka 90
vydychatel'nyj tolčok 18
vyskazyvanije 14
vysota osnovnogo tona 55

garmonija glasnych 24
glasnyje 17
glasnyje polnogo obrazovanija 115
geterosillabičeskij 13
glottalizovannyj 55
gluchije šumnyje 47
golosovyje svjazki 36
gortannaja smyčka 33

defektivnaja distribucija 13
differencial'nyje priznaki 66
distributivnyje ograničenija 32
distribucija 10
dlitel'nyje 48
dopolnitel'naja distribucija 11
dopustimyje sočetanija 4

zadnije glasnyje 52
zvonkije šumnyje 47
zvučnost' 17

izbytočno 67
izolirovannaja oppozicija 141
intonacionnyje jazyki 57

kombinatornyje varianty 107
kommutacionnaja proverka 6

laringal'nyje 21

lokal'nyje rjady 141

markirovannyj 132
minimal'naja para 6
mjagkije soglasnyje 54
mora 22
morfonologija 27
morfonologičeskoje čeredovanije 28

naprjažonnyje glasnyje 50
nedifferencial'no 67
nejarkij 50
nejtralizacija 68
nejtralizujetsja 68
nenaprjažonnyje glasnyje 50
neparnyje fonemy 141
nerazličitel'no 67
nižnije glasnyje 52

obertony 37
okraska (zvuka) 51
okruženije 10, 54
oppozicija 6
osnovnoj ton 37
otstup 17, 90
ottenki 106

padajuščij ton 56
paradigma čeredovanij 29
parnyje fonemy 141
parcial'nyje tony, 37
pervičnoje udarenije 113
perednije 52
perechodnyje zvuki 90
pograničnyj signal 30
polost' glotki 51
polost' rta 51
predskazujemyj 127
preryvnost' 47
privativnyje protivopoloženija 132
priznak 132
pristup 17, 90
proiznositel'nyj apparat 36
prokliza 22
proporcional'naja oppozicija 141
protivopoloženije 6
protivopostavlenije 6
pustaja kletka 144
pučok 62
pučok korrieljacij 141

Verzeichnis der Fachausdrücke

različitel'nyje priznaki 66
reducirovannyje glasnyje 115
rekursija 90
relevantnyje priznaki 66
rovnyj ton 56
rotovaja formanta 52

sverchsegmentnyje fonemy 112
svobodnyje varianty 107
svobodnoje var'irovanije 14
segmentnyje fonemy 112
sistema glasnych 137
sistema soglasnych 137
skol'zjaščije zvuki 90
slaboje udarenije 113
slog 17
sluchovaja fonetika 35
smyčno-gortannyj 55
smyčnyje (vzryvnyje) 48
soglasnyje 17
sonanty 21
sonornyje 47
sostav fonem 137
supersegmentnyje fonemy 112

tavtosillabičeskij 13
tvjordyje soglasnyje 54
tembr 51

tonal'nyj spektr 46
tonovyje jazyki 57
tony 41
transkripcija 124

umlaut 24
ustanovočnyje zvuki 90

faringal'naja formanta 52
fonema 106
fonematičeski različnyje (elementy) 6
fonetičeski schodnyje (elementy) 58
fonologija slova 26
fonologičeskij analiz 8
fonologičeskoje slovo 22
formànta 51
funkcional'naja nagruzka 154

častično dopolnitel'naja distribucija 11
častičnyje tony 37

šumovoj spektr 46
šumy 41

ekvipolentnyje protivopoloženija 132
ekskursija 90
enkliza 22

jarkij 50

Schlagwortverzeichnis

1. Begriffe

Analyse, phonematische
s. auch *Intonation*
s. auch *Merkmale*
Äquivalenz
- als phonematische Gleichheit 64
- der «Laut» als Äquivalenzklasse 122
- Ordnung phonematischer Elemente zu Äquivalenzklassen 58, 108, 121
- das Phonem als Äquivalenzklasse 106

Ausgangsmaterial
- Allegroformen 134–136
- «Laute» IX, XIX, 88–93, 103, 119, 122
- Lentoformen 134
- Redestrom IX, 1, 91 f.
- spontane Rede XVII, 70, 135
- Texte 136

Ermessensspielraum
- bei Ordnung zu Äquivalenzklassen 108–110, 122, 149 f.
- bei Segmentierung 6 f., 103, 105 f., 112
- suprasegmentalia oder segmentalia? 116 f., 131 f.

ghost phonemes, s. *Trugbilder*

Heuristik
- bei Kategorisierung XIII f.
- bei Ordnung zu Äquivalenzklassen 149 f.

Kriterien
- Gleichheit, hörbare XX, 69, 106, 110
- Opposition 58, 74 f.
- Verteilungsrelationen 58, 64, 72 f.
- Verwandtschaft, paradigmatisch 58, 64
- Verwandtschaft, syntagmatisch 77–83

Phonemklassen
- Gruppen 20
- Konsonanten 17, 46 f.
- Korrelationen 140–149
- Sonanten 21
- Verwandtschaftsklassen 58–60, 62
- Vokale 17, 46 f.

Trugbilder
- Junktur XXI, 31, 70, 134, 162
- Syllabizität 162
s. *Transkription:* Zuordnungen

Segmentierung
- automatische Segmente XXI
- Feinsegmentierung 100: Anm. 38, 102
- Konventionen 89 f., 98, 104 f., 163
- Verfahren 100–103
s. *Ermessensspielraum*

Varianten
- Ableitbarkeit von den Phonemen 127
- Laute als Phonemvarianten X, 118
- Motivierung durch Umgebung 80 f., 158
- stilistische 83–86
- unmotivierte 82 f.
- (fehlende) Zählbarkeit 111, 122, 127, 158
- Zufallsstreuung 39, 81 f.

Analyse, phonetische
s. auch Theorie der *Phonologie: Phonemtheorie*
s. auch *Merkmale*
s. auch *diachronische Phonologie*
akustisch
- Abklingzeit 49
- Darstellungsformen 36 f.
- Diphthong 99, 160
- Filter 56
- Metaphonem plus *slur:* Methode der akustischen Analyse 160 f.
- Phonett 89, 93 f., 99
- Sonagramm 37, 40, 51, 160
- Spektrum 37, 46, 56
- Vokalsystem 137 f.
- Zitterlaute 37
artikulatorisch
- Affrikaten 99
- Artikulationskanal 36, 51 f.
- Diphthonge 99

Schlagwortverzeichnis

- «Gleitlaute» 91–93, 97
- Kardinalvokale 40
- Laryngalisierung 37
- Nasalierung 53
- Organe der Artikulation 36
- Retroflexion 53
- Rundung 54
- Silbe 18
- Stimmqualitäten 36, 37
- Verschlüsse 47, 49
- Vokalsysteme 138

auditiv
- burr 53
- Geräusch 1, 33, 46
- Heterogenität der Segmente 102
- homogene Segmente 98–100, 126
- Hörfehler 33 f., 145
- Hörvorgang 37 f.
  s. auch *Theorie:* Kategorisierung
- Kardinalvokale 40
- Klang 33, 41
- Knack 33, 47 f., 49
- Korrelationen: Konsonanten 145–147
  Merkmale 148 f.
  Vokale 144 f.
- Liquidae 39, 47
- Primat der auditiven Analyse 38 f.
- Stimmqualitäten 36, 84 f.
- Synästhesie 34, 51, 54: Anm. 56
- twang 53
- Unterscheidbarkeit in der Zeitdimension 100: Anm. 38, 105 f., 112, 131
- Weichheit 54
- Zischlaute 145
- Zitterlaute 37
  s. auch *Psychologie*

Theorie
- Abgrenzung zur Akustik, Physiologie, Psychologie 121
- Abgrenzung zur Phonologie IX, 120 f.
- Abweichung vom Metaphonem 160 f.
- Beobachtungsmöglichkeiten (artikulatorisch, akustisch, auditiv) 34 f.
- (fehlende) Isomorphie akustischer, auditiver und artikulatorischer Kategorien 38 f., 144
- Kategorisierung, auditive 1–3, 96–98, 111, 162 f.
- Lauterzeugung (Phonation) 36
- Redestrom als Kontinuum IX, 1, 91 f., 95, 158

Aphasie
Lautsysteme
- Intonation 118
- Korrelationen 153
- Zischlaute 153
morphonologische Typen 27
sensorisch
- auditive Kontrolle 38
- Lauttaubheit 165
- Neologismen 76

diachronische Phonologie
Lautsysteme
- Lücken 144, 156
- (fehlende) Ökonomie 123
- Rekonstruktion 164
- Selbstregelung 70 f., 152, 154, 163
- Stabilität (Labilität) 152, 154
Lautwandel
- kombinatorischer 127; Anm. 6
  s. auch Varianten: *Phonematisierung*
- Metathese als Segmentierungskonvention 106
- phonetische Interpretation:
  - akustisch 40, 61
  - artikulatorisch 40
  - auditiv 39, 61
- spontaner, s. Lautsysteme, s. Varianten
morphologische Rekonstruktion 30
Varianten
- Phonematisierung 107 f., 110
- phonetische Angleichung 65
- Streuung 39
- unmotivierte 82 f.

Intonation
s. auch *Typologie*
Abgrenzungen
- expressiva gegen distinctiva 86
- segmentalia gegen suprasegmentalia 112
Akzent
- als Sonderfall der Intonation 113–116
- distinktiver 56, 112–115
- kulminativer 114 f.
- Hauptakzent, Nebenakzent 113, 117 f.
- schwacher Akzent 117
- phonetische Korrelate 113
Länge 57, 147 f., 149, 159
Lehrmeinungen
- Frageintonation 87

- prosodische Eigenschaften 119
- Vokalreduktion als Wirkung des Akzents 115
Reduktion
- von Vokalen 115, 117 f.
- von Morphemen in der Vorkontur 134
- kontinuierliche, von Oppositionen 86
Tonhöhenführungen (Konturmelodien) 57, 135
Zuordnungen
- Akzent: Silbe 56, 113
- Akzent: mehrere Silben XIV
- Akzent: Wort 113 f.
- (irrig) expressiva: Bedeutungen 87
- (irrig) Intonation: Länge, Lautstärke, Tonhöhe 56 f., 58, 113, 119
- Melodie: Kontur (Akzentgruppe) 57, 85, 112 f.
- Ton: Silbe 57

Merkmale
s. auch *Transkription:* Zuordnungen
Ableitbarkeit
- redundanter Merkmale von distinktiven 127
- fehlende, des Redestroms von distinktiven Merkmalen 148 f.
Brauchbarkeit 150–153, 163 f.
Kennzeichnung, phonetische
- akustisch 60–62, 137, 148 f.
- artikulatorisch 60–62, 138 f., 148 f.
- auditiv 33, 60–62, 144–148 f.
- konventionell 119: Anm. 63, 132, 144, 147
- irrig XI f., 132, 149
Oppositionen
- diskrete und kontinuierliche Merkmale 15, 85 f.
- Merkmalhaltigkeit 132
- ohne ständigen meßbaren Unterschied 149
Semantik
- expressive Merkmale 84, 87
Verwandtschaft, phonetische
- als Merkmalgemeinsamkeit 61 f., 64 f.
Zuordnungen: Merkmale als Prädikate phonematischer Einheiten
- Merkmal: Korrelation XI, 67, 138–141, 148
- Merkmal: (variable) Parameter XI f., 61 f., 148 f.

- Merkmal: Phonem 6, 67
- Merkmal: Phonemgruppe 112 f., 131 f.
- Merkmalbündel: Phonemklasse 61 f.
- ohne Zuordnung XI f.

Neurologie
Hören
- neurophysiologische Voraussetzungen 37, 121
Phonem
- neurologische «Begründung» 95: Anm. 25, 165

Psychologie
Erlernbarkeit, s. *Typologie*
Kommunikation
- auditive Kontrolle 38
- linguistische Voraussetzungen 166
- Verhalten der Sprecher und Hörer 5, 31, 165
Hören
- kategorienspezifisches 1 f., 97 f., 162 f.
- synthetischer Rede 41, 48, 50, 94
- Unterscheidbarkeit in der Zeitdimension 100: Anm. 38
- wahrnehmungspsychologische Parameter 34, 156 f.
s. auch *auditive Phonetik*
Psychologismus
- «psychologische Grundlagen der Sprache» XIII f.
- psychologische «Begründung» des Phonems 95: Anm. 25, 96, 97, 164 f.
Test 165
s. auch *Hören synthetischer Rede*

Rhetorik
Alliteration
- Konsonanten 3
- Vokale 34
ephemere Wortbildung 76
malapropism 7
Nonsense Words, s. ephemere Wortbildung
Paronomasie 7, 155
Reim
- vollständiger 3
- irischer 34
- unreiner 34
spoonerism 2
Versmaße
- akzentuierende 115

Vortrag
- phonetisch-rhetorische Merkmale 85
- Diktierstil 50: Anm. 42

Theorie der Phonologie
s. auch *phonetische Analyse:* Theorie
Alphonie XIV, 163
Anwendbarkeit XIII f., 8, 157 f.
Binarismus XII
Elemente, phonematische
- Arten:
  Akzent XIV, 112, 114
  Akzentgruppe 112
  Intonation 112
  Merkmale:
  - distinktive 66, 148
  - expressive 84
  - relevante 66
  - rhetorische 85
  Phonem 106-108, .124, 157
  Silbe 18 f.
  Silbentyp 18, 23, 108
  Variante 106-111, 124
- Eigenschaften:
  abstrahierbar 111
  belegbar 75-77, 135
  hörbar 2 f., 38 f., 111
  unterscheidbar 157, 162 f.
  verteilbar 4, 157
  zulässig 4, 75, 135
s. auch *Lautsysteme*
Homonymie XII, 71: Anm. 10
Kommutation, s. Lehrsätze, richtige
Lautsysteme
- Arten:
  Menge phonematischer Relationen 124
  Menge paradigmatischer Relationen 136
  Menge von Korrelationen 141
  (unbrauchbares) Weltlautsystem 163
- Eigenschaften:
  analysierbar 166
  erlernbar 97, 162, 164
  klassifizierbar 166
  (nicht immer) ökonomisch 70, 122 f.
  (nicht immer) symmetrisch 147
  variabel dialektisch XVII
  variabel historisch 71, 123, 163 f.
- Modelle:
  syntagmatische 124-136
  paradigmatische 136-149

Korrelationen 140-149
  für suprasegmentalia 57, 112-118
  für Vokalharmonie 140
- Wirklichkeitswert 120, 161
Lehrsätze
- falsche (widerlegbare):
  Allegroformen aus Lentoformen ableitbar 70, 135
  distinktive Merkmale konstant 148 f.
  freier Wechsel unmöglich 15 f.
  alle Phonemvarianten motiviert 80, 83
  phonematische Aussagen durch Meßdaten beweisbar IX-XV, 99, 158
  once a phoneme, always a phoneme 133
- richtige (beweisbare):
  hörbar gleiche Elemente phonematisch äquivalent XX, 69
  Kommutationsprobe erweist phonematische Verschiedenheit 6
  Opposition schließt Komplementarität aus 58, 71
  phonematische Aussagen intransitiv 58, 60, 63, 75
  phonematische Aussagen gelten für bestimmte Sprachen 3, 8, 62, 69, 121, 156 f., 163
  Varianten an Zahl unbegrenzt 158
  Varianten streuen zufällig 39, 81 f., 149
Opposition
- Geltungsbereich 69 f., 133
- morphologische Voraussetzungen XII, 6, 71, 84
- zwischen Synonyma 84
- als zureichendes Kriterium fehlender phonematischer Äquivalenz 71 f., 80
- im Paradigma, nicht im Text 32
s. auch *Lehrsätze:* Kommutationsprobe
Relationen
- deduktive Regeln 9
- phonematische XIX, 8, 124
Phonemtheorie
- Analyse:
  auditive 33
  generative 9, 127: Anm. 6
  phonematische X, 8, 121
  phonetische 58, 121
  prosodische 132
  suprasegmentale 112-118
- axiomatische X
- klassische Phonologie IX, XIV, XX, 119

- (angeblicher) Pluralismus von Phonemtheorien 9, 157, 166
- im System der Wissenschaften XV, 8, 156 f., 166

Synonymie, s. Opposition

Text
- Abhörtext 134–136
- Phonemrealisierung im Text 111
- Textverständnis 5, 136, 155, 164

Voraussetzungen
- falsche (unbrauchbare):
  Redestrom bildet Buchstabenschrift ab 89 f., 104, 163
  der Laut als natürliche, diskrete Einheit IX f., XIV, XIX, 89, 99, 119
  Weltlautsystem, s. Alphonie
  semantische Unterschiede bei phonologischer Opposition XII, 84
  Muttersprachlichkeit als Einsicht in Lautsysteme 157
  Verständigung bildet phonematische Analyse ab 164 f.
- richtige (brauchbare):
  phonematische Einheiten ordnen sich zu Äquivalenzklassen 108
  doppelte Kategorisierung der auditiven Wahrnehmung 162
  Redestrom segmentierbar IX, 92
  phonematische Ereignisse bestimmten Sprachen zugeordnet XII f., 8, 166
- Vorurteile XVIII

Transkription
s. auch *Analyse, phonematische:* Trugbilder
Ableitbarkeit
- der Varianten von den Phonemen 127 f.
- des Schallereignisses aus der Umschrift 128 f., 133, 161–163
Allgemeingültigkeit, angebliche X, 163
s. auch *Theorie der Phonologie:* Alphonie
Alphabet, s. Allgemeingültigkeit
  s. Konventionen
  s. Zuordnungen
Ausgangsmaterial
- Abhörtext 134, 136
- Lentoformen 134
- normalisierte Formen 136

- orthoepische Formen 136
Eindeutigkeit 133, 161
Gegenprobe, s. Ableitbarkeit
Konventionen 2, 98, 104, 112, 124 f.
Lesbarkeit XI, 129–131, 161
morphologische Rücksichten 70, 130
Ökonomie, s. Wirtschaftlichkeit
phonematische Strukturen
- unvollständige Wiedergabe XI, 133 f., 161 f.
Wirtschaftlichkeit 70, 127, 129, 133 f.
Zeichenvorrat 124 f.
Zuordnungen von Umschriftzeichen zu phonetischen Einheiten
- Digraphia 130, 161
- orthographische Trugbilder 90, 99, 110, 128, 161
- Transkription : homogener Gehörseindruck 126
- Transkriptionszeichen: Merkmal 125–127, 131–133
- Transkriptionszeichen: Phonem 124 f., 126, 133 f.
- Transkriptionszeichen: Silbe 127
- Transkriptionszeichen: Variante 126
s. auch *Eindeutigkeit*
s. auch *Lesbarkeit*
s. auch *Wirtschaftlichkeit*

Typologie
Akzentsprachen XIII f., 56, 114–116, 164
Intonationssprachen 57
Lautsysteme
- Geltungsbereich 154–156
- Konsonanten 139 f., 142–147, 150–152, 155 f.
- Konsonantengruppen 4 f.
- Lernschwierigkeiten 4, 8, 164
- schwache Stellen 156
- suprasegmentalia, s. Akzentsprachen
- Vokale 137–139, 143 f.
- Zischlaute 153, 156
Merkmale 55, 150
Tonsprachen 57
Weltlautsystem 163
s. auch *Transkription*

2. Sprachen

australische Sprachen
Konsonantismus
- Korrelation der Verschlüsse 151, 152

Burmesisch
Merkmale
- glottalisierter Ton 57

Čechisch
Akzent
- (fehlender) Wortakzent 115
Konsonantismus /š/ 125
Merkmale
- Quantität 57
Neutralisierung
- der Stimmhaftigkeitskorrelation 152
Opposition
- /h/ ≠ /χ/ 8
Sonanten 21

Dänisch
Konsonantismus
- Aspirationskorrelation 151
Merkmale
- Abglitt 49
- Glottalisierung 49, 55
Opposition
- (fehlende) hiss ≠ hush 153: Anm. 39
Stoßton, s. *Merkmale:* Glottalisierung

Deutsch
Akzent
- Akzentumsprung, s. *morphonologische Alternationen*
- distinktiver 27, 56, 65 f., 86, 112–116
- fallender 113, 116
- kulminativer XIV, 86, 114, 116
- Nebenakzent 7, 114, 117, 118, 162
- schwebender 27, 113
 s. auch distinktiver
- steigender 114
Allegroformen 70, 134–136 f.
Diktierstil 50: Anm. 42
Häufigkeit
- der inlautenden /p b/ 155
- der anlautenden /s sc/ 156
- inlautender stimmhafter Konsonanten nach scharf abgleitenden Vokalen 154
- der inlautenden /γ ž/ 144, 156
 s. auch *Oppositionen: schwach belastete*

Intonation
- Emphase 116
- fadeaway 66
- Tonhöhenführung der Akzentgruppen 57, 65 f., 85, 135
- Vorkontur, s. *Allegroformen*
 s. auch *Akzent*
 s. auch *Längung*
 s. auch *Vokalismus:* Überlänge
Konsonantismus
- im Anlaut 4, 10, 11, 13, 19 f., 32, 49, 137
- im Auslaut 4, 5, 11, 13, 19 f., 135, 137, 152
- auslautendes /r/ 4, 117
- Gemination: /cc/ 26
  auslautende Nasale 25
 s. auch *morphonologische Alternationen*
- im Inlaut 23, 48, 74, 75
- Inventar 139
- Korrelationen 142, 151–156, 164
- Phonem /γ/ 14, 144
- Phonem /ž/ 144, 154
- stimmloser Vokoid 159
Korrelationen, s. *Konsonantismus*
 s. *Vokalismus*
Längung, expressive 159
Merkmale
- Abglitt 49, 50
- Aspiration 67
- Einsatz 47 f., 152
- Glottalisierung 48, 55
- Retroflexion 117
- Rundung 54
- des Phonems /k/ 66
- der Phoneme /χ š/ 144
- des Phonems /d/ 64 f., 67
- des Phonems /k/ 66
- des Phonems /b/ 67
- der Überlänge 148
 s. auch *Konsonantismus:* Korrelationen
 s. auch *Vokalismus:* Korrelationen
morphonologische Alternationen
- Akzentumsprung 28
- Endungen der Verbalflexion 30
- *i*-Umlaut 28–30
- (fehlende) Gemination 25 f., 135
morphonologische Typen
- Intensivkomposita 27

Phonemtheorie

- latinisierender Typ 27, 118
- mit vollen Vokalen 27 f., 118
- italianisierender 118
Neutralisierung
- der Quantitätskorrelation 68, 135
- der Stimmhaftigkeitskorrelation 12, 13, 136, 152
- (fehlende), der Stimmhaftigkeitskorrelation im Nordosten 64: Anm. 1
- der Opposition /s/ ≠ /z/ 69
Oppositionen
- Anlaut: /h/ ≠ /f/ 8
- über Wortgrenzen: /st/ ≠ /št/, /sp/ ≠ /šp/ 25
- schwach belastete
  /z/ ≠ /s/ 156
  /s/ ≠ /sc/ 156
  /χ/ ≠ /ç/ 24, 31, 70, 71, 133, 162
  /g/ ≠ /g̊/ 69 f., 71, 86
Segmentierung
- der Diphthonge 160
- von Wörtern 100–102
Silbengrenzen
- hörbare 19
Sonanten 21 f.
Varianten
- des Phonems /d/ 64–67., 106 f.
- des Phonems /h/ 159
- des Phonems /k/ 159
- des Phonems /t/ 58, 158 f.
Verteilung
- defektive: /g/ gegenüber /k/ 13
- freier Wechsel:
  /g/ und /γ/ 14, 15, 66 f.
  /g/ und /j/ 14, 15
  /s/ und /š/ 14
- gleiche:
  /e/ und /o/ 15
- komplementäre:
  /h/ ∼ /ŋ/ 12, 58, 63
  /h/ ∼ /χ/ 7
  /z/ ∼ /ŋ/ 11, 12, 58, 62 f.
  /v/ ∼ /ŋ/ 12
  /j/ ∼ [β] 63
  [k] ∼ [k̊] 75, 110, 111, 127, 159
  von Vokalen in Diphthongen 137
  von Vokalen nach Konsonanten 20
  von Auslautgruppen 20
- teilkomplementär:
  /n/ ∼ (ŋ) 11
  /s/ ∼ /š/ 12, 25, 65, 80
  weich und hart abgeleiteter Vokale 20, 23

s. auch *Neutralisierung*
s. auch *Oppositionen*
Vokalismus
- Inventar 139, 143
- Quantitätskorrelationen 57 f., 147–149
- reduzierte Vokale 117
- Überlänge 57, 147 f.

Englisch
Akzent
- auditive Merkmale 56
- Nebenakzent 56, 117
- phonologisches Wort 22
Allegroformen
- /d/ für *would, should* 135
- /l/ ∼ *Null* für *will, shall* 22
- *you bet you* 136
Häufigkeit
- der anlautenden /dž ð šm/ 155
- der Vokale /æ ʊ/ 155
Intonationskonturen
- Tonhöhenführung der Akzentgruppen 57
- hohe Vorkontur 85
- Sprechtempo der Vor- und Nachkontur 57
Konsonantismus
- Anlautgruppen 4, 59, 98
- geminierte Konsonanten 22
- inlautendes /ž/ 23, 73, 137, 155
- Inlautgruppen Spirans und dentaler Verschluß im Altenglischen 150, 153
- Korrelationen:
  altenglische 149 f.
  neuenglische 145–147, 152
- Spirantentausch im Frühneuenglischen 61
- Stabilität 152
- stimmloser Vokoid, s. *Vokalismus*
Merkmale
- Abglitt 49
- Affrizierung [k̊] > [č], [t] > [š] 55
- Glottalisierung 48
- Lateralisierung 55, 94, 98
- Nasalierung, s. *Vokalismus: nasalisierte Vokale*
- Retroflexion, s. *Vokalismus: retroflexe Vokale*
- Stimmhaftigkeit der Konsonantengruppen 22, 131
- Stimmhaftigkeit der Sonanten 67
- Verschlußlösung 14, 15, 49, 55, 68, 103, 104

Metathese
- des /r/ 106
morphonologische Alternationen
- /b/ ∾ /v/ 30
morphonologische Typen
- erstarrte: altenglisch *dy-* 28
Neutralisierung
- der Stimmhaftigkeitskorrelation in *s*-Gruppen 72, 109 f.
Oppositionen
- /š/ ≠ /ž/ 73
- gelöster und ungelöster Verschlüsse 103, 104
- der Zischlaute und Affrikaten 103
- /ə/ ≠ /ʌ/ 116 f.
- /a/ ≠ /æ/ im Altenglischen 154
- /f/ ≠ /v/ im Frühmittelenglischen 153
Segmentierung
- gelöster Verschlüsse 103 f.
- der Affrikaten 103
- schwacher Nachtonsilben mit /i u/ 104 f.
- der Diphthonge 99, 105, 129
- des gelängten Vokals /æ/ 103
- der mittelenglischen Gruppen V + /χ ç/ 105
- der retroflexen Vokale 106
Silbentypen
- -*VKV* gleichwertig -*VK* und -$\overline{V}$ 23
Sonanten 22, 128, 129 f.
Varianten
- apikaler Zungenschlag für /d r/ 156
- des Phonems /l/ 55
- des Phonems /i/ 105, 107
Verteilung
- defektive: hart abgleitende gegenüber weich abgleitenden Vokalen 23
- freier Wechsel: gelöste und ungelöste Verschlüsse im Auslaut 14, 68, 107
- komplementär:
 [pʰ] ∾ [t] 72
 [ɫ] ∾ [ḷ], 80, 83, 110 f.
 [e] ∾ [ɛ] 122
 stimmloser und stimmhafter Spiranten im Altenglischen 23, 78
 [k] ∾ [k̥] im Altenglischen 82
Vokalismus
- Diphthonge 129
- Inventar 137 f.
- Labilität 152
- nasalierte Vokale 8, 53, 72, 77 f., 98, 134 f.
- retroflexe Vokale 53, 106, 109
- stimmlose Vokoide 87, 129, 159

- Überlänge im Altenglischen XIII

Finnisch
Akzent
- Emphase 48
- (fehlender) Wortakzent 115
Intonation
- Tonhöhenführung der langen und kurzen Vokale, s. *Merkmale:* Quantität
Konsonantismus
- anlautendes /v/ 2
- (fehlende) Anlautgruppen 5
- Inlautgruppen 26, 31
- Korrelationen 144, 151
Merkmale
- Glottalisierung 48
- der Verschlüsse 62
- stimmlose Vokale 3
- Quantität 57 f.
- des Phonems /d/ 144
Oppositionen
- /t/ ≠ /d/ 151, 153
- (fehlende) *hiss* ≠ *hush* 153: Anm. 39
Segmentierung
- langer Vokale 103
Varianten
- des Phonems /h/ 78, 107, 110
- des Phonems /a/ 160 f.
Vokalismus
- Inventar 138 f.
- stimmlose Vokale 47
- Vokalharmonie 25, 31, 133, 140

Französisch
Akzent
- accent d'insistance 48
- (fehlender) Wortakzent 115
Intonation
- expressive 86
Konsonantismus
- fehlender 21
- «stummes -s» 128
- Stimmhaftigkeitskorrelation im Auslaut 152
Oppositionen
- [u] ≠ [w] 129
- nasalierter und oraler Vokale 8
Sonanten 21, 129
Merkmale
- Abglitt 49
- Glottalisierung 48
- Nasalierung 53

– Rundung 54
Vokalismus
– Inventar 138
– nasalierte Vokale 135

Georgisch
Akzent
– fehlender Wortakzent 115
Konsonantismus
– Glottalisierungskorrelation 151
Merkmale
– Glottalisierung 55

Indogermanisch
Laryngale 21
morphonologische Typen 21
Vokalismus
– kulminativer XXI, 21

Irisch
Konsonantismus
– Palatalisierungskorrelation 151

Japanisch
Akzent
– kulminativer 115
Konsonantismus
– in Lehnwörtern 5, 39
Silbentypen 5
Verteilung
– freier Wechsel: [h] ∾ [f] 14
– komplementäre: [h] ∾ [f] 8, 14, 110
Vokalismus
– Inventar 137

Kymrisch
Akzent
– kulminativer, bisyllabischer XIV
– phonologisches Wort 24
Konsonantismus
– Anlautgruppen 4
– Korrelationen 151, 156
Merkmale
– Aspiration 151
– der stimmlosen Liquida 47
– Labialisierung 54
morphonologische Typen 24
morphonologische Alternation
– Konsonantenmutation 29 f.
Neutralisierung
– der Aspirationskorrelation
in *s*-Gruppen 109 f.

Opposition
– langer und kurzer Vokale 24
– morphonologischer Typen 24
– /h/ ≠ /χ/ 8
Segmentierung
– der labialisierten Konsonanten 105 f.
– der Reimwörter auf /a· s/ 3
Verteilung
– komplementäre, des unilateralen und bilateralen [l] 80

Lappisch
Merkmale
– Labialisierung 54
– Palatalisierung 79
Segmentierung
– der labialisierten Konsonanten 97
– der palatalisierten Konsonanten 97
Verteilung
– komplementäre: labialisierte und unlabialisierte Konsonanten 79
Vokale
– stimmlose 47, 79

Mixtec
Opposition
– der Töne 57

Mongolisch
Varianten
– der Vokale bei *i*-Umlaut 24

Niederländisch
Konsonantismus
– Korrelationen 152, 154, 156
– nasaliertes [ĩ] 53
Merkmale
– (fehlende) Glottalisierung 48
– Rundung 54
Segmentierung
– nasalierter Vokoide 98
Sonanten 22
Varianten
– des Phonems /l/ 80
Verteilung
– defektive: stimmhafte gegenüber stimmlosen Konsonanten 12, 152
Vokalismus
– Quantitätskorrelation 57

Norwegisch/Schwedisch
Akzent

Schlagwortverzeichnis

- distinktiver 56, 115, 154
- (fehlender) Nebenakzent 118

Häufigkeit
- /k g/ vor vorderem Vokal 153 f.

Konsonantismus
- im Auslaut 152
- Inventar 139
- Korrelationen 142 f., 152, 156
- stimmloser Vokoid 159

Merkmale
- der retroflexen Konsonanten 130 f.
- der Verschlüsse 59, 60, 62
- der graven Vokale 59, 60, 62

morphonologische Alternation
- retroflexer Konsonanten mit /r/ 130

Oppositionen
- /k/ ≠ /č/ 128

Segmentierung
- retroflexer Konsonanten 130
- von Gruppen Konsonant + /ṷ/ 97

Silbentypen
- -$\overline{VK}$ und -$V\overline{K}$ 23, 108

Verteilung
- defektive: retroflexer gegenüber dentalen Konsonanten 13
- freier Wechsel: retroflexer Konsonanten mit r-Gruppen 130
- komplementäre: [ɛ] ∼ [æ] 11, 107
  [pʰ] ∼ [t] 72
s. auch *Silbentypen*

Vokalismus
- Inventar: auditives 145
  konventionelles 138 f.

Ocaina

Konsonantismus
- Inventar der Verschlüsse 152

Polnisch

Akzent
- kulminativer 115

Konsonantismus
- Korrelationen 151

Merkmale
- Nasalierung 53
- Palatalisierung 55

Neutralisierung
- der Stimmhaftigkeitskorrelation 152

Segmentierung
- nasalierter Vokoide 98

Portugiesisch

Merkmale
- Nasalierung 53

Russisch

Akzent
- hörbare Merkmale 115
- kulminativer 115 f.
- phonologisches Wort 22
s. auch *Silbentypen* schwachtonige

Häufigkeit
- des anlautenden /f/ 155

Intonation
- Tonhöhenführung der Akzentgruppen 57, 118

Konsonantismus
- Anlautgruppen 4
- Assimilation, s. *Verteilung*
- Inventar 139 f., 143
- Korrelationen 151

Merkmale
- Palatalisierung 54
- Stimmhaftigkeit der Konsonantengruppen 22, 131
- Stimmhaftigkeit der Sonanten 67

Neutralisierung
- der Opposition *Null* ≠ /ə/ 86
- der Stimmhaftigkeitskorrelation, s. *Verteilung*

Oppositionen
- *donos* ≠ *da nos* 31
- /ž/ ≠ /ž,/ 140
- /j/ ≠ /χ,/ 140
- /γ/ ≠ /g/ 140

Segmentierung
- der palatalisierten Konsonanten 97
- des Vokals /o/ 97

Silbentypen
- schwachtonige 115
- palatalisierte 108 f.

Verteilung
- komplementäre: helle und dunkle Vokale 54, 108
- teilkomplementäre: distinktiv stimmloser und stimmhafter Konsonanten 12, 22 f., 152

Varianten
- Metavarianten des Phonems /i/ 160
- der Vokale 108

Vokalismus
- Inventar 23, 115
- reduzierte Vokale 86, 115

Schwedisch
s. *Norwegisch/Schwedisch*

Serbokroatisch
Akzent
– distinktiver 115
Neutralisierung
– der Stimmhaftigkeitskorrelation 152

Spanisch
Opposition
– fehlende *hiss* ≠ *hush* 153: Anm. 39
Verteilung
– komplementäre: [š] ∽ [s] 81
　　　　　　　　stimmhafte Verschlüsse
　　　　　　　　und Spiranten 30, 111
Vokalismus 137

Ukrainisch
Konsonantismus
– Korrelationen 156
Neutralisierung
– der Stimmhaftigkeitskorrelation 152

Ungarisch
Wortakzent
– fehlender 115

Urgermanisch
Silbentypen 23
Varianten
– der Vokale bei *i*-Umlaut 24 f., 30, 107 f., 110
– des tiefen, langen Vokals 164
Verteilung
– komplementäre: stimmhafte Verschlüsse und Spiranten 30 f.

Urslavisch
Varianten
– des Phonems /s/ 82

Vietnamesisch
Merkmale
– glottalisierter Ton 57